Photoshop+ RAW 17.3

数码照片后期调色

田雨琪◎编著

化学工业出版社

·北京·

内 容 简 介

本书针对希望掌握RAW格式照片调整与处理的摄影爱好者，从照片处理的理念入手，结合Camera Raw软件功能及实战案例，讲解了使用Photoshop软件及Camera Raw软件，处理RAW照片的完整流程及实用技巧。

本书的理论讲解丰富、全面，同时讲解了大量实战案例，尤其是针对国内摄影爱好者常拍摄的风光、人像、纪实、荷花等题材，展示了数十个相关案例的完整调修过程。通过学习本书不仅能够在照片调修的思路有所提高，更能够掌握Photoshop软件及Camera Raw软件在照片处理方面的功能及实战技能，更快更好地调出佳片。

本书赠送Photoshop讲解、Camera Raw讲解、荷花后期处理三门在线学习视频课程，总时长超10小时，能够大幅度提高学习者的学习效率。

本书不仅适合摄影爱好者、美工、网店店主、平面设计师、网拍达人、图形图像处理爱好者，也可作为开设了数码照片处理或相关课程的培训学校、大中专院校的教学参考书。

图书在版编目（CIP）数据

Photoshop+RAW 17.3 数码照片后期调色 / 田雨琪编著. -- 北京 : 化学工业出版社, 2025. 11. -- ISBN 978-7-122-49277-7

Ⅰ. TP391.413

中国国家版本馆 CIP 数据核字第 20256C69X8 号

责任编辑：王婷婷　孙　炜　　　封面设计：异一设计

责任校对：李露洁　　　装帧设计：盟诺文化

出版发行：化学工业出版社（北京市东城区青年湖南街 13 号　邮政编码 100011）

印　　装：北京宝隆世纪印刷有限公司

710mm × 1000mm　1/16　印张 $12^1/_2$　字数246千字　2026年1月北京第1版第1次印刷

购书咨询：010-64518888　　　售后服务：010-64518899

网　　址：http://www.cip.com.cn

凡购买本书，如有缺损质量问题，本社销售中心负责调换。

定　　价：78.00 元

前 言

PREFACE

笔者在长期摄影教学工作中，经常会被问到“要修照片是用Photoshop好还是用Camera RAW软件好”这个问题，因为在大部分人的认识中，Photoshop与Camera RAW是两个软件，在使用过程中，非此即彼，但实际上Camera RAW是Photoshop内置的一个插件，只是由于Camera RAW的功能过于强大，因此才会被误以为是一个独立的软件。

在实际工作中，有一些简单的照片调整工具，只使用Camera RAW即可完成，但如果要做精细、复杂的选区，或要对图像的内容做合成、特效处理，就必须要使用Photoshop了。

正是由于Photoshop是Camera RAW的运行“平台”，且在复杂照片编修过程中两者需要相互配合，因此虽然本书的内容以讲解Camera RAW为主，但仍然需要以Photoshop+Camera RAW的形式命名。

本书的理论内容非常丰富、全面，同时讲解了大量实战案例，尤其是针对国内摄影爱好者常拍摄的风光、人像、纪实、荷花等题材，展示了数十个相关案例的完整调修过程。通过学习本书不仅能够在照片调修的思路有所提高，更能够掌握Photoshop软件及Camera Raw软件在照片处理方面的功能及实战技能，更快更好地调出佳片。下面是本书的具体内容介绍。

在理论方面，本书第1章从后期处理的流程与误区开始，然后再讲解RAW格式的基本概念，从宽容度、色彩深度、无损编修、兼容性、软件功能限制、降噪处理、照片大小、调整范围以及物理属性等多角度、多维度地深入剖析了RAW格式的特点与局限性，让读者对其有一个清晰、透彻的认识，从而更好地把握照片处理的基本思路，为后面的实践做好充分的准备。

本书第2章讲解了Camera Raw的工作界面、裁剪和几何工具、移去工具、防红眼工具、预设、直方图、图像设置等基础功能和工具的使用方法。

本书第3章讲解了在Camera Raw中，调整图像亮度与细节相关的调整面板功能，以及“亮”“效果”“曲线”“细节”“光学”“镜头模糊”和“HDR”调整面板的使用方法与技巧。

本书第4章讲解了在Camera Raw中，调整图像颜色相关的调整面板功能，以及“颜色”“混色器”“颜色分级”和“校准”调整面板的使用方法与技巧。

本书第5章讲解了Camera Raw中“主体”“天空”“背景”“物体”“人物”“色彩范围”“亮度范围”“画笔”“径向渐变”和“线性渐变”蒙版功能的用法与使用技巧。

第2章～第5章所讲解的这些功能，是使用Camera Raw调整照片时常用到的功能，按照本书的讲解结构学习，读者能够知道在修饰照片时如何使用相应的功能，使照片达到自己想要的效果。

本书第6章～第8章为实操案例讲解，内容为使用Camera Raw和Photoshop软件处理写真人像、纪实人像、街拍和风光照片的操作方法。读者能够在这些典型案例中，综合运用到前半部分所讲解功能的用法与技巧。

虽然，本书讲解与示例最多的软件是Camera RAW，但毫无疑问在处理照片方面，如果选择区域较为复杂、精细，或要对图像做除调整颜色外的其他类型的编辑，仍然需要使用Photoshop本身的功能参与操作，因此大家在学习时切不可认为只要掌握好Camera RAW软件即可，更不能养成完全依赖于Camera RAW软件进行照片颜色调整的惯性，而是要根据编辑加工的照片类型合理地综合运用Camera RAW与Photoshop。为此，笔者也将赠送一门讲解Photoshop操作的在线视频课程，来帮助大家提高软件操作技能。

除了上述的赠课外，笔者还将随书赠送一门讲解Camera RAW软件使用与实战的在线视频课程，以及一门专门讲解荷花摄影题材照片后期处理的课程，以上三门在线视频课程的时长合计超10小时，极大地扩展、补充了图书内容。

编著者

目　录
CONTENTS

第1章　数码照片后期处理理念及认识RAW格式照片

第2章 掌握RAW界面及裁剪、修复、样式等基本操作

第3章 在RAW中调整图像的亮度与细节

第4章 在RAW中调整图像的颜色

第8章 风光及花卉照片调修

第1章

数码照片后期处理理念及认识 RAW 格式照片

1.1 摄影与处理

从一幅照片完成的过程来看，大致可以分为前期与后期两部分。前期是指拍摄照片的阶段，负责以适当的构图、曝光等技法确定照片的内容；后期则是指对成片的修缮处理，如改善照片的曝光、色彩，修复瑕疵，修除多余的杂物等。可以说，从摄影被发明出来的那天开始，后期处理就随之产生了，并随着相关技术的发展，逐渐地成熟起来。

但在时下，我们经常可以看到关于“摄影是否应该进行后期处理”的话题产生争议，下面就来梳理一下摄影与后期之间的关系，并阐述笔者对于这一争议的看法。

1.1.1 前期摄影与后期处理

如前所述，从摄影被发明出来的那天开始，后期处理就随之产生了，只不过在胶片相机时代，所有的后期处理都是在暗房中完成的，摄影师非常重视后期处理工作，为了按照自己的意图全面控制照片的效果，许多摄影师都亲自从事暗房工作，例如，通过重新裁剪胶片以改变照片的构图，使用不同的显影液、曝光时间以呈现不同的色彩及曝光效果，或使用不同的相纸，以改变照片呈现出来的质感等。世界公认的摄影大师安塞尔·亚当斯就曾经在其著作《论底片》中介绍了大量暗房装备、冲洗方法及冲洗过程的影调控制等，他甚至认为底片是乐谱，制作（后期处理）是演奏，生动地强调了后期制作的重要性，这充分说明了前期的拍摄仅仅是照片作品的一部分，暗房技术对摄影师来说也是不可或缺的一部分，只有二者结合起来，才能够得到完美的摄影作品。

时至今日，随着数码摄影设备的兴起，后期处理的对象从胶片变成了数码照片，以Photoshop为代表的后期处理软件，已经可以实现任何摄影师的各种后期处理需求，让我们的照片更具美感，何乐而不为呢？作为摄影爱好者，大可不必过于纠结使用了后期处理技术，是否还是真正的摄影？事实是，后期处理本身就是摄影的一部分，出于对照片进行美化、修饰、纠正目的的处理，都是摄影范围内的工作。

例如图1.1所示的夜景照片，由于天空中的星星较亮，而且地面上还有光源和被照亮的建筑，因此无法通过长时间曝光的方式，让画面获得充足的曝光。

图 1.1

如图1.2所示是通过后期处理，将整体天空调亮，突出其中的银河，并对建筑及地面光源进行了修正处理后的效果。如果没有后期处理，这样一幅美轮美奂的银河作品，可能就会永远地消失了。

图 1.2

1.1.2　摄影不能离开后期处理

如前所述，摄影与后期处理实际上是相辅相成的，尤其在数码摄影设备极度普及的今天，无论是摄影爱好者还是专业摄影师，使用的器材和摄影知识都有了极大的提高，让我们可以去拍摄更多的题材、挑战更加苛刻的拍摄条件，但仍然有一些无法在前期拍摄时掌控的问题。

例如，对于图1.3所示的照片来说，原本人物的背景是以绿叶为主，摄影师转换了一个拍摄角度，改为背景以天空为主，但没有改变曝光设置，导致天空出现较严重的曝光过度，而且还是以JPG格式拍摄的，导致后期难以修复其曝光过度的问题。对于这类问题，无论是专业摄影师还是摄影爱好者，是都可能会犯的错误，差别可能只在于，专业摄影师经验更为丰富，因此犯错的概率更小一些而已。从另一个角度来说，由于人物、背景与天空的亮度对比较强烈，即使是专业摄影师，也难以协调画面的明暗关系，即使想到了要降低曝光以适应天空，那么人物和背景必然会产生曝光不足的问题，仍然需要后期处理进行恢复。

如图1.4所示是将照片处理为日系清新色调后的效果，这样不仅解决了曝光过度的问题，同时还为画面增加了更独特的视觉效果，这也正是后期处理存在的必要性。

图 1.3

图 1.4

再如图1.5中，我们可以看到有一个多余的标牌，非常靠近人物头部，而且是比较鲜艳的红色，这在很大程度上分散了人物的视觉焦点。在实际拍摄时，无论是摄影爱好者，还是专业摄影师，都不太可能先将这个标牌摘除再进行拍摄，因此通过后期处理的方式，将其修除，就是绝佳的选择，如图1.6所示。

图 1.5

图 1.6

由此可见，在前期摄影水平基本相仿的情况下，后期处理在很大程度上决定了照片最终的效果，因此可以说，在目前的摄影阶段，是无法离开，甚至是在很大程度上依赖后期处理的。

1.1.3　摄影不能依靠后期处理

在现阶段，摄影后期固然是一种提升照片水平的有效手段，但如前所述，摄影是由前期与后期两部分组成的，二者是相辅相成、缺一不可的。其中前期的拍摄工作仍然是整个摄影过程的源头，从情节的构思、画面的构图、曝光及色彩的控制等方面，捕捉到一个美的、有意义的画面内容，后期处理才有用武之地。摄影师切不可忽视前期拍摄，抱着“还有后期处理呢”的想法，否则不仅摄影水平很难有进步，在后期处理过程中，也会由于前期工作做得不够，需要花费大量的时间和精力进行后期处理，甚至出现“废片”的概率也大大增加。

以图1.7所示的摄影作品为例，由于环境中雾气非常浓重，难以通过曝光或白平衡等参数的控制实现好的拍摄结果，而且稍不注意就可能会出现曝光过度的问题。因此在拍摄时，首先尽可能分辨环境中的元素，并进行构图，同时大致勾画出想要的照片效果，并在这种思路的引导下，减少一定的曝光，以避免曝光过度的问题，并以RAW格式进行拍摄，以最大限度地保留后期处理的空间。

图 1.7

如图1.8所示是使用Adobe Camera Raw软件，通过对白平衡、曝光、对比度、清晰度、去除薄雾等参数的调整，结合渐变蒙版，让画面恢复应有的曝光、色彩及立体感。

图 1.8

1.1.4 后期处理的尺度把握

前面强调了后期处理的重要性，可以说，笔者对于“摄影是否应该进行后期处理”的话题是持肯定态度的，但也不是完全天马行空的随意调整，还是要注意“尺度”的把握。

以Photoshop软件为例，其核心功能是图像的处理与合成，因此用户可以对图像进行任意处理，众多的大师级创意合成作品，都是以Photoshop软件为主完成的。

例如图1.9是西班牙艺术家AntonioMora的一组多重曝光作品，巧妙的构思和对于画面细节的把握让人为之叹服。

图 1.9

从后期处理尺度方面来说，这组作品虽然是基于摄影中的多重曝光技术，但实际上已经严重脱离了摄影本身，更多的是带有了创意表现的属性。当然，这不能否定这组作品的优秀之处，如果是从“希望得到一幅漂亮、具有创意的影像作品”的角度来说，这就是一组非常成功的作品，而从摄影的角度来说，我们仍然应该以“真实”为基本准则进行后期处理，并围绕这个准则，执行各种美化、修饰甚至是合成处理。

如图1.10～图1.12所示是几张优秀的摄影作品，其共同特点就是都经过或多或少的后期处理，但基本是以“真实”为基本准则，读者可以与上面的作品相比较，体会其中的真实与超现实。

图 1.10

图 1.11

图 1.12

因此，读者可以根据自己的喜好、希望实现的效果，明确后期处理的方向，切忌在二者之间摇摆不定，想处理出一幅好的摄影作品，却使用了大量超现实的手法和效果，或者想处理出具有创意美感的作品，却拘泥于现实的束缚，无法展开想象，那么永远不可能制作出优秀的作品。

需要强调的是，在一些特殊的摄影题材以及摄影比赛中，对后期处理是有严格要求的。例如在新闻摄影中，对后期处理有非常严格的要求，即便在细节要求不尽相同，但总体方向是基本一致的，如《纽约时报》对新闻照片后期加工的规定中有这样的话：“对色彩和反差的调整，必须在一定限度内进行，目的是更准确地还原现场信息。”

再如一些摄影比赛，也会明确要求除基本的构图与加框等处理外，不得对照片做任何大幅的曝光及色彩修饰，否则一律取消参赛资格。即便是允许进行一定后期处理的比赛，也可能由于没有把握好处理的“尺度”，影响参赛资格。例如获得第56届“荷赛”（世界新闻摄影比赛，WORLD PRESS PHOTO，简称“WPP”）年度照片奖的作品《加沙葬礼》，被指出进行了包括曝光、色调在内的过度后期处理，虽然最终“荷赛”的评委在对比了《加沙葬礼》的RAW格式文件后，认为汉森对照片的调整“并非为了隐瞒什么，也无任何遮蔽事实的行为。他所做的事情都是传统暗房里被允许的”。并因此保留了作品的获奖资格，但作为普通参赛者而言，还是应该尽可能把握好后期处理的“尺度”，避免出现类似的情况。

1.1.5　数码照片后期处理是目的还是手段

通过前面的讲述，我们已经清楚地认识到后期处理对于照片效果乃至整个摄影领域的重要影响，甚至可以说后期处理是必不可少的一项工作。

要注意的是，即便后期处理如此重要，我们也不能将其当成摄影的“目的”，而是要将其作为获得最佳照片效果的“工具”，二者有着本质上的区别。

将后期处理作为“目的”，就是“为了后期处理而后期处理”，无论照片效果如何，都要进行大幅的后期调整，甚至将照片处理得“面目全非”，只为彰显自己的后期处理技术，或者希望表达出“这张照片我做了大量的后期处理工作”的信息，这样都是不可取的、是本末倒置的。

将后期处理作为“工具”，才是与前面几节讲解的理论相结合，将后期处理与前期拍摄相结合，以得到好的照片效果为最终目的。

1.2 色轮与调色

1.2.1 色轮的来源

在学习色轮知识前，首先要了解一下光线，因为先有光，才有色。一般来说，光线可以分为可见光与不可见光两种，如图1.13所示。

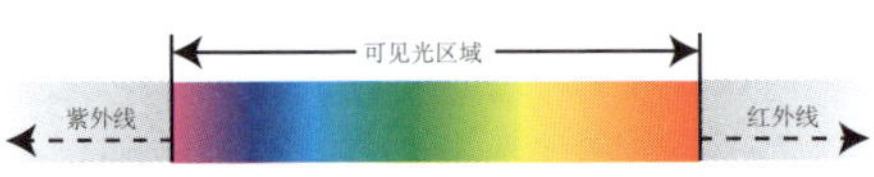

图 1.13

可见光区域由从紫色到红色之间的无穷光谱组成，人们将其简化为12种基本的色相，并以圆环表示，就形成了最基本的色轮，如图1.14所示。

图 1.14

1.2.2 色轮的演变

组成色轮的12种颜色并非任意指定的，而是通过一定的演算得来。首先包含的是三原色（ Primary colors ），即蓝、黄、红。原色混合产生了二次色（ Secondary colors ），用二次色混合，产生了三次色（ tertiary colors ），下面来具体说明其演变过程。

色轮中最基本的是三原色，另外9种颜色都是由它演变而来，如图1.15所示。

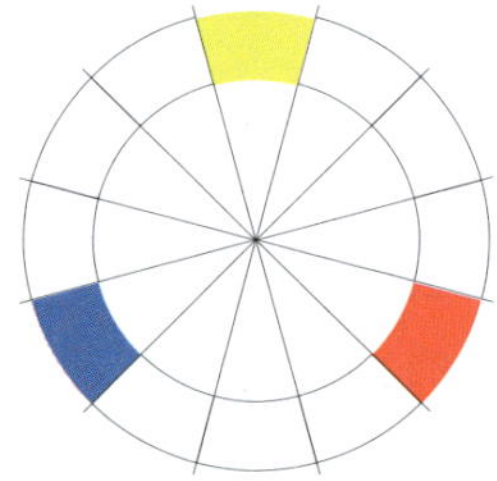

图 1.15

二次色所处的位置是位于两种三原色一半的地方。每一种二次色都是由离它最近的两种原色等量调和而成的颜色，如图1.16所示。

图 1.16

图1.17所示是仅二次色时的色轮。

图 1.17

学习了二次色之后，就不难理解三次色了，它是由相邻的两种二次色调和而成，如图1.18所示。

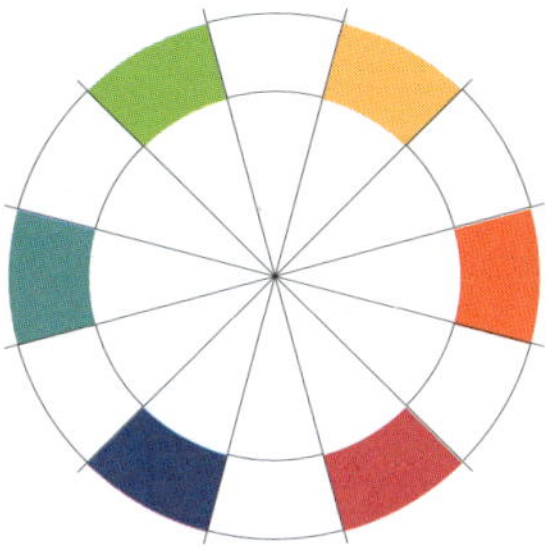

图 1.18

上面介绍的是最基本的12色色轮，根据不同的使用需求，色轮还可以扩展为更多的色彩，其表现形式也多种多样，例如图1.19所示的以圆形表示的24色色轮，该色轮不但展示出了色轮中的24种颜色，同时还体现了颜色之间的互补关系。

图 1.19

1.2.3　色轮对后期调色处理的指导意义

上面讲解的色轮与照片期处理的调色，虽然都属于色彩的范畴，但二者究竟有什么关系呢？如何利用色轮的原理，更好地对照片进行后期调色处理呢？下面就来具体讲解。

1. 互补色的概念

在后期调色的过程中，最常用到互补色的概念，简单来说，以前面展示的24色色轮为例，每一个对角线上的颜色就是一组互补色，例如红色与青色、蓝色与黄色等。

2. 互补色在后期调色中的应用

通过色轮了解到颜色之间的互补关系后，在后期调色时，就可以更容易地增加或减少某一种颜色，从而实现调色目的。以图1.20所示的红色衣服为例，笔者利用选区将衣服选中。

图 1.20

通过观察前面展示的24色色轮可以看出，红色的补色为青色，如图1.21所示是就是大幅增加了青色后的效果，部分衣服由于增加了过量的青色，因而变成了青色效果——当然，此时的照片仍然显现出一定的红色，但实际上，衣服上的红色已经被青色所中和，剩余的颜色是与之相近的紫色，读者要注意区分。

图 1.21

仍以上面的照片为例，背景中的油菜花是以黄色为主，根据前面展示的24色色轮可以看出，其补色为蓝色，因此在照片中加入适量的蓝色后，就可以消除黄色，当加入过量的蓝色时，照片就显现出蓝色色调的效果，如图1.22所示。

图 1.22

在实际调色过程中，用户可以使用“色彩平衡”直接增加或减少某种颜色，也可以使用“色阶”及“曲线”等命令，通过对不同的颜色通道进行调整，从而达到增加或减少某种颜色的目的。

1.3 了解照片后期处理的“能”与“不能”

1.3.1 能改构图、画幅

对于文件的尺寸，以目前主流的数码相机来说，生成的JPEG格式的照片就高达几M甚至几十M，因此很不利于传输和网络发布，因此将其调整一个合适的大小就成为一个必然的操作，同时，这也能够增加Photoshop处理图像的速度；而对于画面的构图，则是一个比较深奥的话题，简单来说，就是对原本不太好看或不太合理的构图，进行校正处理，例如通过裁剪照片来突出照片的主体、将横幅照片裁剪为竖幅等，都属于典型的二次构图处理。

对于如图1.23所示的照片来说，其中的元素较多，显得主体不够突出。

图 1.23

如图1.24所示是裁剪并进行一定的曝光调整，以突出人物主体后的效果。

图 1.24

另外，从更广义角度来说，校正照片透视、拼合全景图等，也属于二次构图的范畴。

1.3.2 能调曝光、明暗

简单来说，照片后期调整中所说的曝光问题，大致可以分为“曝光不足”和“曝光过度”2大类，其中也可以细分为局部或全局曝光问题等，它们的后期调整方法也不尽相同，但总体来说，仍属于对亮度及对比度进行调整的范围，我们可以先针对整体进行大范围的校正，然后再针对局部的问题进行修饰。以如图1.25所示的照片为例，通过校正曝光不足，并适当进行色彩校正，使照片显得更加美观、通透，如图1.26所示。

图 1.25

图 1.26

图 1.28

1.3.3 能调色彩、色调

对于色彩和色调方面的调整，主要包括色彩校正与色彩美化两部分。

色彩校正通常是指由于受到环境光或相机白平衡设置等因素的影响，照片整体偏向于某种色调，此时需要将其恢复为正常的色彩。

色彩美化与前者有较大的差别，主要是针对低饱和的色彩进行校正，或对现有的色彩进行改变等，在处理时要特别注意，调整后的色彩应该保持自然、符合照片的环境要求。值得一提的是，若相机支持，或采用RAW格式拍摄照片，其保留的原始信息，可以让后期处理时获得更大的调整空间。

如图1.27和图1.28所示是在曝光与色彩均处理得非常到位的照片。

图 1.27

1.3.4 能去杂物、噪点

曝光和色彩的调整，可能会影响到画面中的细节，比如人物面部的色斑，有时候调整适当的曝光，就可能会将其隐去，而不需要专门进行修复，当然也有相反的情况，即调整后显示出了更多无用的细节。如果仅是修除一些斑点或眼袋，那么只需要简单的处理即可完成，但如果画面中充斥着各种杂点、污渍及杂物等问题元素，无疑工作量就大大增加了，同时，在修复时所涉及的技术也可能会更加复杂。

如图1.29所示的风景照片中，底部存在较多的多余树枝，很影响整体的美感。

图 1.29

如图1.30所示是将多余的树枝修除后的效果，画面变得更加干净、整洁。

图 1.30

1.3.5 能加元素、特效

通常来说，无论是严谨的摄影工作还是普遍的大众化照片处理，都是建立在“真实”的基础上，但这并不是说我们不能够利用一些后期处理技术，对照片进行富有创意的特效或合成处理，或用于处理照片存在的不可修复的问题。

例如对于图1.31所示的照片来说，为了呈现地面的景物及倒影，导致天空出现严重的曝光过度问题。

图 1.31

此时，常规的后期处理技术已经无法恢复出天空的细节，因此我们通过合成技术，替换进来一幅新的天空，通过适当的调光与调色处理，其与原照片保持协调、统一，并增加了光效，使照片效果更加丰富、自然，如图1.32所示。

图 1.32

1.3.6 不能“无中生有”

这里的“无中生有”主要是指一些不可修复的问题，如上一小节中提到的严重曝光过度以及曝光不足的问题，或相机抖动导致照片模糊的问题等，这些都是无法通过后期处理进行修复的，因此在前期拍摄时，就要特别注意这些问题。

例如在曝光方面，即使是以RAW格式拍摄，曝光的误差也不要超过+2～-3的范围；如果是以JPG格式拍摄，一旦出现曝光过度的问题，几乎就是不可修复的，因此建议尽量以高光区域为准进行拍摄。这也是前面所说的，后期处理与前期拍摄相辅相成、后期处理应该作为美化照片的“工具”的另一层含义。

1.4 避开照片后期的误区

1.4.1 以原图做处理

在任何情况下，都不要直接在原始照片文件上做后期处理，因为原始照片文件只有一份，一旦做过修改就再也找不回来了，因此一定要复制一个文件再执行后期处理。

另外，在处理照片的过程中，建议不要直接在“背景”图层上操作，一方面是为了保留原照片，另外，在想观察原照片与处理结果之间的差异时，只需要按住Alt键单击“背景”图层左侧的眼睛图标，就可以快速进行预览了，在需要使用原照片进行其他处理时，也可以通过复制“背景”图层的方式快速得到，而不用重新打开原始照片文件。

另外，还可以通过将图层转换为智能对象、使用调整图层（而不是“图像—调整”菜单中的命令），都可以实现保护原图、无损处理的目的。

1.4.2 锐度越高越好

理论上来说，锐度越高显现出来的细节也就越多，画质也就显得越高，但也不是可以无限度提高的，在锐化到一定程度后，继续锐化只会起到反作用。因为过度锐化时，会在图像的边缘生成白色印记，反而会使照片质量下降。

当然，在锐化过程中，有些区域较为模糊，需要做较强的锐化处理，有些则需要较弱的锐化处理，通常情况下，较快捷的方法是，以较模糊的区域为准进行锐化，然后结合图层蒙版功能，将锐化过度的隐藏掉即可。

以图1.33所示的照片为例。

图 1.33

如图1.34所示是锐化后的局部效果，可以看出，右下方的边缘得到了最佳的锐化，但其他的树叶边缘则由于锐化过度，出现了白色印记。

图 1.34

如图1.35是利用图层蒙版，将白色印记修除后的效果。

图 1.35

另外，在锐化人物照片时，往往是以锐化边缘为主，而内部的皮肤需要保留较为柔滑的质感，因此在锐化后，要特别注意进行恢复处理，以免锐化过度致使皮肤过于干燥。

1.4.3 反差越大越好

照片的反差可以包括色彩反差和明暗反差两大方面，如红与蓝、黑与白就存在巨大的反差，具体可以表现在画面整体，也可以表现在细节图像上，恰当的反差，可以让画面呈现出强烈的视觉冲击力，如图1.36和图1.37所示。

图 1.36

图 1.38

图 1.37

图 1.39

但和锐化处理一样，要注意把握好尺度，过强的反差有可能会让照片失真。

另外，增加反差并不是唯一的表现手法，有些照片并不适合以反差手法表现，反之，以柔和、自然的色彩和影调作为过渡，虽然在第一眼的视觉冲击力上不如高反差的作品，但会让人看起来更舒服，更能够长时间地观察照片，体会其中所表现的意境，如图1.38和图1.39所示。而高反差的作品，会引起视觉疲劳，反而难以长时间地深入观察，所谓的“刚不可久”就是这个意思。

从作品风格上说，如果一味地强调反差，久而久之，也会让自己的作品风格受到限制，容易被定格化，甚至出现为了增加反差而增加反差的问题。

1.4.4 噪点越少越好

在使用高ISO感光度、长时间曝光或环境较昏暗导致曝光不足时，画面都可能或多或少地产生大小不一的噪点，为了提高画质、保持画面的纯净，通常都会进行一定的降噪处理，但这个过程并不是单纯以消除所有噪点为目的。因为照片中存在的一些细节，往往和噪点差不多大小，甚至要更小，消除噪点就意味着这些细节也可能随之消失，因此处理时要在保留细节与降噪之间做好平衡，不能盲目地做降噪，由此导致损失大量细节，就得不偿失了。

另外，现在主流的数码相机动辄拥有2000万以上的像素，相比以前1000万左右的像素，增加了近一倍，但感光元件并没有相应地增大，因此像素密度提高了，进而可能导致照片更容易产生噪点。同时，如此高像素尺寸的照片，在100%的显示比例下，即使稍有一些噪点，都可能看起来很明显，但实际情况是，我们极少有机会将一幅2000万像素的照片分享给朋友或进行大画幅尺寸的印刷，更多时候，我们只需要将照片缩小1/10，即200万像素（约为1600×1200像素）左右，就完全可以满足日常的分享和6～9寸照片的洗印了，因此在降噪甚至在后期处理前，可以先将照片缩小，此时可能大部分细小的噪点都消失了，剩余的少量噪点只需要做适当降噪处理即可。

1.5　照片后期处理的基本流程

如图1.40所示的流程图展示了照片调整时最常见和常用的手法，但并非说每幅照片都一定要按照这些项目依次进行调整。当某部分足够满意时，自然就可以跳过某个流程，继续下面的调整，在后面的讲解中，本书对上述流程中的绝大部分内容都有所涉及（当然，本书所讲解的内容绝不只这些，因为它们只是最基本最常见的处理手法），并通过针对性的实例进行讲解，比如关于对图像进行锐化处理的操作。

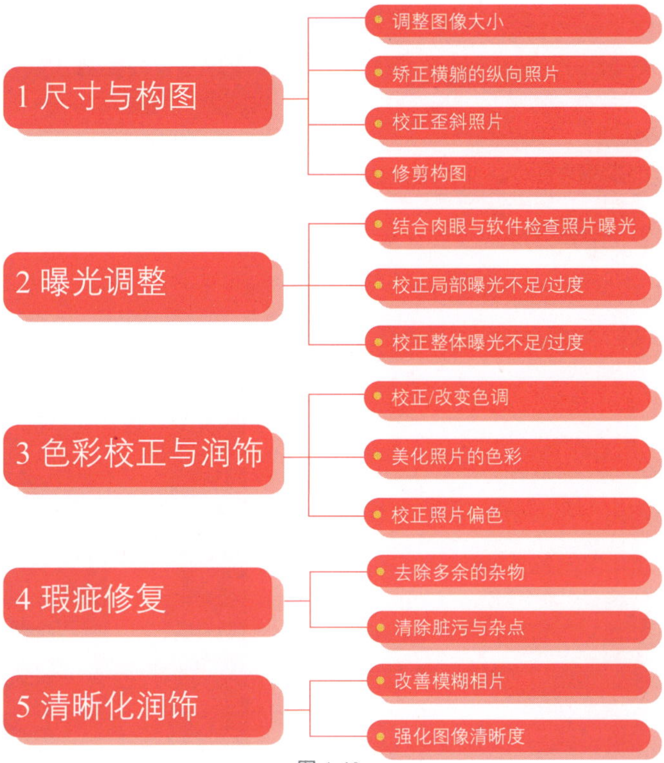

图 1.40

以如图1.41所示的原照片为例。

图 1.41

如图1.42所示是对照片构图进行透视校正后的效果，建筑线条更加横平竖直，显得更为威严。

图 1.42

原照片较为灰暗，如图1.43为对其曝光及对比进行适当校正后的效果。

图 1.43

调整曝光后，照片的色彩看起来较为平淡，缺少色彩对比，如图1.44所示为强化冷暖色彩，以突出其对比后的效果。

图 1.44

如图1.45所示是为照片添加了暗角作为装饰，并修除了右下角杂物后的效果，使画面变得更加干净、视觉焦点更加突出。

图 1.45

最后，由于在拍摄照片时使用了较高的感光度，加上环境光线不太充足，因此照片的暗部会存在一定的噪点，如图1.46所示为执行了降噪及锐化处理前后的效果对比。

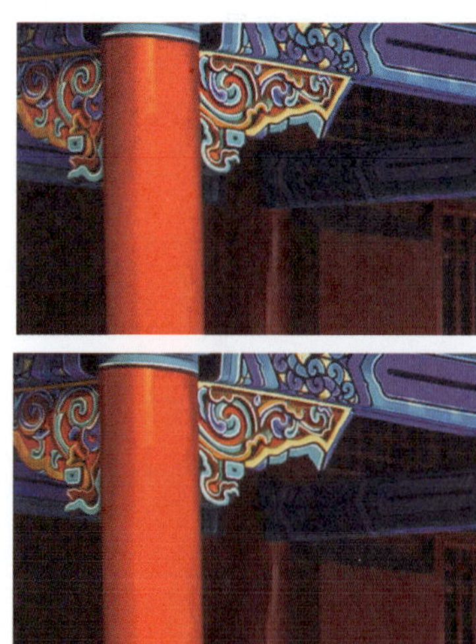

图 1.46

1.6　关于RAW

RAW意为是“原材料”或“未经处理的”，它包含了数码相机传感器（CMOS或CCD）获取到的所有原始数据，如相机型号、光圈值、快门速度、感光度、白平衡、优化校准等，更形象地说，RAW就像一个容器，所有的原始数据都装在这个容器中，用户可以根据需要，调用容器中的一部分数据组合成为一幅照片。正因如此，RAW格式照片具有极高的宽容度，也就是拥有极大的可调整范围，充分利用其高宽容度的特性，通过恰当的后期处理，可以得到更加美观的照片结果，甚至能够将“废片”处理为“大片”，例如在亮度方面，RAW格式可以记录下+2～-4甚至更大范围的亮度信息，即使照片存在曝光过度或曝光不足的问题，也可以在此范围内，将其整体或局部恢复为曝光正常的状态。

例如，如图1.47所示就是一幅典型的在大光比环境下拍摄的RAW格式照片，其亮部有些曝光过度，暗部又有些曝光不足。如图1.48所示是使用后期处理软件，分别对高光和暗部进行曝光和色彩等方面处理后的结果，可以看出，二者存在极大的差异，处理后的照片曝光更加均衡，而且色彩也更为美观。

图1.47

图1.48

1.7　常见RAW格式

RAW格式是对所有原始照片格式的统称，具体来说，几乎每家相机厂商都发布了专属的RAW格式，每种RAW格式的扩展名也各不相同，例如佳能相机普遍采用.cr2扩展名，尼康相机普遍采用.nef扩展名，具体见下表。

相机品牌	RAW格式扩展名
富士	*.raf
佳能	*.crw，*.cr2
柯达	*.kdc
美能达	*.mrw
三星	*.srw
尼康	*.nef、*.nrf
奥林巴斯	*.orf
Adobe	*.dng
宾得	*.ptx，*.pef
索尼	*.arw
适马	*.x3f
松下	*.rw2

上述RAW格式是各厂商专用的，除此之外，还有一种通用的RAW格式，其扩展为*.dng，即Digital Negative的缩写，它是由Adobe公司于2004年9月推出的，目的是希望能够统一目前繁多的RAW格式，但由于多数相机厂商都坚持使用自己的RAW格式，到目前

为止，仅有少数厂商的相机支持DNG格式，如Hasselblad（哈苏）、Leica（徕卡）、RICOH（理光）和samsung（三星）等，用户可以使用Camera Raw将各厂商专用的RAW格式转换为通用的*.dng格式，其方法可参见本书第2.2.5节的讲解。

1.8 RAW文件格式的优缺点

摄影初学者们常常听摄影高手们讲，拍摄照片一定要使用RAW格式，这样方便做后期调整，通过前面1.1节展示的对比效果也可以有一个直观的感受，原本感觉灰蒙蒙的、存在严重曝光问题的照片，在经过后期软件处理后，便有了飞跃性的改变，甚至能让人惊呼：“这根本就不是同一张照片！”足见RAW格式照片的优点，当然，凡事都有利弊，RAW也存在其特有的缺点，下面以常见的JPG格式为例，分别从不同的角度对比分析RAW格式的优点和缺点。

1.8.1 宽容度

在1.1节中已经初步介绍过RAW格式高宽容度的特点，这是源于它记录了大量的原始数据，因此用户可以在原始数据所记录的范围内做自由调整，实现照片的美化及校正处理。例如在曝光方面大多可以实现+2～-4范围的调整，而在白平衡方面可以实现无限制的调整，部分RAW格式处理软件甚至提供了比相机更大的色温调整范围。

例如，如图1.49所示为使用Canon EOS 5D Mark Ⅳ拍摄的RAW格式照片，由于相机设置的问题，照片严重曝光不足。如图1.50所示是以Camera Raw软件为主，对照片的曝光、色彩等方面进行大量后期处理后的效果，不仅将其调整为正常的曝光结果，同时还通过后期处理，强化了其明暗与色彩对比，使照片更具美感和视觉冲击力，这些都需要RAW格式强大的宽容度支持。

图1.49

图1.50

1.8.2 色彩深度

对数码照片来说，色彩深度表示储存1像素的颜色所用的位数，它也称为位/像素（bpp），色彩深度越高，可用的颜色就越多，颜色也就越细腻。色彩深度是用“n位颜色”（n-bit colour）来说明的，若色彩深度是n位，即有2^n种颜色选择，而储存每像素所用的位数就是n，例如JPG格式支持8位色彩深度，可显示2^8个级别的颜色，即256个级别（0～255），共可以表示16,777,216种颜色，而目前主流的RAW格式往往支持14位色彩深度，即无损RAW格式，它可以显示2^{14}个级别，即16384个级别（0～16384），共可以表示4,398,046,511,104种颜色。通过上面的数据对比可以看出，14位的RAW格式可包含的颜色数量，要远超过JPG格式。若将一幅14位的RAW格式照片转换为JPG格式，则RAW格式照片中平均262,144个颜色，将被压缩为JPG格式照片中的一个颜色。

从后期处理角度来看，14位的RAW格式照片包含的细节明显更多，通过恰当的后期处理，可以大幅提高画质，相对地，JPG格式由于包含的细节少，后期处理时有较大的局限性，因此无法与RAW格式相提并论。当然，若不考虑后期处理方面的因素，仅凭肉眼观察，就能发现RAW格式与JPG格式拥有几乎相同的视觉效果。

值得一提的是，很多相机厂商除了14位的无损RAW格式外，还提供了12位的RAW格式，它可以显示2^{12}个级别，即4096个级别（0～4095），共可以表示68,719,476,736种颜色，由于色彩深度要低于14位的，因此也称有损RAW格式，但仍然大幅高于JPG格式的16,777,216种颜色。通常来说，拍摄12位RAW就已经可以满足日常和后期处理需求了，但专业摄影师为了追求极致的影像品质，往往会选择使用14位RAW格式进行拍摄。

1.8.3　无损编修

什么是无损编修？

无损编修又称无损处理、无损编辑，简单来说就是“不对原始照片做破坏性处理”，其中的“破坏性”是指破坏照片原有的内容，例如永久改变照片的亮度、色彩等。例如，对于JPG照片来说，使用Photoshop中的“色相/饱和度”命令做调色处理，将红色调整成为黄色，那么其中的红色像素就发生了永久性的色彩变化，这就是破坏性调整。

对RAW照片来说，所有的调整只是调用其中包含的原始数据而已，例如，我们将其中的红色调整成为黄色，那么就是软件从RAW照片中调取改变颜色后的图像内容并显示出来，而原来的黄色仍然存在，只是被隐藏起来了而已，这也是前面所说的RAW格式拥有高宽容度的一个表现。

为什么需要无损编修？

无论是专业的摄影师，还是摄影爱好者，对照片的后期处理往往不可能一次性调整到位，即可能在处理过程中进行反复的调整，或在初步处理完成后，隔一段时间再观察处理结果，可能又会发现不满意的地方，然后再次进行调整。此时，若是采用传统的有损处理方式，原始照片会被破坏，修改时又会做更多的破坏性调整，如调亮后又调暗，之后再调亮等，这会大幅降低照片的质量。

如前所述，RAW格式照片在处理时只是调用原始数据，因此具有先天无损处理的特性，可以将调整参数单独保存起来，并随时对其进行修改，从而提高修改时的工作效率，且不会对原始照片产生任何破坏性的调整。

例如图1.51所示为RAW格式的原始照片。

图1.51

如图1.52所示是通过改变照片中的颜色，并大幅提高照片对比度及色彩饱和度得到的效果，此后又基于此效果修改出如图1.53所示的效果，这就需要RAW格式的高宽容度及无损调整的特性做支撑才能实现，若是JPG格式，在处理完如图1.52所示的效果后，照片的高光和暗部都有细节损失，黄色树叶也产生了较多的色彩淤积，此时就难以实现如图1.53所示的效果了。

图1.52

图1.53

如图1.54～图1.57所示，为调整的另外几种不同风格的效果。

图1.54

图1.55

图1.56

图1.57

可以看出，以上每个方案都有截然不同的视觉效果，在亮度、颜色及色彩饱和度等方面，都有极大的差异，但由于RAW拥有极高的宽容度且无损调整的特性，无论是在原始照片基础上调整，还是基于某个效果再调整另一个效果，都可以轻松实现，而不会对原始照片产生破坏。

1.8.4 兼容性

JPG格式是国际通用的工业标准格式，也是WEB标准格式文件之一，几乎所有的计算机系统和图像处理软件都支持JPG格式文件，这也是数码相机中最常见的输出格式之一，因此对于文件的处理与共享来说，JPG格式非常方便，无论是专业的Photoshop、Lightroom等软件，还是以方便、快捷为主打功能的美图秀秀等软件，甚至是众多的手机APP，都可以良好地支持JPG格式。

对于RAW格式，前面已经说过，大部分厂家都发布了各自专用的RAW格式，而每种格式都需要专用的软件对其进行处理或读取，如尼康公司的捕影工匠，佳能公司的Digital Photo Professional等。虽然目前主流的第三方RAW格式处理软件，如Camera Raw、Lightroom及CaptrueOne等都兼容各厂家的RAW格式，但由于第三方软件无法取得厂家RAW格式文件的核心算法，因此可能存在读取和处理效果不如原厂软件的问题。另外，由于在各相机厂家在发布新机型时，往往会对RAW格式的核心算法做一定改动，第三方软件可能会出现无法打开新相机所拍摄的RAW格式照片等问题，因此需要第三方软件公司及时发布支持补丁，用户也要更新补丁后才可以处理。

1.8.5　软件功能限制

各相机厂商开发的RAW格式处理软件，往往定位为相机参数的扩展，可以让用户在电脑上编辑RAW格式，如相机校准、白平衡、曝光补偿等，虽然其中部分参数范围要大于相机中能够调节的范围，但总体来说，功能普遍不够丰富，相对而言，第三方软件则提供了更加丰富、实用的功能，如Camera Raw中的线性渐变蒙版、径向渐变蒙版、调整画笔工具、透视校正、裁剪后暗角、基于相机校准的色彩调整及快照等，可以满足用户更多、更复杂的调整需求。可参考图1.58所示的照片。

图1.58

如图1.59所示是调整了曝光、白平衡及色彩饱和度等属性后的效果，这基本就是使用原厂软件所能做到的程度，主要原因是缺少对局部区域做调整的功能。如图1.60所示是使用Camera Raw的线性渐变和径向渐变蒙版，分别对天空、地面和山峰局部做调整后的效果，可以看出，各部分的曝光更加均匀，图片也更为美观。

图1.59

图1.60

当然，从更广阔的视角来说，相机厂商和第三方厂商开发的RAW格式处理软件，在功能上还是存在很多不足之处，这在很大程度上限制了我们对RAW格式照片的编辑。例如，由于缺少精确的选择功能，因此无法针对特定范围做精确的调整；在修复照片时，无法处理复杂的图像区域等，对于这类问题，我们需要将照片转换为JPG、TIFF等格式，然后转至Photoshop中处理，借助其强大的图像处理功能，做进一步的编修，但这样就失去了RAW格式的调整优势。因此，在调修过程中，应尽量在RAW格式处理软件中做处理，充分利用其高宽容度的优势，最后再转至Photoshop中处理。

1.8.6 降噪处理

RAW降噪的优势

在光线不充分、使用了高ISO感光度或长时间曝光时，照片较容易产生噪点，此外，在后期处理时，若大幅提高照片的曝光等级，尤其是在提亮曝光不足的照片时，也容易产生噪点，此问题也是无法利用RAW格式的优势进行修复的，但从处理流程上来说，RAW格式仍然比JPG格式有优势。

具体来说，以相机中的高ISO降噪功能为例，假设采用默认的参数进行拍摄，那么从拍摄到最终完成降噪处理，JPG格式照片的基本流程为："原始照片—机内降噪—生成JPG—后期降噪处理—再次生成JPG"。而RAW格式的基本流程为："原始照片—后期降噪处理—生成JPG"。

不难看出，JPG照片比RAW照片多了一次机内降噪和生成JPG的压缩，因此照片质量会有所下降。需要特别解释的是，之所以RAW照片少了一次机内降噪，是因为它只是将降噪参数记录在RAW文件中，用户可以在编辑RAW时取消这个降噪处理，也就是说，我们可以对未处理的原始照片做降噪处理，因此这里将其记为少做了一次机内降噪。

JPG直出与使用官方、第三方软件对RAW进行降噪的对比

下面将以尼康相机为例，通过实拍高ISO降噪的照片，对比JPG直出与官方、第三方RAW软件的降噪对比，其中官方软件采用的是尼康最新发布的捕影工匠，第三方软件为Camera Raw。

提示

JPG直出是指由相机直接拍摄得到的JPG格式照片。

为便于对比，笔者直接采用RAW+JPG的格式进行拍摄，保证JPG和RAW是完全相同的，其中JPG格式为最大尺寸、最高质量，高ISO降噪为默认值。

下面组图是以JPG直出降噪结果，以及与RAW照片降噪数值归0后的对比，此对比的意义在于，首先让读者认识到RAW是可以恢复到降噪前的原始状态的。其中图1.61所示是JPG照片的局部效果，如图1.62所示是使用尼康官方的后期处理软件——捕影工匠打开RAW照片并将所有降噪参数归0时的局部效果，可以看出，噪点明显变得更多；如图1.63所示是使用Adobe公司开发的Camera Raw中打开RAW照片，并将所有降噪参数归0时的局部效果。

图1.61

图1.62

图1.63

提示

在默认情况下，Camera Raw会对照片做一定的锐化处理，为保证上述对比是基于原始照片的，因此将锐化数值也全部归0。

通过对比可以看出，相对于使用默认降噪参数直出的JPG照片，在捕影工匠和Camera Raw中将降噪归0后，得到了最原始的照片，而且由于解像机制不同，在捕影工匠中，噪点相对较少，但黑色斑点相对较多，在Camera Raw中，噪点相对较多，主要是由于其解析出来的红色噪点较多，但黑斑问题要少于捕影工匠。

如图1.64所示是降噪后的局部效果对比，此对比的意义在于，让读者直观地感受到默认参数下RAW照片的降噪结果，并体会出其优势。其中左图仍是机内降噪后直出的JPG照片，如图1.65所示为在捕影工匠中以默认降噪参数显示的效果，理论上来说，此时捕影工匠的参数是与机内降噪参数相同的，因此处理结果也应该与JPG照片相同，但仔细对比可以看出，捕影工匠的处理结果中绿色噪点更少一些，纯净感觉更好；如图1.66是由Camera Raw以默认降噪参数（仅对彩色噪点做处理）处理后的结果，可以看出，这是三幅照片中视觉效果最佳的，虽然仍存在大量亮度噪点，但彩色噪几乎消失不见了，而且没有捕影工匠中的黑色斑点问题，噪点也更加均匀，但存在一个问题就是阴影变得略浅，立体感有所下降。

图1.64

图1.65

图1.66

如图1.67～图1.69所示是对3幅照片做了相同强度的降噪处理后的效果对比，依次为JPG直出、捕影工匠和Camera Raw。

图1.67

图1.68

图1.69

对比可以看出，JPG直出的结果是最差的，画面仍然存在较多的亮度和彩色噪点，图像边缘质量下降得也很严重；使用捕影工匠的结果略好，亮度噪点基本与JPG直出相同，但彩色噪点更少，画面更干净一些；从噪点处理方面来说，Camera Raw的结果是最好的，亮度噪点较少，彩色噪点完全消失不见，而且不存在黑色斑点，但由于阴影变淡，因此立体感稍差，但这是可以通过调整“去除薄雾”或“清晰度”等参数进行修正的。

通过上述对比，可以充分说明RAW格式在降噪处理时的优势，同时也证明了第三方软件的强大之处，另外，第三方软件往往拥有更多、更强大的功能，因此笔者建议可以以Camera Raw、Lightroom等优秀的第三方软件为主进行后期处理。

1.8.7 照片大小

这里所说的大小是指其占用的磁盘空间。如前所述，RAW保存了大量的原始数据，因此照片比较大，以尼康Z8相机为例，它拥有4571万有效像素，在以RAW格式保存时，可以达到60～100M，而以最高质量的JPG格式拍摄，大约只有15～20M。对比可以看出，RAW格式的大小要远高于JPG格式。好在目前大容量存储卡价格不高，使得照片在存储方面基本不存在问题，因此，出于后期处理需要方面的考虑，建议尽量以RAW格式进行拍摄。

1.9 RAW格式的局限性

前面说过，RAW格式拥有极高的宽容度，但并不是无限的，换句话说，RAW格式也有其自身的局限性，因此读者绝不能认为以RAW格式拍摄，就可以万无一失了。下面来详细介绍RAW格式存在的局限性。

1.9.1 调整范围的局限性

如前所述，RAW格式记录是有一定范围的，如果超出了其范围，就无法再继续做调整了。例如前面所说的RAW格式在亮度方面通常拥有+2～-4范围的宽容度，即，在曝光正常的基础上，曝光过度2档或曝光不足4档的情况下，可以通过调整将其恢复为正常状态，若超出此范围，则无法恢复。

如图1.70所示的为原照片，该照片的上半部分存在较严重的曝光过度。如图1.71所示是降低2档曝光后，左上方显示出了一定的细节，但右上方区域仍然存在曝光过度的问题。

图1.70

图1.71

如图1.72所示是降低3档曝光时的效果，可以看出，由于超出了原始数据的范围，因此继续降低曝光只会让原来的白色变为灰色，而不是恢复到曝光正常的效果。

图1.72

相对RAW格式来说，JPG格式照片是根据相机参数的设定而直接生成的照片，其宽容度很低，只能在较小的范围内做调整。仍以上面的原始照片为例，如果将其导出成为最高质量的JPG格式，如图1.73所示的是将其曝光降低约1.1档时的效果，此时天空区域虽然显示出了一定的细节，但这已经是天空区域能够显示出的最大细节了。与前面RAW格式降低2档曝光时的效果相比，明显少了很多的细节。如果继续调暗，死白的区域就会变为灰色，如图1.74所示。

图1.73

图1.74

1.9.2 物理属性的局限性

这里所说的物理属性，是指在拍摄时已经固定的影像范围或内容，如构图、景深等。以构图为例，照片拍摄完成后，构图就已经确定下来，要通过二次裁剪进行构图变化，即使是RAW格式的照片，也只能在现有范围内做处理，而无法超出该范围。

再如景深，尤其是小景深时，照片中存在局部虚化，而焦点部分是实体，这种虚实的变化是无法通过RAW格式做改变的。依次类推，若存在对焦不准、相机不稳等导致的照片模糊、虚化，如果是非常细微的问题，可以尝试通过锐化处理做适当的校正处理，如果问题较严重，则难以甚至无法校正，这些都不是RAW格式记录的原始数据范围。

第2章

掌握 RAW 界面及裁剪、修复、样式等基本操作

2.1 认识Camera Raw的工作界面

2.1.1 认识Camera Raw工作界面

在Photoshop中打开RAW格式照片，即可启动Camera Raw软件，如图2.1所示。

图2.1

❶ 工具栏：包括用于编辑照片的工具，以及设置Camera Raw软件和界面等的按钮。

❷ 直方图：用于查看当前照片图像的曝光数据信息。

❸ 调整面板：此面板包含10个选项卡，可用于调整照片的基本曝光与色彩，调整暗角，校正镜头扭曲与色边等。

❹ 视图控制区：在此区域的左侧可以设置当前照片的显示比例；右侧可以设置调整前后对比效果的预览方式。

❺ 操作按钮：单击“转换并存储图像”按钮 （单独在工作界面的右上角），可详细设置照片的存储属性；在“打开”的下拉列表中单击“打开”按钮，可打开图像至 Photoshop；单击“以对象形式打开”按钮，打开至 Photoshop的图像，图层是以智能对象的形式存在的，双击这个图层的缩览图，便能够返回到 Camera Raw滤镜界面里，可以再次对图像做加工和处理；单击“以副本形式打开”按钮，则会复制一个副本图像打开至 Photoshop中。单击中间带有下画线的文字，调出“工作流程”对话框，可在其中设置照片的色彩空间及大小等参数。

2.1.2　认识Camera Raw的工具

Camera Raw中的工具主要用于旋转、裁剪、修复、调色及局部处理等，如图2.2所示。

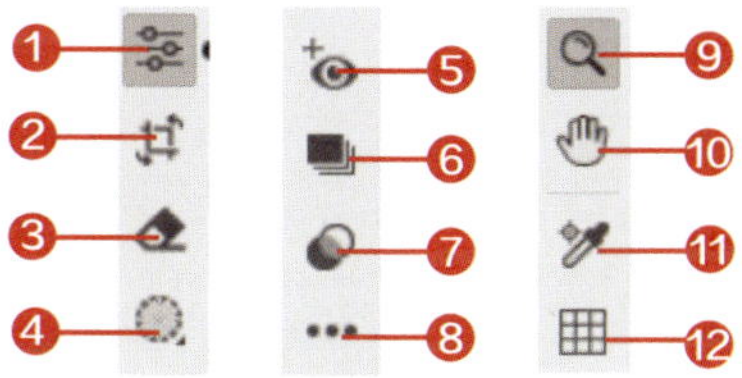

图2.2

下面来分别讲解各个工具的作用。

❶ 编辑工具：单击此图标，将展开调整面板。

❷ 裁剪工具：用于裁剪照片，按住此工具图标，会在图标左侧出现下拉列表，然后可以设置相关的裁剪参数。

❸ 移除工具：用于去除照片中的污点瑕疵，也可复制指定的图像到其他区域，以修复照片。

❹ 蒙版工具：用于选择局部调整的区域，单独对其进行相关设置。

❺ 红眼工具：用以去除因在较暗环境下开启闪光灯拍摄导致的人物红眼现象，以修复人物的眼睛。

❻ 快照：记录多个调整状态后的效果。

❼ 预设：将多组图像调整存储为预设。

❽ 更多图像设置：单击此按钮，将出现下拉列表，可以设置一些相关图像参数。

❾ 缩放工具：使用此工具可以对图像进行放大或缩小查看。

❿ 抓手工具：使用此工具可以抓动画面查看，在放大时查看细节常用。

⓫ 切换取样器叠加工具：用于取样照片中指定区域的颜色，并将其颜色信息保留至取样器。

⓬ 切换网格覆盖图工具：单击此图标可以显示网格线，再次单击可取消网格显示。

2.1.3　调整面板

在默认情况下，Camera Raw的调整面板包含10个选项卡，如图2.3所示，用于调整照片的色调和细节。另外，在选择部分工具时，也会在此区域显示相关的参数。

图2.3

下面分别介绍在默认情况下各选项卡的作用。

❶ 亮：用于调整照片的曝光、对比度、高光、阴影等属性。

❷ 颜色：用于调整照片的色温、色调和饱和度等属性。

❸ 效果：用于调整照片的纹理和清晰度，以及模拟胶片颗粒或应用裁切后的晕影。

❹ 曲线：用于以曲线的方式调整照片的曝光与色彩，可采用“参数”或“点”的方式进行编辑，其中选择“点”子选项卡时，编辑方法与Photoshop中的“曲线”命令基本相同。

❺ 混色器：对色相、饱和度和明度中的各颜色成分进行微调，也可将照片转换为灰度。

⑥ 颜色分级：分别对高光范围、中间调范围和阴影范围的色相、饱和度进行调整。

⑦ 细节：用于锐化照片细节及减少图像中的杂色。

⑧ 光学：用于调整因镜头导致的扭曲和镜头晕影等问题。

⑨ 镜头模糊：模拟使用大光圈拍摄时的虚化前景或背景效果。

⑩ 校准：将相机配置文件应用于原始照片。

2.2 Camera Raw照片处理基础

2.2.1 打开照片

Camera Raw是Photoshop附带的一个插件，并且能够自动识别众多的RAW格式照片，因此用户只需要在Photoshop中打开RAW格式照片，就会自动启动Camera Raw，具体方法为：按Ctrl+O键或选择“文件—打开”命令，在弹出的对话框中选择要处理的RAW格式照片，并单击“打开”按钮即可。

2.2.2 保存照片

在调整好照片后，单击右上角的“转换并存储图像”按钮，即可保存对照片的处理效果。默认情况下，会生成与照片同名的.xmp文件，该文件保存了所有Camera Raw对照片的修改参数，因此一定要保证该文件与RAW照片的名称相同。若.xmp文件被重命名或删除，则所做的修改也会全部丢失。

另外，若是单击“打开”按钮，可以保存当前的调整，并在Photoshop中打开照片。

提示

对于扩展名为.dng的RAW格式照片，其修改会保存在.dng格式照片的内部，而不会生成相应的.xmp文件。

2.2.3 创建快照

在调修照片的过程中，往往需要经过很多次的尝试，才能最终调出最满意的效果。在这个过程中，可能存在调到一定程度，不是非常满意，但又难以继续调整的效果，这种效果可作为一个备选的调整方案，要保存这些备选方案，就可以使用快照功能。

简单来说，Camera Raw中的快照就是将当前调整的参数记录下来，当有需要时，直接调用某个快照，以显示对应的效果。

例如，图2.4所示是将一幅夏日照片调整为秋景时的效果。

图2.4

若要将此效果保存为快照，可以单击“快照”工具，在其显示的参数设置界面中单击新建快照按钮，如图2.5所示，在弹出的对话框中输入快照的名称，如图2.6所示。

单击“确定”按钮退出对话框，即可保存当前调整的效果。

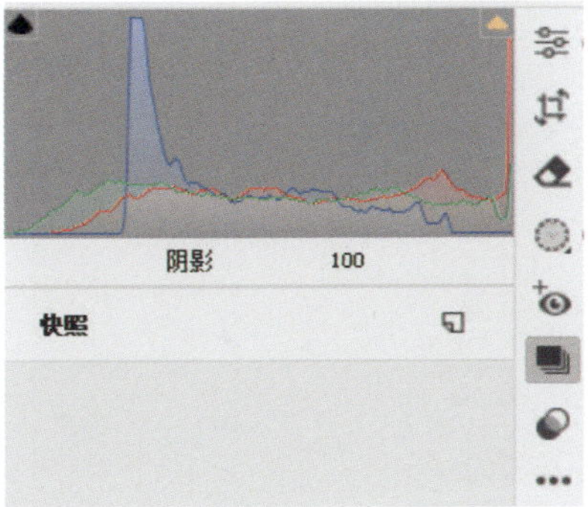

图2.5

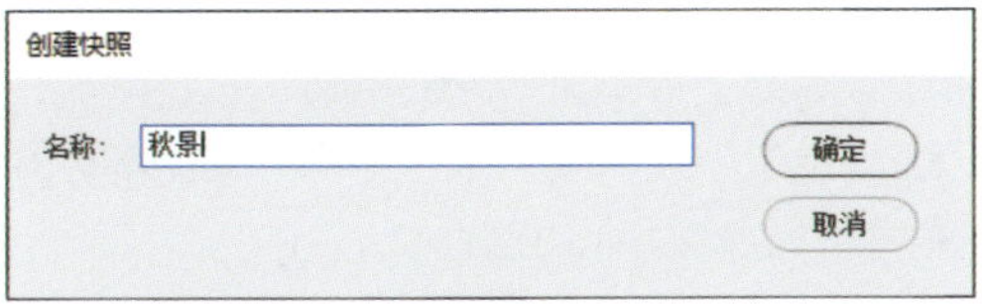

图2.6

如图2.7所示是重新调整参数，将照片处理为清爽绿色调效果，并将其保存为快照时的状态，此时共存在2个快照，单击其名称，即可在两种调整效果之间切换。

图2.7

若删除快照，可以选中需要删的快照，然后单击“快照”参数设置界面中的删除快照按钮即可。

2.2.4　同步修改多张照片

同步是指将某张照片的调整参数，完全复制到其他照片中，常用于对拍摄的系列照片做统一、快速的处理，从而能够大大提高工作效率。其基本操作步骤如下。

(01) 首先在 Photoshop 中打开要做同步处理的一张或多张照片，本例可以打开素材文件夹“第 2 章\2.2.4- 素材”中的 3 幅照片，以启动 Camera Raw 软件，此时 3 幅照片会列于软件界面的下方，如图 2.8 所示。

图2.8

(02) 单击编辑工具，选择“颜色”选项卡，调整“色温”“自然饱和度”及“饱和度”等数值，如图 2.9 所示，以改变照片的色调和增强色彩，如图 2.10 所示。

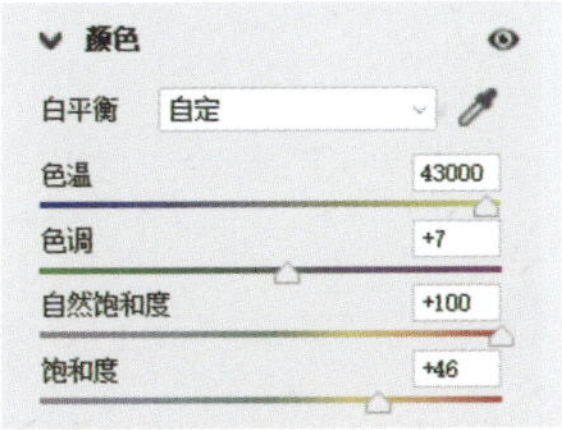

图2.9

图2.10

(03) 选择“效果”选项卡，调整“清晰度”数值，如图 2.11 所示，以增强照片的清晰度，如图 2.12 所示。

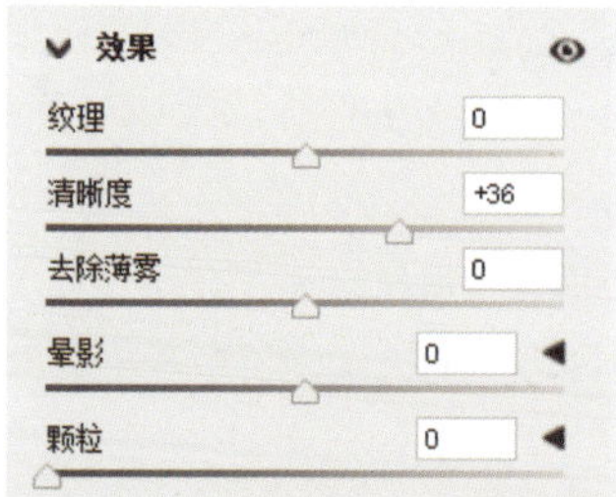

图2.11

图2.12

(04) 在下方的照片列表中，在第 1 张照片上单击，以确认选中该同步源，然后按 Ctrl+A 键选中所有照片。

(05) 按 Alt+S 键，或单击照片列表右侧的 ••• 按钮，在弹出的菜单中选择“同步设置”命令，如图 2.13 所示，在弹出的对话框中设置参数，以确定需要同步的参数，在本例使用默认的参数设置即可，如图 2.14 所示。

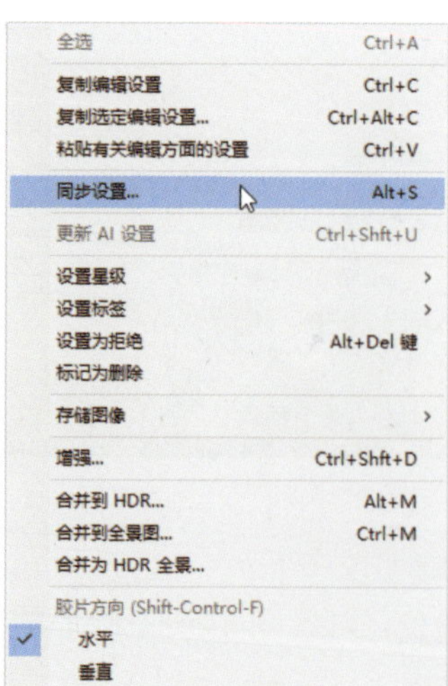

图2.13

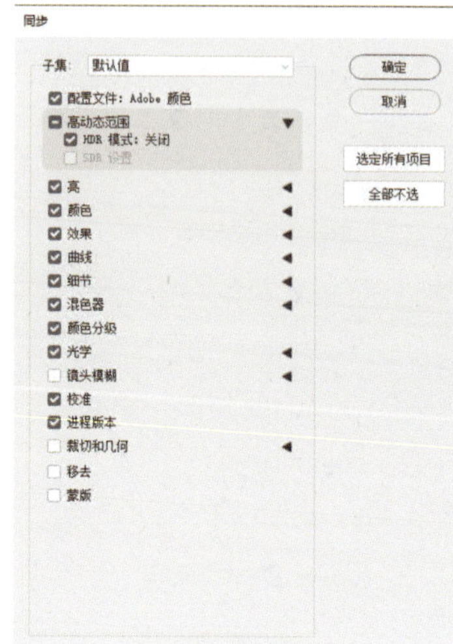

图2.14

(06) 单击“确定”按钮退出“同步”对话框，即可完成同步操作，如图 2.15 所示。

图2.15

(07) 确认完成处理后，单击“完成”按钮退出即可。

提示

在“同步设置”对话框中有一个重点注意事项，在默认设置下，裁切和几何、修复和蒙版这几个选项是没有勾选的。如果同步的是同样角度拍摄的一批照片，而且在同样的位置，都需要用蒙版处理，比如用画笔、线性渐变、径向渐变功能来进行处理，那么这时一定要选中相应的选项，不过，在大多数情况下是不需要选中的。

2.2.5　导出照片

在Camera Raw中完成照片处理后，往往要根据照片的用途将其导出为不同的格式，例如最常见的是将其导出为.jpg格式，以便于预览和分享。另外，也可能在Camera Raw中只是完成一部分调整工作，之后还要在其他软件中（如常见的Photoshop）继续调整，也需要将照片导出为软件支持的格式。

要导出照片，可以单击Camera Raw界面右上角的“转换并存储图像”按钮，在弹出的“存储选项”对话框中设置参数，如图2.16所示。

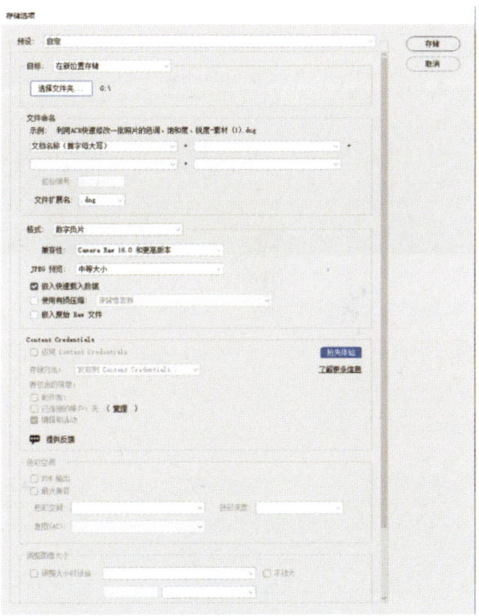

图2.16

下面分别介绍“存储选项”对话框中各区域的参数作用。

- 预设：在此下拉列表中可以选择存储的预设，以调用之前保存好的存储参数。在此下拉列表中选择“新建存储选项预设”命令，在弹出的对话框中输入名称并单击“确定”按钮，即可将当前设置好的存储参数保存为预设，以备日后使用。
- 目标：在此下拉列表中可以选择照片导出的位置。若选择“在相同位置存储”，可以将照片导出到当前RAW格式照片所在的文件夹；若选择“在新位置存储”，可以在弹出的对话框中设置要导入的位置。
- 文件命名：在此区域中，可以设置导出照片时的名称及拓展名规则。
- 格式：在此下拉列表中可以选择要导出的照片格式，如JPG、TIFF、PSD及DNG等，选择不同的格式后，会在下方显示相应的参数。
- 色彩空间：在此区域可以设置照片导出时的色彩空间。
- 调整图像大小：在此区域可以设置在导出照片时，是否改变照片的大小。例如要导出JPG格式的预览图时，往往不需要以原尺寸导出，而是要缩小一些尺寸导出。此时就可以选中“调整大小以适合”选项，然后设置要导出的最大宽度（W）、最大高度（H）及分辨率等参数。

提示

这里设置的是照片导入时宽度和高度的最大值，而不是实际值，例如将“调整图像大小”区域中的导出尺寸设置为2000px×2000px，就是指导出照片的最大宽度或最大高度不会超过2000px，而不是指导出为2000×2000px尺寸的照片，导出的照片将会与原照片等比例，读者在处理其他照片时，可根据电脑配置能够承受的大小或实际需要进行适当的调整。

- 输出锐化：在此区域中选中“锐化”选项，可以在后面的2个下拉列表中选择锐化的模式及强度。

2.3 使用裁剪和几何工具约束照片比例及校正透视

在Camera Raw滤镜中，在右侧工具栏中单击图标，即为裁剪工具，此时在左侧的编辑栏中出现裁剪和几何参数设置界面，如图2.17所示。

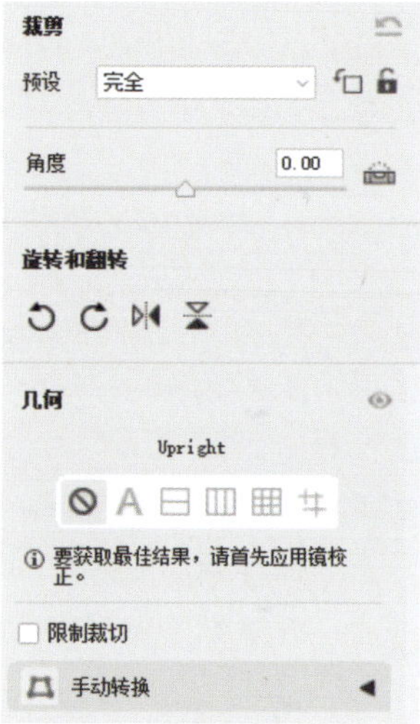

图2.17

2.3.1 裁剪

在裁剪参数设置界面中，用户可以选择预设的裁剪比例或自由裁剪对图像进行裁切，还可以对图像进行角度旋转、水平或垂直校正、旋转或翻转自由对以下参数进行设置。

- 预设：在下拉的列表中可以选择1×1 4×5/8×10、8.5×11、5×7、2×3/4×6、3×4、16×9、16×10及自定义比例等选项。如果一张竖向照片，想把它裁剪成手机屏保，就可以选择16×9或者16×10，当选择了1×1、5×7、2×3之类的固定比例，后面的锁定图标会显示锁住状态，代表选择的是默认内置比例。当点开锁定图标，就恢复到了自定模式，可以在这个基础上灵活拖拽裁剪框。
- 角度：调整数值可以对画面旋转相应的角度进行裁剪。在旋转操作时，还可以利用拉直工具，比如在裁剪建筑照片、有明显海平面或地平线类型的照片时，利用此工具顺着地平线一拉，就能够起到一个自动纠正水平的作用，包括垂直校正也是一样的。如图2.18所示为原图，如图2.19所示为使用拉直工具进行水平校正后的效果。

图2.18

图2.19

- 旋转与翻转：提供了逆时针旋转、顺时针旋转、水平镜向翻转、垂直镜向翻转，选择相应的图标即按该方向旋转或翻转画面。

2.3.2 几何

在Camera Raw 17.3版本中，原来的几何调整面板与裁剪合并一起了，因此在选择了裁剪工具时，左侧的编辑栏中出现几何相关的参数，如图2.20所示。

几何的参数用于对照片的水平、垂直方向进行水平线校正、图像角度旋转、长宽比等操作。

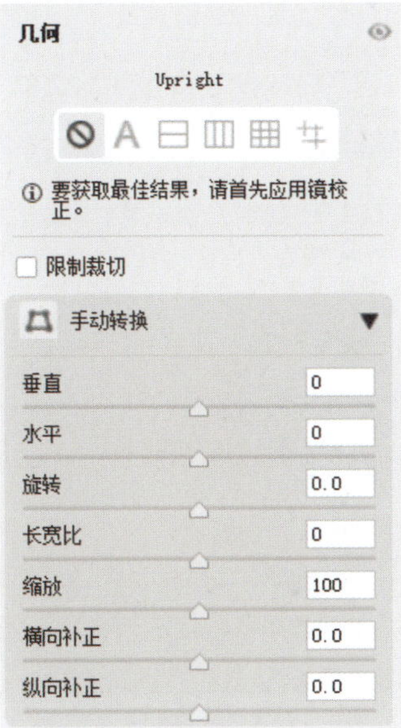

图2.20

在几何参数面板中，有“Upright”和“手动转换”两大部分，其中“Upright”包含以下6个图标选项，用于自动校正照片水平或垂直方向的透视。

- 关闭：选择图标，为禁用Upright功能。
- 自动A：选择A图标，Camera Raw会自动分析照片，然后全方面自动校正画面的透视。
- 水平：选择图标，则仅对照片的水平方向进行透视校正。
- 垂直：选择图标，可以校正照片的水平和纵向的透视畸变。
- 完全：选择图标，不但会校正照片的水平，还会对照片在横向和纵向的透视进行校正。
- 通过使用参考线：选择图标，可以绘制参考线，由用户自定义对画面进行校正，在对前面几个选项的校正效果不满意时，可以选择此选项，和使用拉直工具一样的操作方法，在画面中的水平或垂直物体上绘制一根参考线条，Camera Raw以此参考线为基准对画面进行校正，最多可以绘制4条参考线，参考线越多，校正的效果越好。如图2.21所示是原图，可以明显看出，窗帘和横梁是倾斜的，如图2.22所示是绘制水平和垂直参考线后的校正效果，可以看出，窗帘和横梁已经变得垂直和水平，但是图像画面也有一定的减少。

图2.21

图2.22

当使用“Upright”功能自动校正画面后，得到的校正效果不理想时，可以使用“手动转换”中的参数来手动校正画面的透视。在“手动转换”中包含垂直、水平、旋转、长宽比、缩放、横向补正和纵向补正7个参数。

- 垂直：可以在垂直方向校正画面的透视效果。向右拖动滑块，为垂直方向的近处景物变大、远处景物变小的透视规律调整画面。向左拖动滑块，为垂直方向的远处景物变大、近处景物变小的透视规律调整画面。
- 水平：可以在水平方向校正画面的透视效果。向右拖动滑块，为水平方向的右侧景物变大、左侧景物变小的透视规律调整画面。向左拖动滑块，为水平方向的左侧景物变大、右侧景物变小的透视规律调整画面。
- 旋转：当画面存在水平方向的透视不平时，可以通过此参数来调整。
- 长宽比：向右拖动滑块，可以在水平方向压缩画面使画面变窄，向左拖动滑块，可以在水平拉伸画面，使画面变宽。
- 缩放：当在校正画面过程中，画面出现白边时，可以向右拖动缩放数值来放大画面，直至去除白边。
- 横向补正：当在校正画面过程中，画面左右的景物因调整而没有在画面中时，可以通过调整此参数使左或右的景物显示出来。
- 纵向补正：当在校正画面过程中，画面上下的景物因调整而没有在画面中时，可以通过调整此参数使上或下的景物显示出来。

2.4 使用移去工具处理瑕疵与杂物

在Photoshop中常用污点修复画笔工具、修补工具来对人像照片进行斑点、痘印修除的操作，在Camera Raw滤镜中，其实也提供了移去工具，可以进行修补操作，在右侧工具栏中单击移去工具，此时在左侧的编辑栏中出现工具选择和参数设置界面，如图2.23所示。

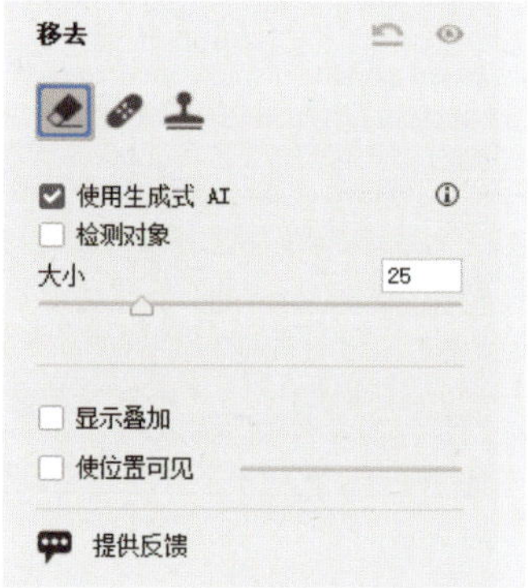

图2.23

在此界面中，用户可以根据需要选择移去工具、修复工具及仿制工具，使用这些工具只需简单一涂，画面中的斑点就都会被消掉，它的操作是自动的，即说单击选中一块以后，会自动根据所涂抹的区域，然后找到相似纹理的区域，将其复制过来进行修复还原。如图2.24为原图，如图2.25为修复后的效果。

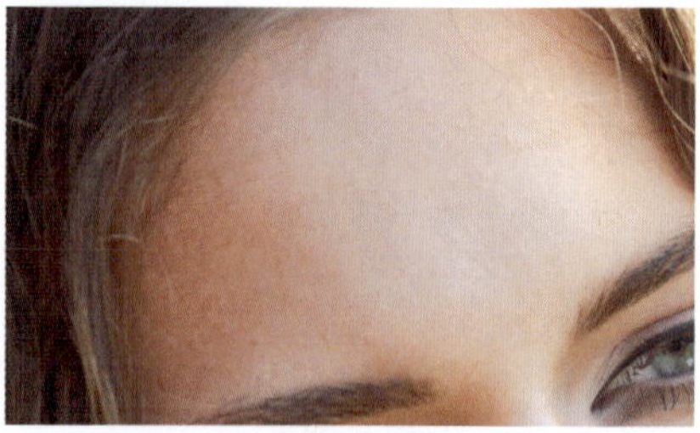

图2.24

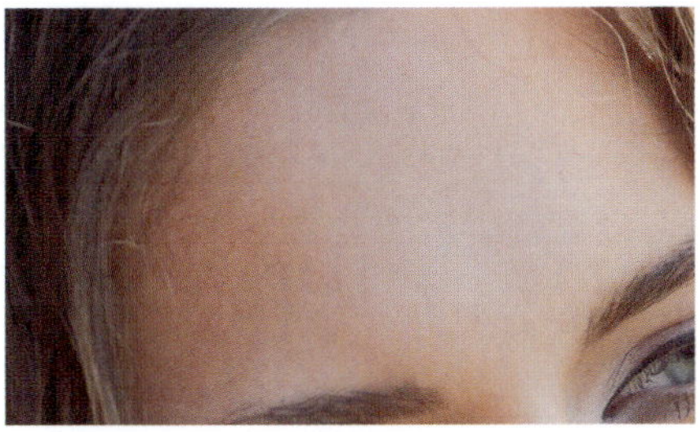

图2.25

除了选择移去工具时，没有“羽化”选项外，选择另两种工具时，都可以设置以下参数。

- 大小：用于调整工具的尺寸大小，按住鼠标右键不放拖动可以快速变大或变小。
- 羽化：羽化数值越大，修复的边缘越柔和、自然，羽化数值越小，修复的边缘会显得比较生硬。工具在画面中的状态是一个实心圆，一个虚线圆，两个圆中间区域就是羽化区域，按住Shift键的同时按住鼠标的右键并拖动鼠标，就能够快速改变羽化值的大小。
- 显示叠加：勾选此选项后，会显示指示图标，方便用户观察并修改。
- 使位置可见：无论是中性灰或者高低频画面，都会做一个观察图层。这个观察图层类似于可视化污点，通过这个可视化污点操作以后，可以帮助用户到皮肤上那些不是很明显的斑点。将上面所指示的斑点修改完了以后，整体的修复也会变得精细。

2.4.1　移去工具

选择图标即为移去工具，选择此工具后，可以选择“使用生成式AI”和“检测对象”两种修除模式。“使用生成式AI”模式，适合于修除较复杂的景物，会自动根据AI算法，识别并修复画面。操作移除工具时，将要修除的对象拖动选中，Camera Raw便会自动识别周围相近的画面元素并进行填充，如图2.26所示为原图，图2.27所示为修复后的效果。

图2.26

图2.27

2.4.2　修复工具

选择图标即为修复工具，与Photoshop中的修复画笔工具不同的是，在Camera Raw中，不需要按住Alt键进行取样，如果直接使用此工具对要修除的区域点击，修复效果会往往不佳，如图2.28所示。

针对这种情况，可以勾选中“显示叠加”选项，这时会显示一个可以看到的源目标区域，如图2.29所示，如果觉得使用该源区域修复的效果不理想，可拖动该区域框选择更为接近的周围图像区域，从而得到更好的修复效果，如图2.30所示。

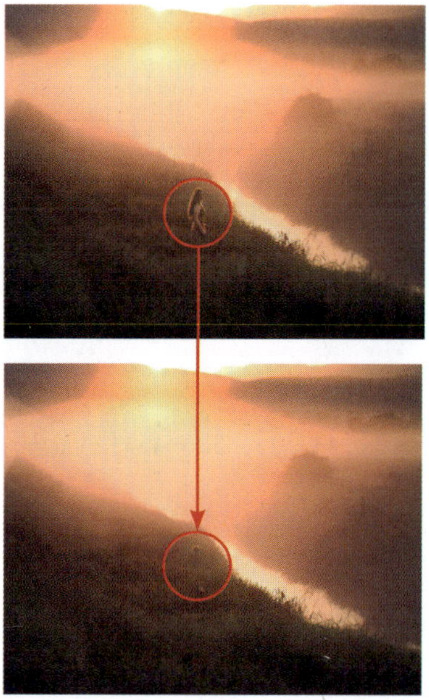

图2.28

图2.29

图2.30

2.4.3 仿制图章工具

选择图标即为仿制图章工具，它的操作方法与修复工具一样。在此不再赘述。

2.5 使用红眼工具修除红眼

在Camera Raw滤镜中，在右侧工具栏中单击红眼工具，此时在左侧的编辑栏中出现如图2.31所示的参数设置界面。

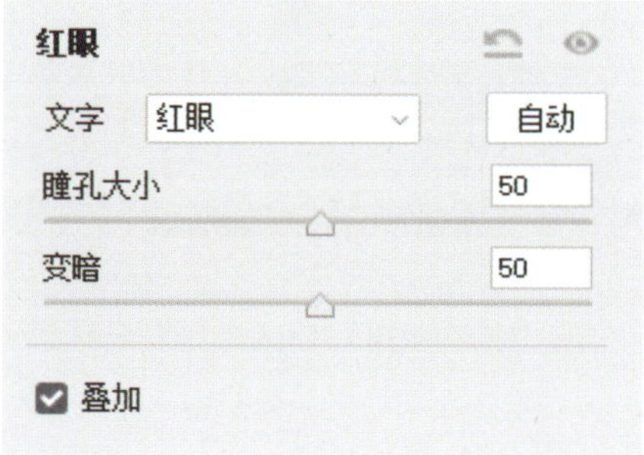

图2.31

当使用闪光灯拍摄人像或宠物时，容易产生红眼现象，通过Camera Raw的红眼工具能够较好地修复红眼。

选择红眼工具后，鼠标样式就变成了一个十字带眼睛的图标，使用鼠标对着画面中的眼睛画一个框以圈住瞳孔，此框不能太小，大约要比瞳孔大两倍，这样才能更好地识别红眼并修除，如果太小，可能修复效果不佳，画好框后松开鼠标，Camera Raw滤镜便会自动修除红眼，如图2.32所示为原图，如图2.33所示为修复后的效果。

图2.32

图2.33

红眼工具可以设置的参数释义如下。

- 文字：在此下拉列表中，可以选择“红眼”和“宠物眼”两个选项。如果选择“自动”选项，则由Camera Raw自动识别人眼或动物的眼睛进行修复。
- 瞳孔大小：用于控制受红眼工具影响的区域范围。向右拖动滑块，影响的区域范围越广，向左拖动滑块，影响的区域范围越窄。
- 变暗：此数值可以控制校正区域（即红色眼睛部分）的明暗。向右拖动滑块，越来越暗；向左拖动滑块，越来越亮。
- 叠加：勾选此选项，会在瞳孔上显示一个方形框，如果觉得此框影响预览效果，可以取消勾选。

2.6　使用预设功能快速得到多种调整效果

修片预设功能好不好用？编者建议偶尔可以用，但在修片过程中，如果想靠某个修片预设来达到一模一样的效果，几乎不太可能，用同样的修片预设只能达到近似，但是修片预设可以给用户提供了一个比较良好修片基础。

单击Camera Raw滤镜工具栏上的预设工具，即会显示Camera Raw滤镜默认搭载的不同修片预设，有自适应类、人像类、风格类、主题类、创意、黑白等分类，每个分类下包含N种修片预设，用户可以根据照片的风格或修片意向来选择相应的预设，如图2.34所示。除了自带的预设，还支持用户添加自己喜欢的其他预设。

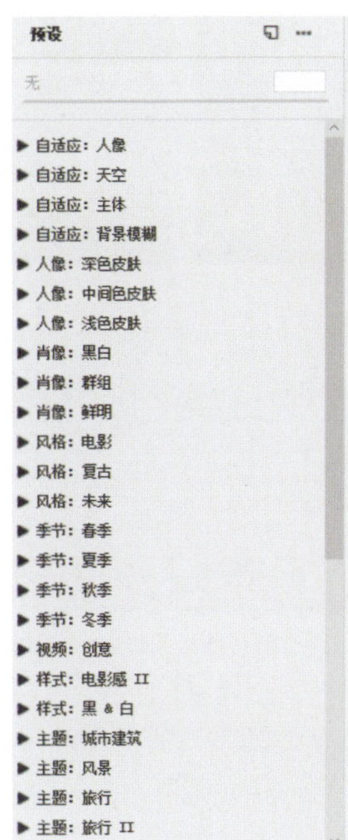

图2.34

对于绝大多数的普通爱好者修片来说，预设就类似于手机各种修图App中的滤镜一样，在修片时，可能并不太清楚自己这张照片应该修成什么样，那么在打开一张照片以后，挨个儿去点预设选项，总能找到一个很喜欢的色调，这就达到修片目的了。

综上所述，Camera Raw滤镜中的预设有两种作用，第一种作用就是能给用户一个修片基础，在这个基础上，可以对参数做进一步的处理，第二种作用就是选择一个自己喜欢的颜色，然后直接出片，或者这个基础上，简单地做一些饱和度、色相等修饰处理，这样修改出来的照片也能够得到满意的效果。图2.35所示是原片，图2.36所示是应用“人像：浅色皮肤”类目下的“PL06”后的效果。

图2.35

图2.36

2.6.1 掌握三类自适应预设的使用方法

这小节内容讲解一下Camera Raw的自适应预设。

单击预设工具显示预设面板，即可看到自适应预设。自适应预设包括人像、风光和主体三大类型，每个类型下包括多个预设，比如在自适应：人像类型下，有增强人像、魅力人像、精美人像、美白牙齿、顺滑头发等12种预设，如图2.37所示。

用户可以根据照片的风格，选择相应的预设应用，如图2.38所示应用“坚毅人像”预设后的效果，如图2.39所示应用“纹理头发”预设后的效果，每种预设都可以在上方的滑块中选择预设的应用程度，如图2.40所示。

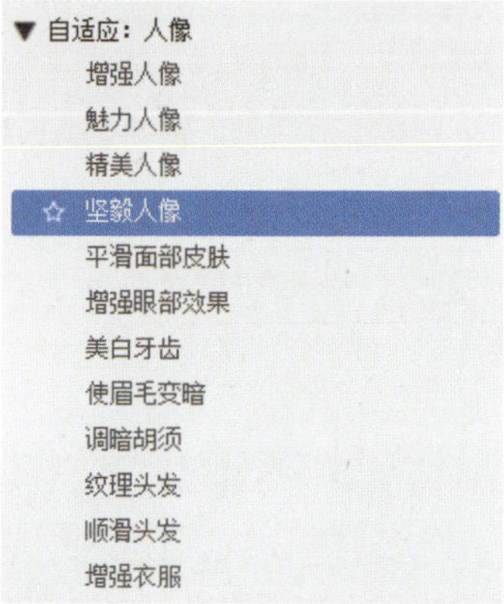

图2.37

图2.38

图2.39

图2.40

应用自适应预设后，如果切换至蒙版界面，可以发现会创建相应位置的蒙版。比如应用“自适应：天空”中的预设后，会在蒙版中创建一个天空蒙版，如图2.41所示，用户可以修改天空的色彩或层次，使其与素材照片更好地融合。

图2.41

除此之外，自适应预设的效果还可以叠加，如图2.42所示，是应用了“自适应：主体”类型中的“暖色流行”预设，发现应用后的效果还不够强烈，此时除了拖动上方的预设滑动来增强效果外，还可以在蒙版界面中找到应用预设时所创建的蒙版，单击鼠标右键，选择复制“暖色流行”选项，如图2.43所示，相当于叠加一次预设应用效果，这样画面效果就增强了，如果不满意，可以再次复制，直至得到想要的效果，如图2.44所示为叠加一次预设后的效果。

图2.42

图2.43

图2.44

下面通过一个简单的案例，讲解自适应预设的应用。

（01） 打开素材文件夹“第 2 章 /2.6.1-素材”，如图 2.45 所示，以启动 Camera Raw 滤镜。

图2.45

（02） 素材照片左上角有多余的树枝，影响画面整体观感，需要将其去除。单击选择移去工具，再选择“对象识别”选项，对画面中的树枝进行涂抹并应用后，能得到如图 2.46 所示的效果。

图2.46

提示

如果在应用自适应预设后，再使用移去工具修除树枝，就会出现如图2.47所示的效果，

因为此时的修除是在自适应的基础上操作的，就会出现差错，所以一定要在原图上先进行杂物修除工作。

图2.47

(03) 接下来找一个适合画面的自适应预设，单击预设工具 显示预设面板，展开“自适应：天空”预设列表，选择“暗色戏剧”预设，如图 2.48 所示，应用预设后的图像如图 2.49 所示。

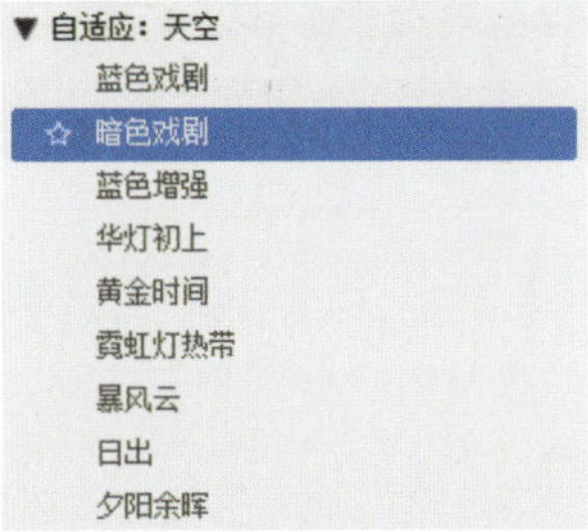

图2.48

图2.49

(04) 接下来展开“自适应：主体”预设列表，选择“发光”预设，如图 2.50 所示，应用预设后的图像如图 2.51 所示。

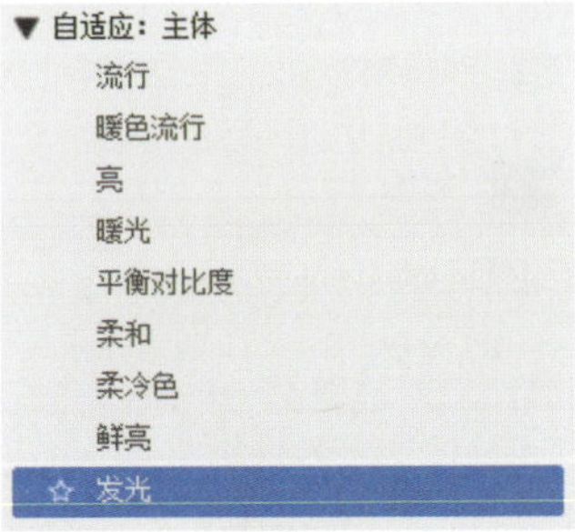

图2.50

图2.51

(05) 单击蒙版工具，切换至蒙版界面，可以发现，在蒙版中已经创建了一个天空蒙版和一个主体蒙版，如图 2.52 所示。

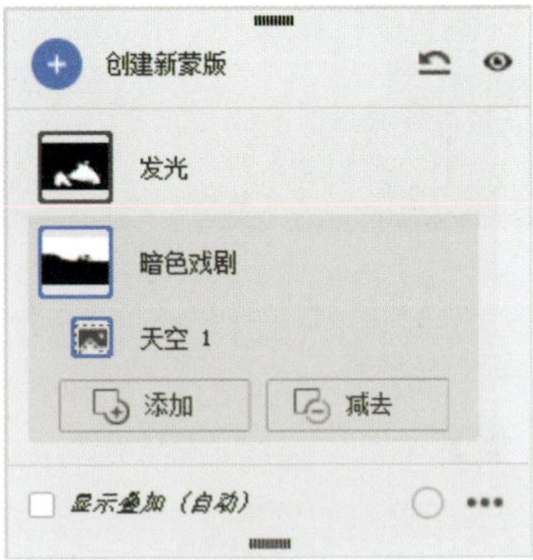

图2.52

(06) 最后修复天空中一些瑕疵，让云彩变得更完美，单击选择修复工具，对天空的缺陷区域进行涂抹，直至得到如图 2.53 所示的最终效果。

图2.53

2.6.2　使用自适应蒙版跨文件批量调整照片技法

当需要对多张相同场景不同角度拍摄的照片应用自适应预设时，如果一张一张地选择自适应预设进行应用，处理的时间会很久，效率太低，可以用Camera Raw滤镜提供的跨文件复制自适应预设蒙版的功能，这样操作可以大大提升工作效率。

想将自适应预设蒙版复制到其他相同场景的照片，需要先对一张照片选择预设进行应用，如图2.54所示是主体应用“流行”预设、天空应用了“霓虹灯热带”预设，通过蒙版界面可以看到所创建的两个蒙版，如图2.55所示。

图2.54

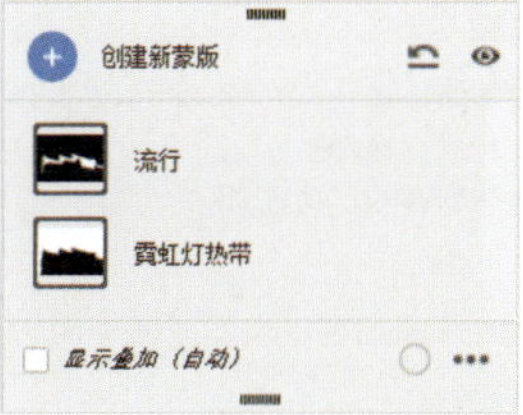

图2.55

选择该张应用预设后的照片，单击缩略图上的三个小圆点，在弹出的列表中选择“复制选定编辑设置”选项，如图2.56所示。

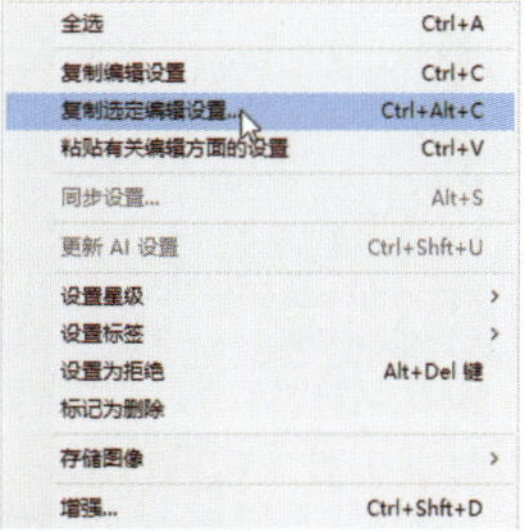

图2.56

在弹出的对话框中勾选蒙版，展开蒙版下拉列表，即可显示第一张图所创建的蒙版，单击“拷贝”选项，如图2.57所示。

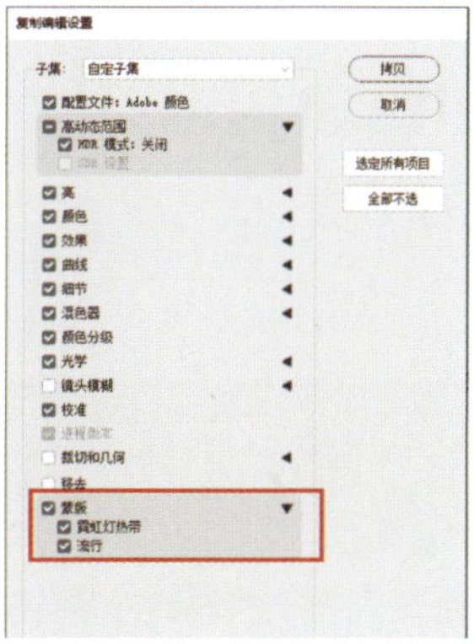

图2.57

切换选择第二图，单击缩略图上的三个小圆点，在弹出的列表中选择“粘贴有关编辑方面的设置”选项，如图2.58所示，这样第二张图就应用了相同的预设。按同样的操作，依次复制预设蒙版到其他照片，如图2.59所示是三张照片都应用预设后的效果。

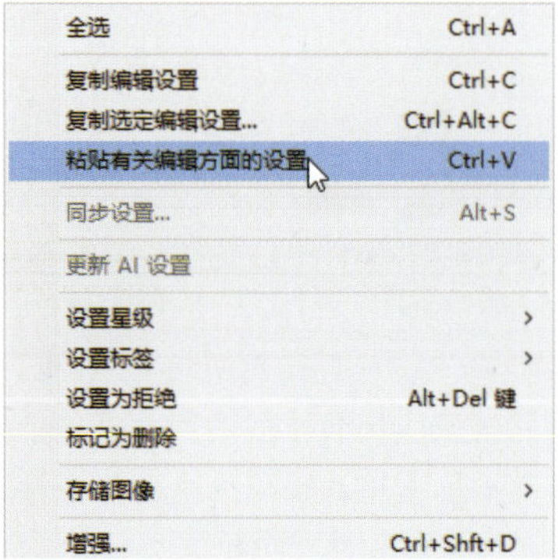

图2.58

图2.59

2.7 通过直方图了解图像曝光和色彩信息

直方图在Camera Raw滤镜界面的右上方，如图2.60所示。

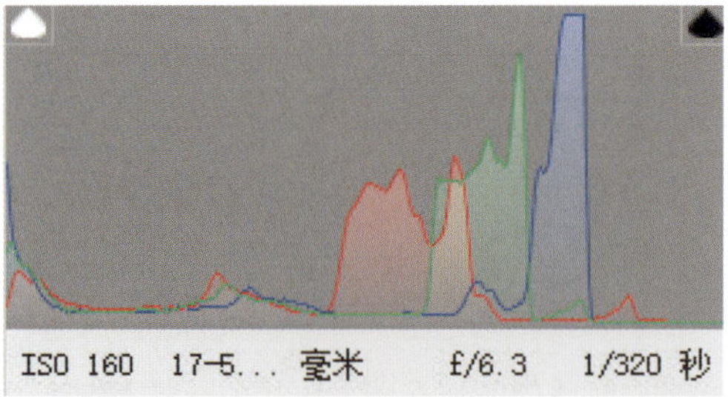

图2.60

直方图从左到右分别对应的是白色、高光、曝光、阴影及黑色区域，当用鼠标在直方图上移动时，会显示一个灰色区域框，同时下方也会相应的显示白色、高光、阴影等字样，如图2.61所示。

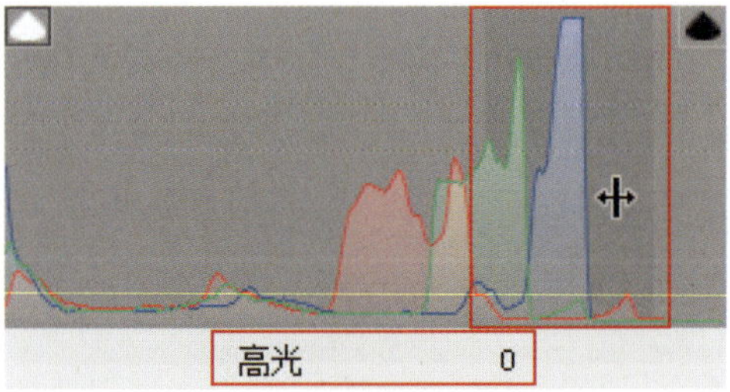

图2.61

直方图支持直接拖动调整，当选择某一个区域进行调整时，“亮”调整面板中的对应的参数也会同时产生变化，反之，如果调整面板中的参数变化，直方图也会变化。

直方图的白色对应白色参数，黑色对黑色参数，如选择高光区域，左右拖动直方图，就可以调整照片中高光区域的曝光，此时直方图下面会显示高光数值，同时，“亮”调整面板中的“高光”参数，滑块也会往相应的数值滑动，如图2.62和图2.63所示。

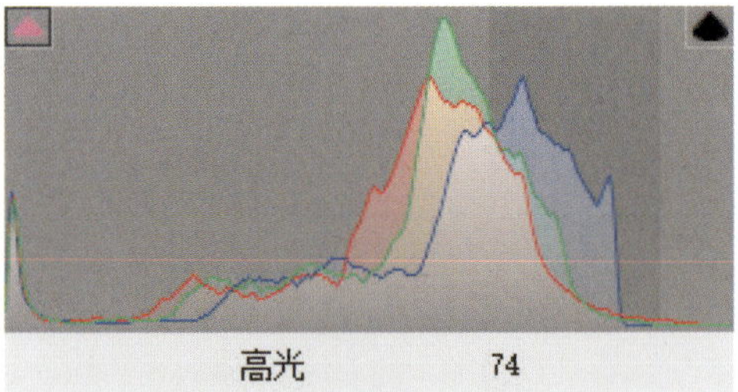

图2.62

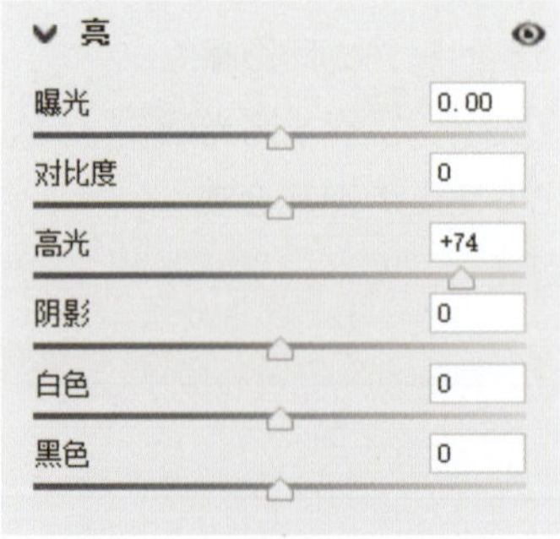

图2.63

如果直方图上高峰在两边，中间凹，说明照片的高光与阴影丰富的细节，而中间调缺少细节，则说明照片的明暗反差较大，如图2.64和图2.65所示。如果加大对比度，则直方图的高峰更靠近两边，如图2.66所示。

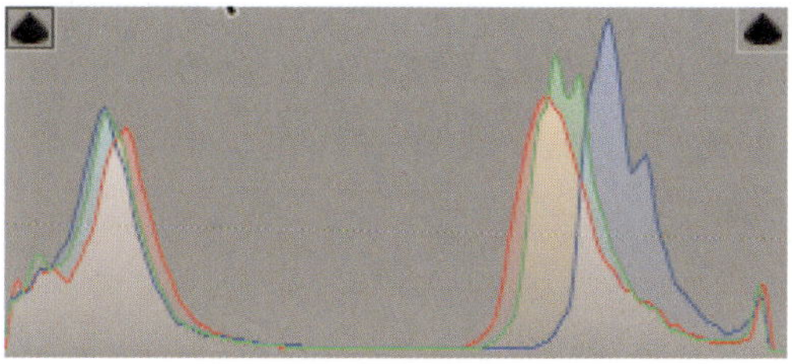

图2.64

图2.65

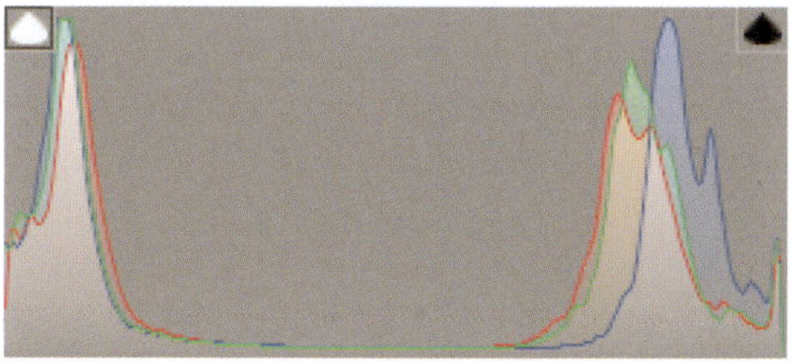

图2.66

当照片的高光或阴影曝光溢出时，在直方图上也有提示，阴影或高光区域有溢出时，直方图的左右角上的图标会变成红色，如图2.67所示。当溢出过多时，图标会变成白色，如图2.68所示。

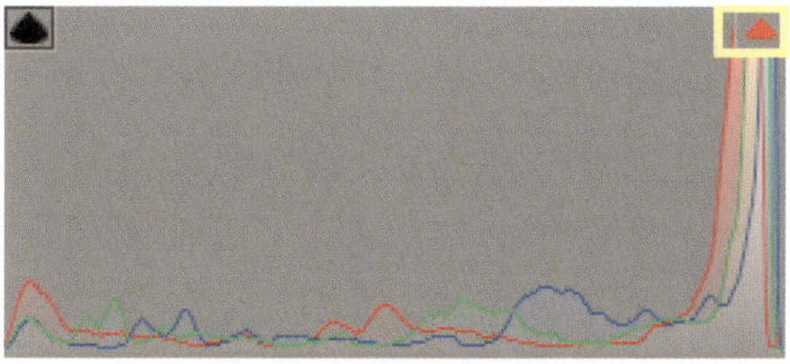

图2.67

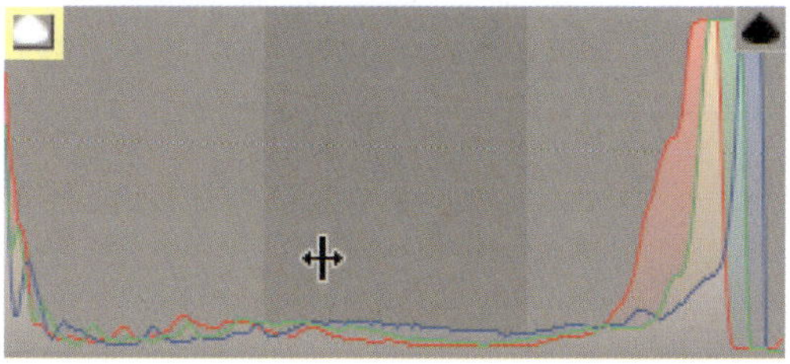

图2.68

直方图除了可以查看与调整画面曝光外，还有红、绿、蓝波形线，这些色彩线条就是在指示这张照片的色彩信息，以如图2.69所示的直方图为例，可以看到蓝色线条在高光位置有高峰，就表示高光区域有较多蓝色。

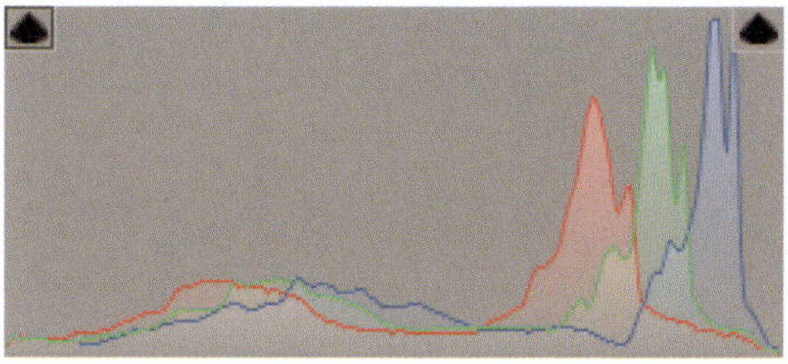

图2.69

通过直方图还可以了解色彩饱和度的高低，各个线条离得较近，就表示色彩饱和度较低，当完全没有颜色时，就会交织成一条亮度直方图，如果色彩饱和度较高，则各个线条间距离越远。

除此之外，什么颜色的线条越靠近高光区域，就表示当前照片是什么色调，如果蓝色偏右，就表示照片的主色调是蓝色，如果红色偏右，则照片的色调会偏暖。如图2.70所示的照片偏暖，通过其直方图可以看到红色在最右边，而调整色温使照片变为蓝色调时，可以看到在直方图上，蓝色线条在最右边了，如图2.71所示。

图2.70

图2.71

2.8 一次保存多个调整方案的快照功能

Camera Raw滤镜里有一个快照功能，与Photoshop的快照功能基本一样，都是起到一个记录当前图像编辑状态的作用。

单击工具栏上的快照工具，然后单击创建快照图标或单击鼠标右键选择“创建快照”选项就能创建一个快照，如图2.72所示。

图2.72

对希望尝试不同修片效果的爱好者来说，推荐使用快照功能，因为它是可以被保存起来的，当不需要某个快照时，直接单击鼠标右键删除就可以了。比如用户将照片调修出一张偏蓝色的效果，一张偏青色、整体发灰的效果，然后一张整体颜色非常淡的效果，就可以创建三个快照，这三个快照实际上是代表了三种不同的修图效果。同理，如果还希望有其他的效果，比如阴影区域提亮一点，饱和度提高一点，可以又创建一个快照。

如果想返回到某一个快照所记录的修片参数，只需单击一下该快照，所显示的参数反馈的就是当前图像效果所用到的参数，在这个基础上，用户可以继续对其进行调修，当调修完成后，在该快照名称上单击鼠标右键，选择“使用当前设置更新”选项，即可将这个快照更新到最新状态，所以快照功能还是挺好用的。

使用快照还有一个优点，就是在关闭图像以后，再重新打开它，快照所记录的信息仍然是存在的，这就相当于在一张RAW照片里存储了好几个修片版本，当给不同用户或客户看时，就随便选择一个他们所需要的效果去打开对象，这时反馈出来的就是当前快照所展现的效果，即一张照片可以利用快照功能快速地输出成不同的效果。

2.9 转换并存储图像

当将一张照片调修完成后，我们需要将照片存储，如果当照片继续要在Photoshop中做进一步修饰处理时，通常是单击界面右下角的“打开”，以JPG格式打开照片至Photoshop，或者在打开的下拉列表中单击“以对象形式打开”选项，以智能图层的形式打开照片至

Photoshop的图像，一般建议选择此选项，因为在后续的修饰过程中，仍然可以双击这个智能图层的缩览图，返回到Camera Raw滤镜界面里，再次对图像做加工和处理；如果单击“以副本形式打开”选项，则会复制一个JPG副本图像打开至Photoshop中。

如果不想在Photoshop中打开图像，或者想存储为更多的格式与尺寸，则可以单击界面右上角的转换并存储图标，弹出存储选项对话框，如图2.73所示。

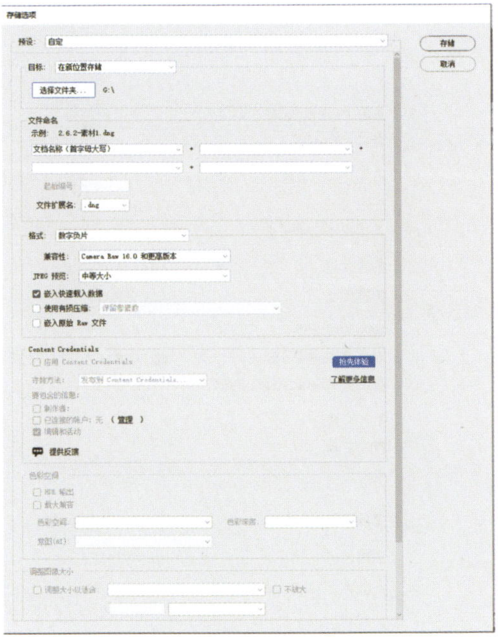

图2.73

在存储选项对话框中重要选项释义如下：

- 目标：用于选择存储照片的位置，在其下拉列表中可以选择“在相同位置存储”和“在新位置存储”。选择“在相同位置存储”选式项，则照片会被存储在与原始RAW照片的同一位置，选择“在新位置存储”选项，则会跳出如图2.74所示的对话框，用户可以选择新的存储路径存储照片。

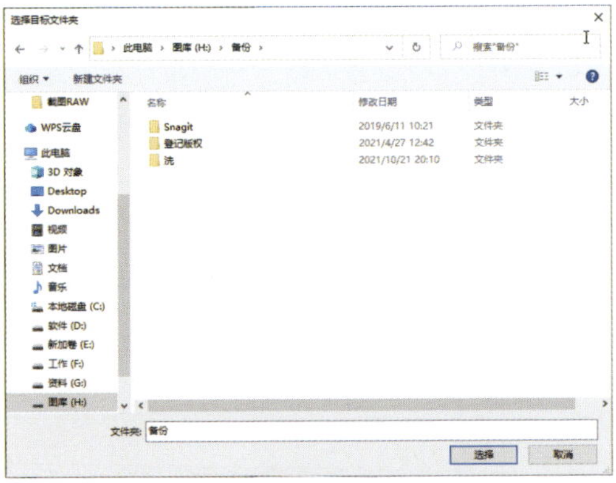

图2.74

- 文件命名：用于选择文件的命名方式。在其下拉列表中可以显示如图2.75所示的选项。选择第一个选项，则与相机原始文件的命名方式一样，选择“文档名称（小写）”选项，则字母变为小写；选择“1位数序号”～“6位数序号”选项，则按所选择的N位数序号命名文件，如选择“2位数序号”选项，则文件名为01.jpg。选择带有“连续字母”两个选项，则以字母命名，选择带有“日期”的7个选项，则以阿拉伯数字表示日期的形式命名文件，7个选项间的区别只是日期的标写形式不一样而已。

图2.75

- 文件格式：在其下拉列表中可以选择如图2.76所示的选项。通常情况下，要选择JPEG选项，如果选择“数字负片”选项，则会保留所有数据存储为PNG格式图像；如果图像要用作其他用途，可以选择其他格式，如TIFF或Photoshop格式。

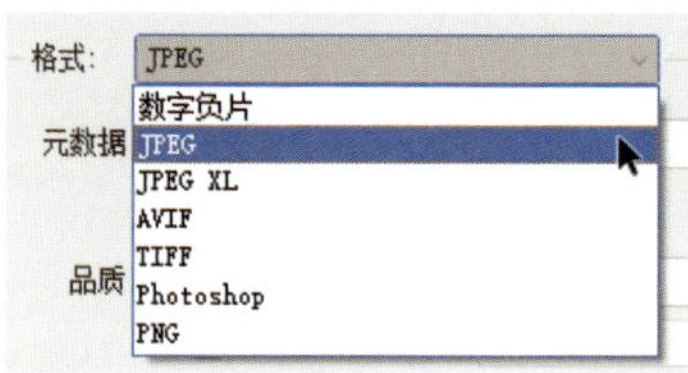

图2.76

- 品质：在其下拉列表中可以选择低、中、高、最佳选项，如图2.77所示，通常选择最佳选项。

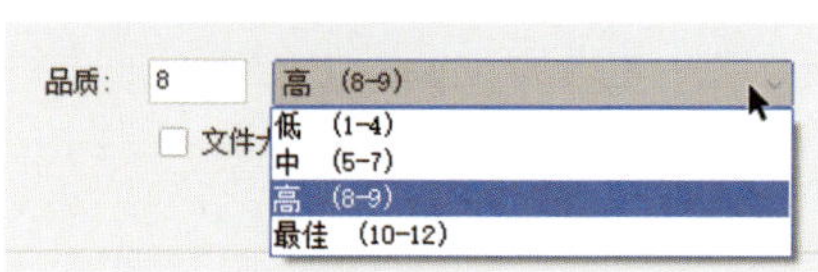

图2.77

- 调整图像大小：如果没有勾选“调整大图像大小以适合”选项，则以原始的长宽比保存图像。如果勾选了此框，可以在其下拉列表中选择如图2.78所示的选项，用户可以根据自己的需要，选择合适的选项。一般网络投稿或者用作某些网站的封面图，可以选择“长宽”选项，然后在下方设置尺寸如1080像素，150分辨率等参数，如图2.79所示，即可得到一张符合要求尺寸的照片。

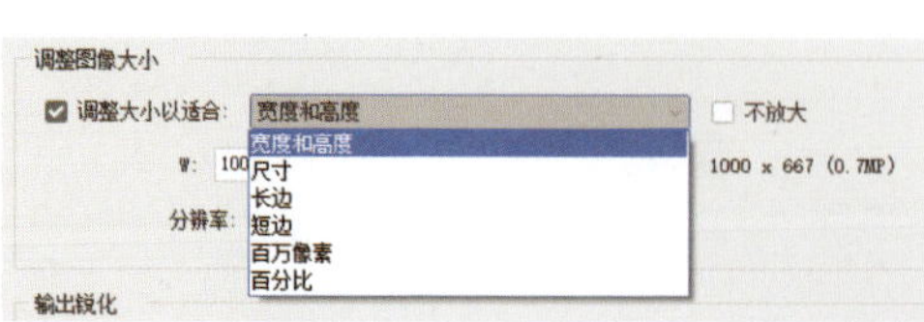

图2.78

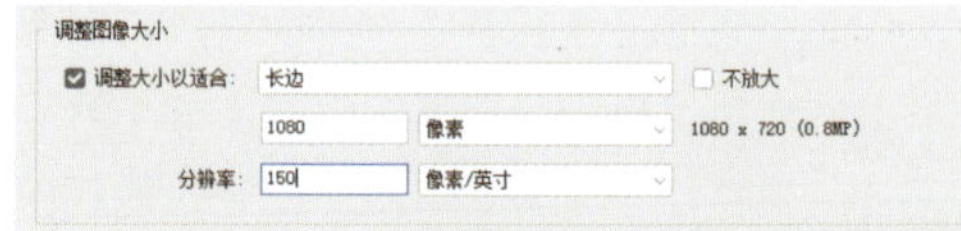

图2.79

2.10 更多图像设置

在Camera Raw滤镜界面中，单击更多图像设置图标 ⋯，可以弹出如图2.80所示的菜单列表。在此列表中，有一些功能，如复位为默认值，在修片过程中经常会用到，下面讲解一些重要功能。

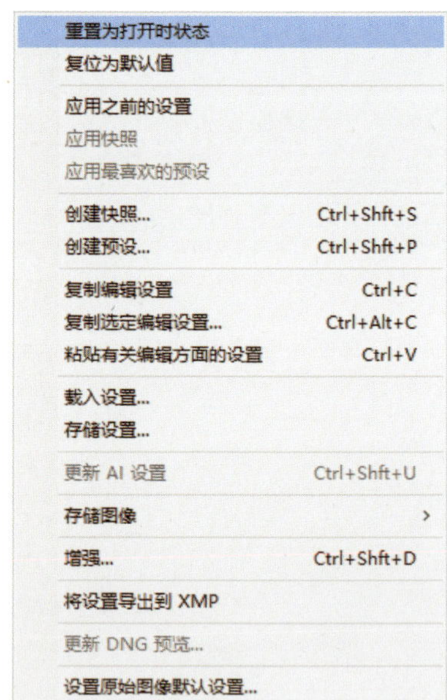

图2.80

- 重置为打开状态：如果打开的是一张之前处理过的RAW图像，然后再次调整过参数，想不保存新的修改而恢复到之前的图像效果，就可以单击选择此选项。
- 复位为默认值：单击选择此选项，图像将恢复至原始的默认值。
- 应用之前的设置：单击选择此选项，图像将应用之前保存的参数。

- 复制编辑设置：当有一组曝光差不多、不同构图的照片要调修时，可以先修出一张样片，再在更多图像设置列表中单击选择此选项，将复制样片中的所有编辑参数，然后打开另一张要修的照片，再在列表中单击选择“粘贴有关编辑方面的设置”选项，即可将样片的图像效果复制到新照片中。如图2.81所示为样片的图像效果及参数，如图2.82所示为复制样片参数并应用后的另一张照片图像效果及参数，可以看到图像效果及参数都一样。

图2.81

图2.82

- 复制选定的编辑设置：选择此选项，可以弹出如图2.83所示的对话框，用户可以在此勾选要复制的项目，选中项目的参数设置可以粘贴应用到另一张照片中，未选中的项目则不会应用。

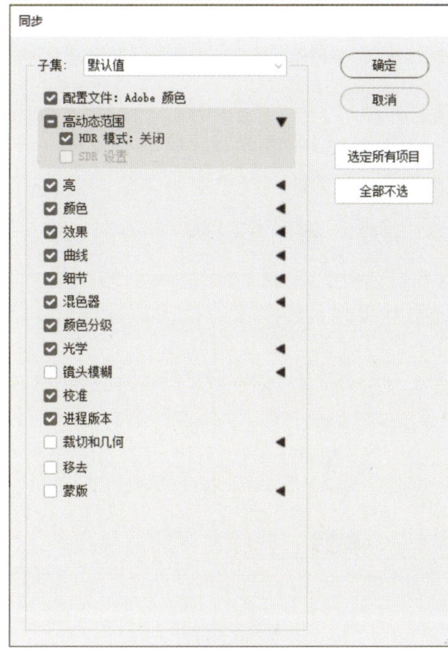

图2.83

- 载入设置：单击选择此选项，用户可以选择已保存的其他照片的设置应用到当前照片中。
- 保存设置：单击选择此选项，用户可以将当前照片的参数设置保存，在处理其他照片时就可以使用“载入设置”将其载入并应用。
- 增强：单击选择此选项，可以进入如图2.84所示的界面。增强功能是使用AI技术提升画面的品质，并可以另存为PNG文件。在增强对话框中，如果勾选了“去杂色”选项，将会在保留图像细节的同时减少画面的噪点，适合应用于使用高ISO拍摄的照片或弱光环境下拍摄的照片。当取消勾选“去杂色”选项后，可以勾选“超分辨率”选项，勾选后自动应用超分辨率功能，此功能可以提升照片的分辨率，当需要将照片应用在大型广告或海报上时，就可以使用此功能提升分辨率。以如图2.85所示的照片为例，提升分辨率前的放大局部图如图2.86所示，提升分辨率后的放大局部图如图2.87所示。

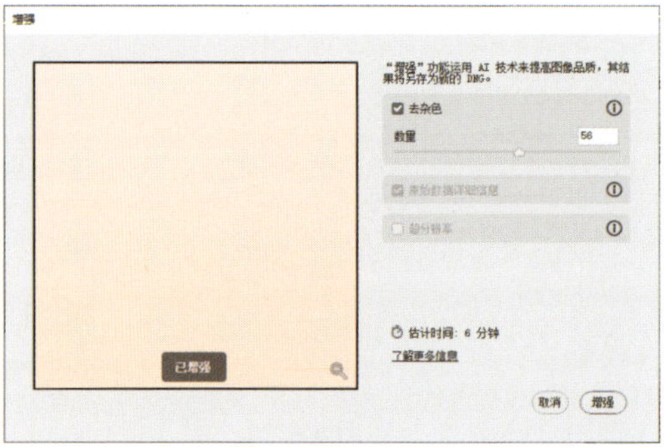

图2.84

图2.85

图2.86

图2.87

2.11 设置Camera Raw首选项面板

在Camera Raw滤镜界面中，单击设置⚙图标可以进入首选项界面，在此界面中，用户可以对常规、文件处理、性能、默认值及工作流程进行相关设置，如图2.88所示。

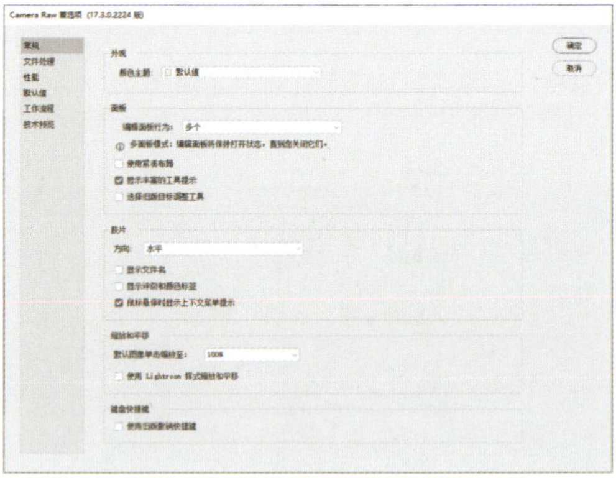

图2.88

一般情况下，这些项目的设置可采用默认设置，但是“性能”中的设置，在使用Camera Raw滤镜处理照片时，比较影响电脑流畅度，用户需要了解一下。

在“性能”选项卡中，用户可以对使用的图像处理器和Camera Raw高速缓存的大小、位置进行设置，如图2.89所示。

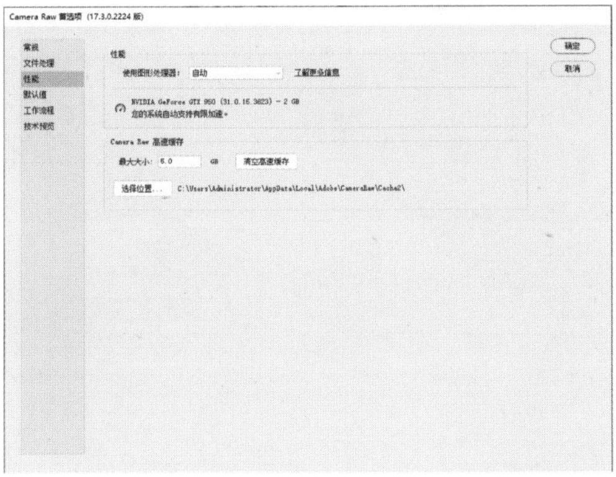

图2.89

Camera Raw滤镜支持使用兼容的图形处理器（又称为视频适配器、视频卡或 GPU）来提高在以下操作时的速度。

- 细节增强：此功能在兼容系统上会自动实现 GPU 加速，不受 Camera Raw 首选项影响。
- 显示：优化 Camera Raw 将信息发送到显示器的方式，而且还支持动画缩放等功能。
- 编辑时的图像处理：使用Process Version 5的大多数调整都会由GPU加速。
- 打开并保存：在Camera Raw 17.3版本中，利用GPU加速，在处理渲染图像文件或发送到Photoshop的图像时，速度更快，效率更高。

在“图像处理器”选项的下拉列表中，可以选择“自定义”和“自动”两个选项，选择“自动”选项，则在上述情况下，自动使用GPU加速；选择“自定义”选项，可以勾选“为图像处理使用GPU（处理版本5或更高）”和“使用GPU 打开与保存”选项，即在进行图像处理时和打开与保存图像时，是否要使用GPU提升处理的速度。

另一个比较重要的设置就是“Camera Raw高速缓存”选项，在此可以设置缓存时最大存储空间和缓存位置。最大存储空间一般是根据电脑硬盘空间进行设置，如果电脑硬盘的空间富余，那么此处可以设置大一些，比如设置为10GB，如果电脑硬盘空间较少，那此处的数值就需要设置小一点。此设置的缺点是容易缓存满，需要及时清空高速缓存。

缓存位置则建议选择剩余空间较多的硬盘，而不是C盘，设置在C盘会影响电脑和软件的运行速度，致使在处理照片时变得缓慢且容易卡顿。

第3章

在RAW中调整图像的亮度与细节

3.1 了解调整面板

在Camera Raw的工具栏中单击编辑工具，即可展开调整面板，在Camera Raw 17.3版本中调整面板有10个选项卡，分别是亮、颜色、效果、曲线、混色器、颜色分级、细节、光学、镜头模糊及校准。

调整面板是使用频率最高的、出效果最快的一个调整工具，通过调整面板调整的一张图像，再配合使用画笔工具、渐变工具、或镜像滤镜工具，基本上就能够把图像调得差不多了。

在调整的时候，我们要依据什么顺序呢？首先是调光影，其次是调大致的颜色，然后是饱和度，最后是细节。反馈在调整面板上，也就是首先调整图像的黑色、白色、阴影及高光，其次调整对比度和曝光，第三调整色调和色温，最后调整饱和度。本章就来讲解一下与亮度和细节相关的调整面板。

3.2 用“亮”调整面板控制图像的曝光与反差

在调整面板中展开“亮”选项卡，如图3.1所示。“亮”选项卡包含曝光、对比度、高光、阴影、白色与黑色6个参数选项，用于调修照片的曝光与对比。

图3.1

3.2.1 曝光

摄影爱好者会经常提到曝光这个词，如曝光合适、曝光不足、曝光过度等，当将照片存储为RAW格式时，略微的曝光不准确，可以通过“曝光”参数来调整，向右拖动滑块，可以增加曝光，向左拖动滑块可以减少曝光，如图3.2所示为减少和增加“曝光”数值的效果对比。

图3.2

3.2.2 对比度

“对比度”参数用于控制画面整体的明暗反差程度，向右拖动滑块，可以增加对比度，画面的明暗对比越强，向左拖动滑块可以减少对比度，画面的明暗对比越弱，整体偏向柔和，如图3.3所示为减少和增加“对比度”数值的效果对比。

图3.3

3.2.3 高光和阴影

一张照片的较亮区域就是高光区域，较暗区域就是阴影区域，而“高光”与“阴影”参数就是用于控制这两个区域的曝光，如果想要一张照片的高光区域有较好的细节，就要调整“高光”数值，而需要调出阴影区域的细节，就调整“阴影”数值。这两个参数通常和下面的“黑色”和“白色”一起调整。如图3.4所示为原图，如图3.5所示为调整“高光”和“阴影”后的图像效果，可以看出，高光及阴影区域恢复了一定的细节，如图3.6为“高光”和“阴影”参数设置。

图3.4

图3.5

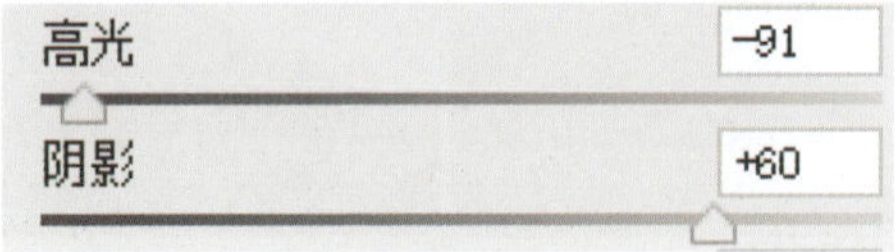

图3.6

3.2.4 黑色和白色

一张图像的最亮区域和最暗区域就是由黑色和白色来界定的，如果我们增加一张图像的“黑色”数值，然后再增加“阴影”数值，这张图像大部分被阴影所淹没的细节，就全部恢复出来了，所以如果一张图像太暗了，首先就要调整“黑色”数值。如图3.7所示为调整“黑色”数值前后的效果对比。

图3.7

同理，如果一张图像的天空区域偏曝，就可以减少“白色”的数值，图像高光区域的亮度就会降下来，然后再降低图像的“高光”数值，高光区域的过曝情况就能得到改善。如图3.8所示为调整“白色”数值前后的效果对比。如图3.9所示为“黑色”和“白色”选项。

图3.8

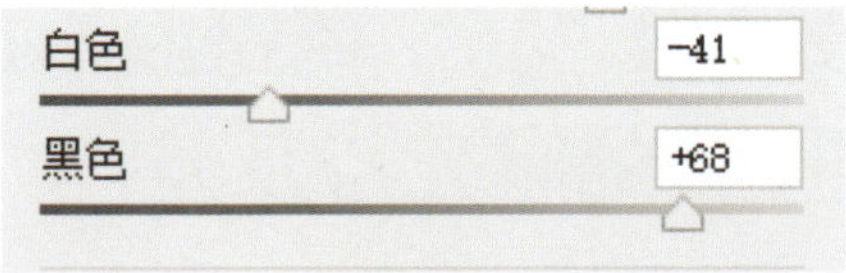

图3.9

3.3 用“效果”调整面板控制图像的清晰度

在调整面板中展开“效果”选项卡，如图3.10所示。“效果”选项卡包含纹理、清晰度、去除薄雾、晕影与颗粒5个参数选项，主要用于调修照片的清晰度。

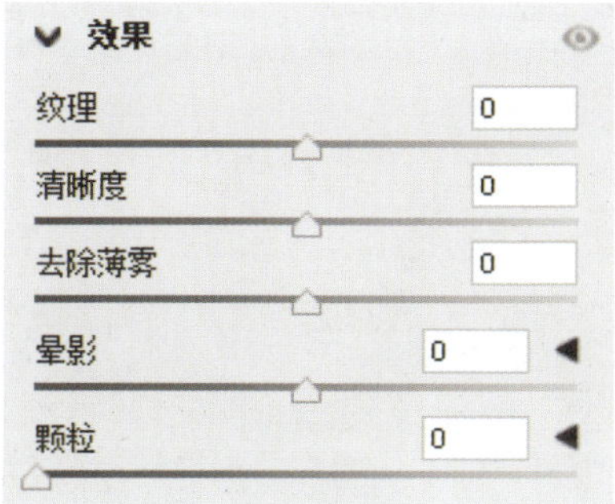

图3.10

3.3.1　纹理

“纹理”选项可以在-100~+100之间调整，数值向正数端调整，画面的细节感越强，反之，则画面的细节越柔和。

通过图3.11和图3.12所示的调整纹理前和调整纹理后的画面局部对比图可以看出，数值设为+100后的画面，人物的头发及皮肤纹理都非常细致。

图3.11

图3.12

3.3.2　清晰度

调整“清晰度”选项，除了会锐化画面的细节外，还会增强画面的明暗对比效果，使画面整体感觉更清晰一些。

通过图3.13和图3.14所示的调整清晰度前和调整清晰度后的画面局部对比图可以看出，数值设为+100后的画面，人物的明暗对比明显增强了。

图3.13

图3.14

纹理和清晰度都是对图像的细节进行锐化处理，或者是加强精细度的处理。但他们又有细微的区别。

如果需要针对画面细节化处理，不希望改变画面的影调以及明暗，可调整“纹理”选项，如果需要让画面整体感觉上清晰一些，画面细节是居而其次的，可调整“清晰度”选项，这就是它们最主要的区别，但一般情况下，要同时适当调整两个选项，这样画面的整体感受会更好一些。

3.3.3 去除薄雾

如果想让图像有一些朦朦胧胧的效果，就可以把“去除薄雾”选项往负数调整，便能够给图像增加一些雾气弥漫缭绕的效果，反之，如果想让图像变得更清晰一点，则把“去除薄雾”选项往正数调整。

“去除薄雾”的原理是什么呢？当我们在看一张有雾的图像时，会发现这张图像在通道里头，有雾的区域会发灰白，而没有雾的区域没有灰白。因此把这张图像的RGB三个通道中最暗通道的像素全部都提炼到一个灰色的通道中去，它就形成了一个暗场通道，利用暗场通道反向推导，就是一个雾气的映射图。

通过算法，它实际上可以推导出一张雾气分布的灰度映射图，如图3.15所示。

图3.15

图上灰度越灰越黑的地方，那么代表这里雾气就越大，而如果雾气比较小的地方，在这张映射图上面，它就是比较白的。利用这张图像的算法，可以让图像中有雾气弥漫的地方，通过反向算法，然后把薄雾去除，即增强了那个像素所在位置的颜色、饱和度及对比度。

对于实际应用者来说，一方面要知道去除薄雾，另一方面要知道增加薄雾，比如图3.16所示的图像，实际上没什么气氛，虽然瀑布拍得还不错，但是在暗调和色彩方面都不太理想。

图3.16

首先色彩比较单调，其次画面明暗反差太大，因此对于这样的图像，肯定要做一些加工处理，这张图像处理的最好手段，实际上就是把它变成为黑白图像，在进行图像处理时，首先提亮黑色部分，在此基础上，再提亮阴影部分，从而会让这张图像呈现一定的灰调。那么为什么要呈现一定灰调，这就要配合“去除薄雾”选项。

在这张图像中，如果把“去除薄雾”选项设置为0，那么整张图像就会像一堆煤炭堆到一起一样，画面就没什么氛围感，如果把“去除薄雾”选项向负数调整为－52时，如图3.17所示，就会发现，空气里好像弥散着一种水雾的感觉，这种弥散的水雾就能够让这张图像呈现出那种雾气缭绕、湿润空气的现场氛围感。

图3.17

3.3.4 晕影

晕影其实就是一个暗角，希望照片是有暗角还是没有暗角效果，由用户通过“晕影”参数来把控的。

有些摄影爱好者喜欢晕影效果，或者通过添加晕影来凸显主体，此时就可以通过“晕影”添加晕影效果。反之，如果不喜欢晕影效果，而照片又因镜头或拍摄原因，有明显的晕影，此时可以通过调整“晕影”参数来去除。

单击“晕影”参数旁边的下拉小三角图标，可以展开如图3.18所示的参数界面，用户可以控制样式、中点、圆度、羽化及高光参数。

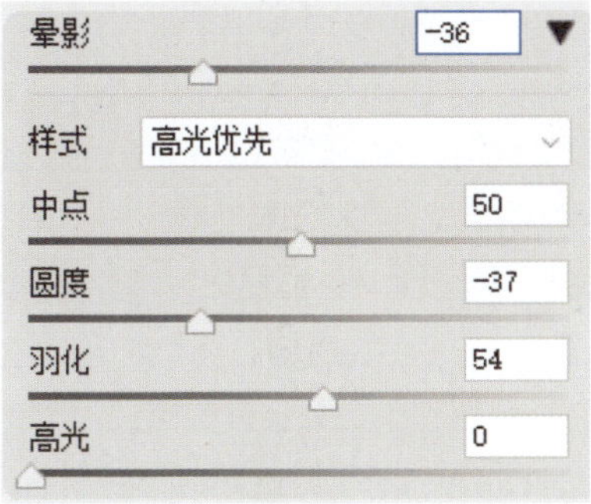

图3.18

- 晕影：向左拖动滑块，晕影渐渐加深，直至变成黑色，向右拖动滑块，晕影渐渐变浅，直至变成白色。
- 样式：在下拉列表中可以选择高光优先、颜色优先和绘画叠加，用户可以对比画面效果，选择适合的样式。
- 中点：用于控制晕影的范围。向左拖动滑块，晕影范围变大，向右拖动滑块，晕影范围变小。如图3.19所示分别设置“中点”数值为0（左图）和60（右图）时的图像效果对比。

图3.19

- 圆度：用于控制晕影的圆度。向左拖动滑块向负向数值调整，晕影由圆变方，直至变为方形带圆角效果，向右拖动滑块向正向数值调整，晕影则越来越圆。
- 羽化：用于控制晕影中心边缘的虚化程度。数值越小，羽化范围越小，边缘越清晰，数值越大，羽化范围越大，边缘越过渡柔和。如图3.20所示分别设置“羽化”数值为8（左图）和80（右图）时的图像效果对比。

图3.20

- 高光：用于控制阴影范围内高光区域的亮度。向左拖动滑块，会减少高光区域的亮度，向右拖动滑块，则会增加高光区域的亮度。

3.3.5 颗粒

在需要为照片增加噪点时，一般是通过控制“颗粒”参数来实现的。

那什么情况下需要增加噪点呢？一般在想要模拟胶片的颗粒感时，在画面中增加噪点。还有一种情况是利用Photoshop的AI扩展功能，来扩展照片的画面，如果扩展后的画面噪点出现与原图不匹配，如图3.21所示，可以对画面添加噪点使画面的纹理与质感统一起来。

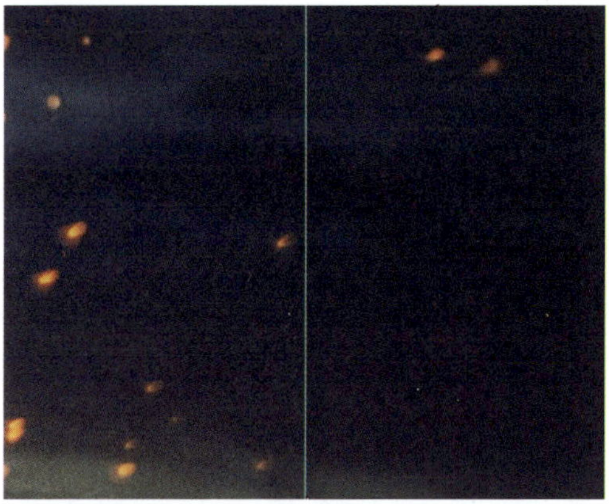

图3.21

对照片进行增加噪点，不限制照片格式，RAW和JPEG格式都行，为了让编辑更灵活，在处理JPEG格式照片时，建议先将其转换为智能对象图层，然后再打开Camera Raw滤镜。

在Camera Raw滤镜的调整面板中展开“效果”选项卡，通过调整“颗粒”“大小”和“粗糙度”选项数值，如图3.22所示，来控制噪点效果。

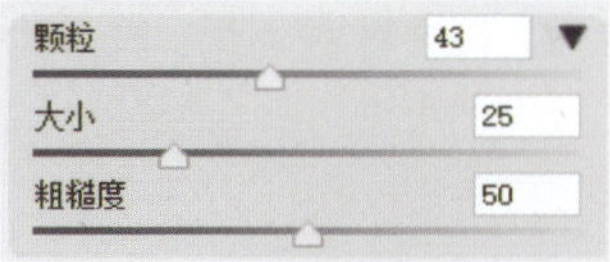

图3.22

如果是对AI扩展画面的照片添加噪点，直接调整参数，会作用于整张照片，而非AI扩展出来的画面区域。在处理此类照片时，方法一是先使用Camera Raw滤镜中的蒙版功能，将AI扩展出来的画面区域创建一个蒙版，使噪点只作用于此区域。方法二是在Camera Raw滤镜中添加噪点后，再在Photoshop中，为该照片添加图层蒙版，将原来的图像范围填充为黑色，即可隐藏该区域的噪点效果。如图3.23所示是原片效果，如图3.24所示是AI扩展画面后并应用噪点后的效果。

图3.23

图3.24

3.4 用“曲线”调整面板调整图像亮度与色调

曲线能够调整照片的亮度，还能增强或减弱照片的明暗或色调对比，是调修照片时常用的功能之一。在调整面板中展开“曲线”选项卡，如图3.25所示。

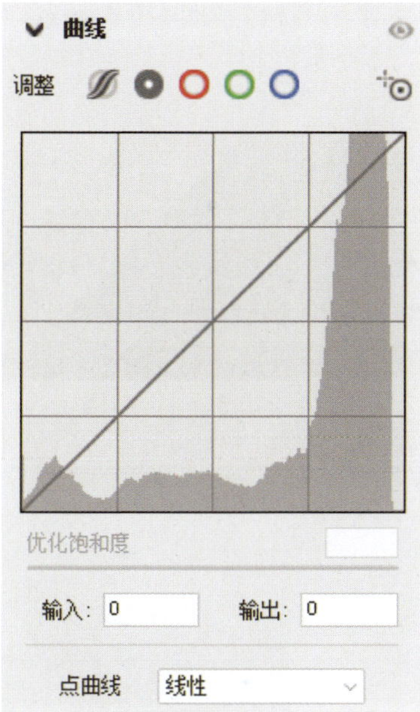

图3.25

3.4.1　RGB曲线

在曲线选项卡中，第一个圆点图标即为RGB曲线，如图3.26所示。RGB曲线又被称为复合通道曲线，它有什么作用呢?

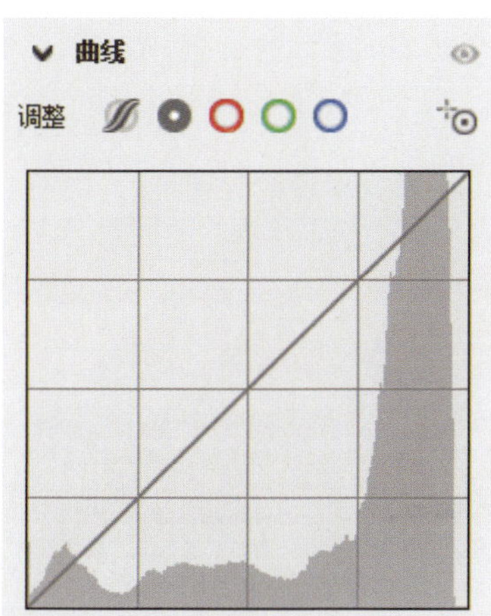

图3.26

使用RGB曲线需要了解RGB曲线的横轴与纵轴，RGB曲线的横轴代表的是明暗，从左到右依次为黑色、阴影、中间调、高光及白色，RGB曲线的纵轴代表像素的多少。

曲线即是面板中的那一条对角线，当将曲线往上拉，就会提亮画面，向下拉就会压暗画面。当然，其他颜色的曲线也是这样的规律。

在调整曲线时，可以在曲线上单击添加点，来实现更为精细的调整，如果需要取消某个点，双击该点即可。

从上述已知，曲线的右侧为亮部，左侧为暗部，当我们想要将一张照片的亮部压暗一些，就可以在右侧位置添加点，并将曲线向下拉，想将照片的暗部提升一些，则要在左侧位置添加点，并将曲线向上拉，如图3.27所示。

图3.27

另一种方法是，将右上角的曲线对角点向下拉，可以压暗亮部，将左下角的曲线对角点向上拉一，可以提升暗部，如图3.28所示。

图3.28

如果需要将照片的中间调整体提亮，则可以单击曲线的中间，将曲线向上拉，如图3.29所示，这样画面的整体就都变亮了。

图3.29

3.4.2 红通道曲线

在曲线选项卡中，选择第2个圆点图标即为红通道曲线，如图3.30所示。将红通道曲线往上拉，提升画面的亮度并添加红色，此时画面色调偏红，将红通道曲线向下拉，减暗画面的亮度并加青色，此时画面色调偏青，如图3.31和图3.32所示。

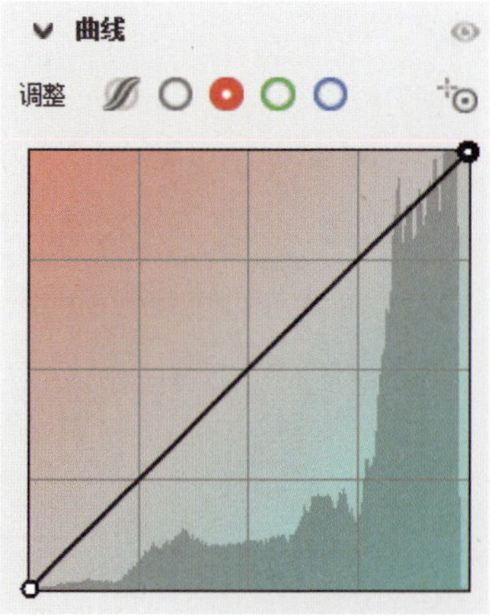

图3.30

图3.31

图3.32

如果想调出画面的亮部为红色调、暗部为青色调，就可以将右侧亮部的曲线向上拉，将左侧的暗部曲线向下拉，如图3.33所示。反之，如果想调出画面的暗部为红色调、亮部为青色调，将左侧的暗部曲线向上拉，将右侧亮部的曲线向下拉即可。

图3.33

3.4.3　绿通道曲线

在曲线选项卡中，第3个圆点图标即为绿通道曲线，如图3.34所示。将绿通道曲线往上拉，会提升画面的亮度并且色调变绿，将绿通道曲线向下拉，会减暗画面的亮度并且色调变洋红，如图3.35和图3.36所示。

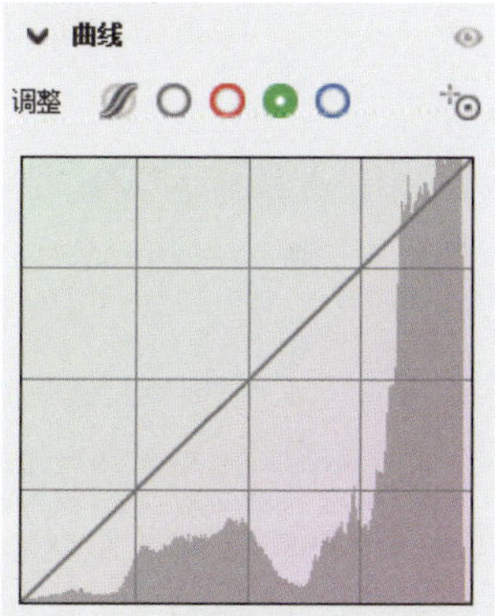

图3.34

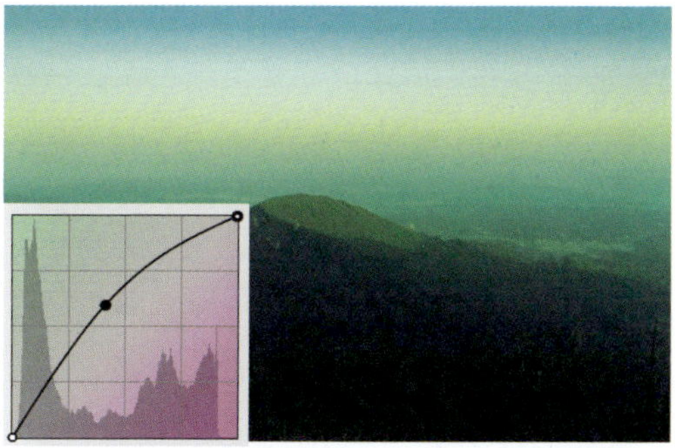

图3.35

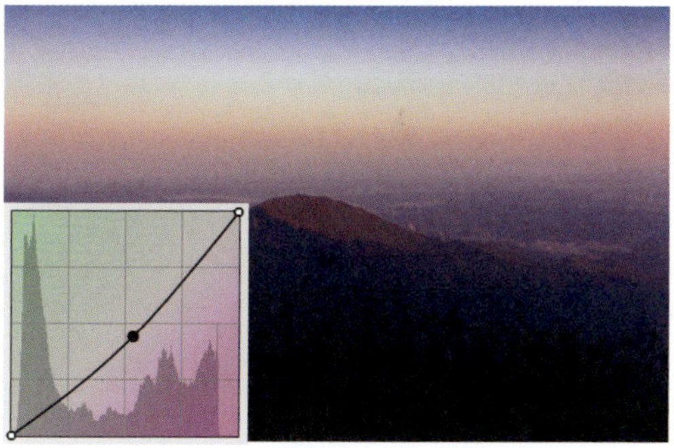

图3.36

3.4.4　蓝通道曲线

在曲线选项卡中，第4个圆点图标即为蓝通道曲线，如图3.37所示。将蓝通道曲线往上拉，会提升画面的亮度并且色调变蓝，将蓝通道曲线向下拉，会减暗画面的亮度并且色调变黄，如图3.38和图3.39所示。

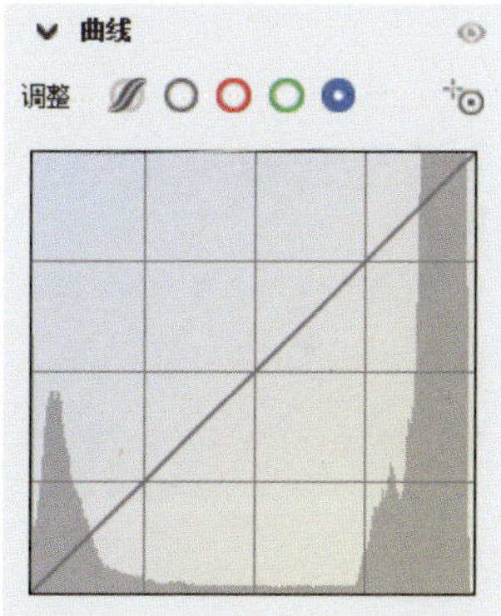

图3.37

图3.38

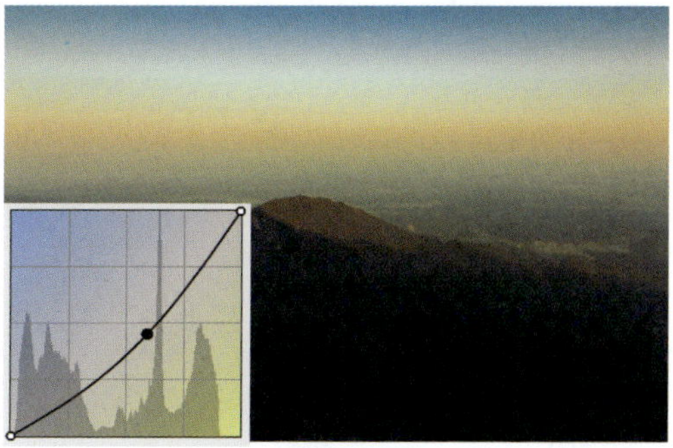

图3.39

3.4.5 点曲线目标调整工具

在曲线选项卡中，单击选择点曲线目标调整工具，可以在画面中对想要调整的区域单击，然后在保持鼠标不放的状态下左右滑动（图像上会显示亮度或颜色图标），可以调整明暗或色调，可以在一张图像上不同区域多次单击添加节点，从而调出层次更丰富的画面效果。

在调整过程中，如果觉得某处的色彩不够理想，还可以单击图像上的图标进入“混色器”选项卡，对某一种色彩的色相、饱和度或明度进行调整。相比自己拖动曲线，这种调整方式可以更为直观、细致地调整并了解图像的变化。

以图3.40所示的照片为例，图3.41所示是在选择红通道曲线状态下，然后选择工具，在天空的高光区域单击一下，并向右拖动，使高光区域色调偏向红色，然后在中间的山景处单击一下，并向左拖动一点，使高光区域色调偏向青色，如图3.42所示。

图3.40

图3.41

图3.42

3.4.6 使用曲线时合理设置优化饱和度

当使用曲线调整画面的亮度和对比度时，不可避免地会影响画面的饱和度，当一张图像变亮时，色彩饱和度自然会变淡，当压暗一张图像时，色彩饱和度自然会加深，在这种情况下，即可使用“优化饱和度”来优化画面的色彩。

如图3.43所示，是调整曲线后，“优化饱和度”选项设置为“0”时的效果，如图3.44所示的调整曲线后，是“优化饱和度”选项设置为“100”时的效果。

图3.43

图3.44

通过上面的对比可以看出，应用“优化饱和度”后的画面色彩有明显提升。不过此功能仅在使用亮度曲线时有效，如图3.45所示。使用阴影/高光、红、绿、蓝通道调整曲线时，不会显示“优化饱和度”选项。

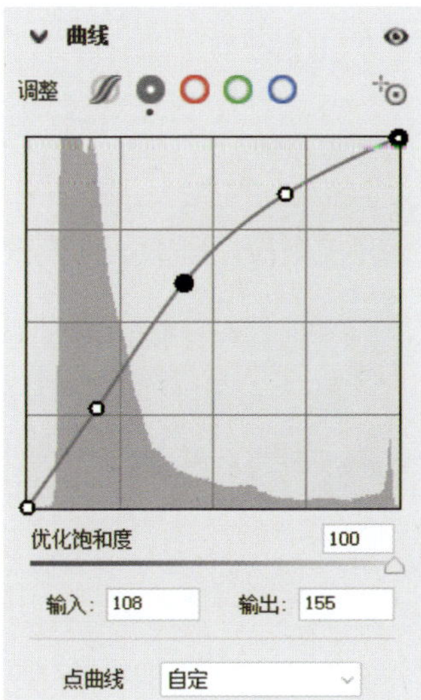

图3.45

3.5 用“细节”调整面板增强照片细节和去除照片噪点

修饰照片的最后一个操作步骤，基本上是对照片的细节进行处理，细节处理包含两方面，第一是对照片做锐化处理，第二是去除照片中的杂色。在Camera Raw滤镜中，这两步操作是通过调整“细节”选项卡中的“锐化”“减少杂色”和“颜色”三个选项来实现的，如图3.46所示。

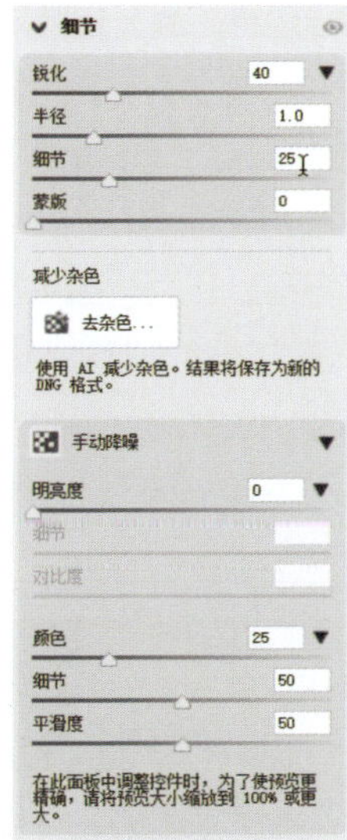

图3.46

3.5.1 锐化

首先讲解锐化选项，要做锐化处理，通常需要把照片放大来观看。比如对人像进行锐化处理，单击编辑工具 显示调整面板，展开“细节”选项卡，显示锐化调整参数，如图3.47所示。

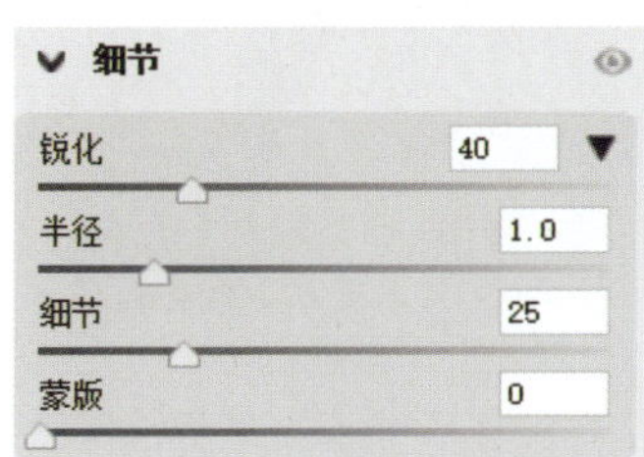

图3.47

锐化中的“半径”“细节”选项和Photoshop中的使用方法相差不远。值得一提的是“蒙版”选项，按住Alt键可以拖动蒙版的滑块，向左边拖动滑块，数值比较小，即白色区域大，而向右边拖动滑块，数值比较大，白色区域比较小，就是这个白色区域界定了当用户设定锐化参数时所影响到的区域。

当将“蒙版”选项数值设置为0时，然后

把锐化数值设为100，放大照片可以看到，整体画面都被锐化处理了，如图3.48所示，这个肯定不是理想的效果，对于人像照片而言，人物面部通常希望是柔和的，可以按住Alt键拖动“蒙版”选项滑块，让白色线条覆盖希望锐化的地方，比如眉毛、睫毛及头发这些区域，观察画面可以看到，锐化只会作用于眉毛、睫毛及头发区域，而面部皮肤是比较光滑的，如图3.49所示。

图3.48

图3.49

接下来讲解“半径”选项，按住Alt键将“半径”数值设置为0，可以看到锐化区域旁边的对比是比较小的，如图3.50所示，当把“半径”数值加大时会发现，锐化范围在逐步扩大，睫毛和头发两边都有很明显的明暗出现了，如图3.51所示。

这也说明在锐化时，图像并不是无缘无故地多出来很多细节，而是在稍微模糊的细节的边缘，通过增加白色和黑色来把细节衬托对比出来，所以，设置“半径”数值就是界定锐化边缘明暗对比区域的宽度。

图3.50

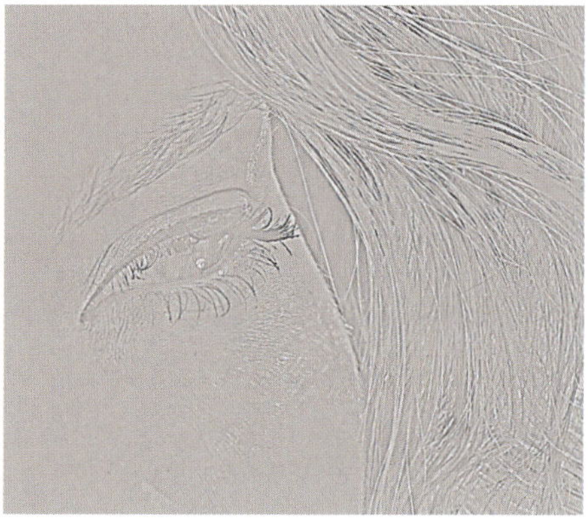

图3.51

如果将“细节”选项由0设置到100，会发现画面的细节明显增多，它跟锐化有一些相似，只是它也是介于蒙版的操作范围之内，如果希望画面的细节更加明显一些，就把“细节”的数值调大一些，此选项可以理解为调整得更加细微一些。

3.5.2 AI降噪

降噪处理有各种各样的方法，无非是想要提高照片的画质。当使用高感光度拍摄照片，或者长时间曝光拍摄照片时，噪点都是不可避免的，而且针对这样的噪点，即使在后期有多种降噪方法，但降噪效果都不是很好。

而利用Camera Raw的AI降噪功能，可以得到几乎看不到噪点的画面。以如图3.52所示的照片为例，放大画面可以看出，画面的噪点比较多，而如图3.53所示的照片为AI降噪后的效果，放大画面可以看出，画面的噪点都被消除，且画质较为优秀。

图3.52

图3.53

打开Camera Raw滤镜，单击编辑工具 显示调整面板，展开“细节”选项卡，里面有一个“减少杂色”选项，如图3.54所示。

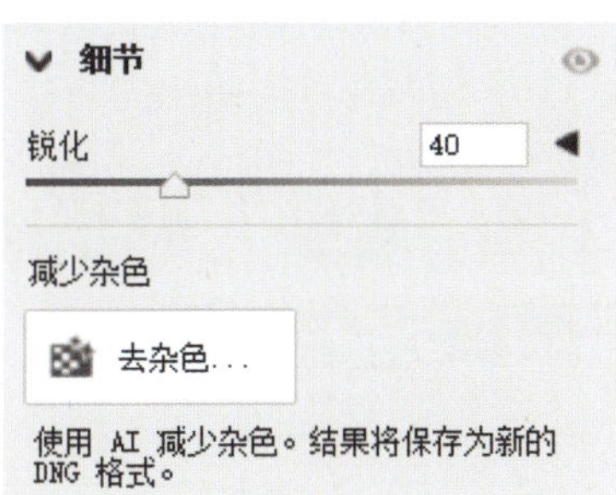

图3.54

单击“去杂色”选项，将显示“正在加载增强数据”提示框，当数据加载完成后，将显示如图3.55所示的对话框，用户可以拖动滑块选择要降噪的百分比例，对话框下方会显示降噪预计时间，选择的降噪比例越高，耗时越久，然后单击“增强”选项，即可开始进行AI降噪处理，处理完成后将显示如图3.56所示的对比画面，此时右边的参数栏处也会出现“此照片已应用去杂色”的提示，如图3.57所示。

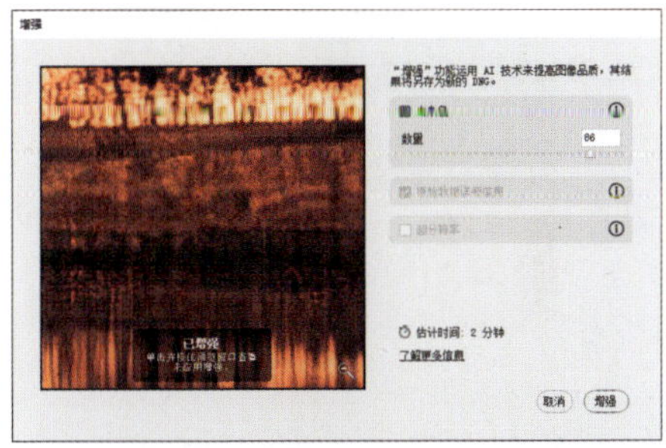

图3.55

图3.56

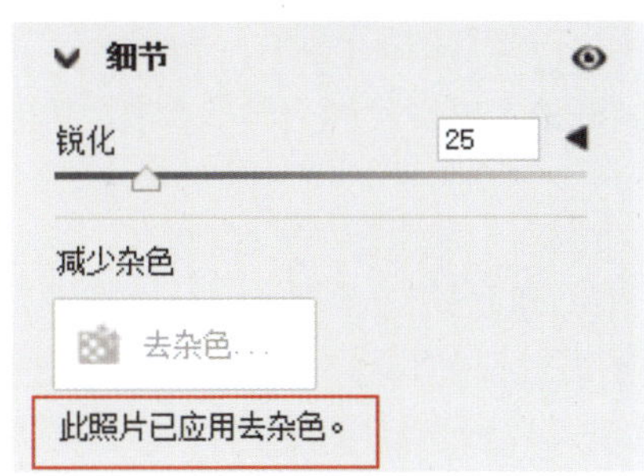

图3.57

如图3.58所示的为降噪50%和降噪100%的局部画面对比，如果不仔细观察，感觉区别并不大，当然，也跟原片有一定的关系。如果原片噪点不多，自然区别不大；如果原片噪点特别多时，还是有所区别的。

图3.58

需要特别说明的是，AI降噪功能只对RAW格式照片有效，如果打开一张JPEG格式的照片，在细节选项界面中，不会显示“减少杂色”选项，即AI降噪功能不适用于JPEG格式的照片。

3.5.3 颜色

除了黑白噪点以外，照片中还有很多红色、绿色噪点，使用很高的感光度所拍摄出来的照片，画面中红色、绿色噪点会很明显，针对这类噪点可以使用“颜色”选项来消减。

如图3.59所示是处理之前的效果，如图3.60所示是处理之后的效果，不过通过“颜色”选项处理完以后，会对照片的细节有所影响，用户可以通过设置下方的“细节”和“平滑度”选项，来获得一个均衡的处理效果，如图3.61所示。

图3.59

图3.60

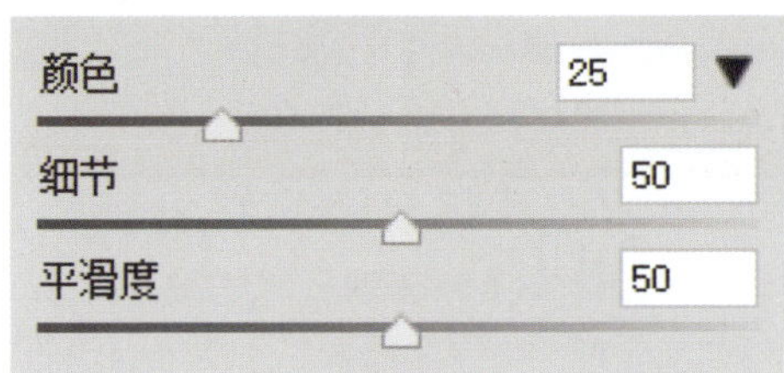

图3.61

在此面板中调整控件时，为了使预览更精确，请将预览大小缩放到100%或更大。

3.6 用“光学”调整面板校正画面光学问题

3.6.1 配置文件

在Camera Raw滤镜中，有各个型号的相机及镜头的一些配置文件，单击“光学”选项卡中的“配置文件”子选项卡，勾选“使用配置文件校正”选项，便会自动识别当前图像所使用的镜头信息，并应用相应的配置文件校正，如图3.62所示。

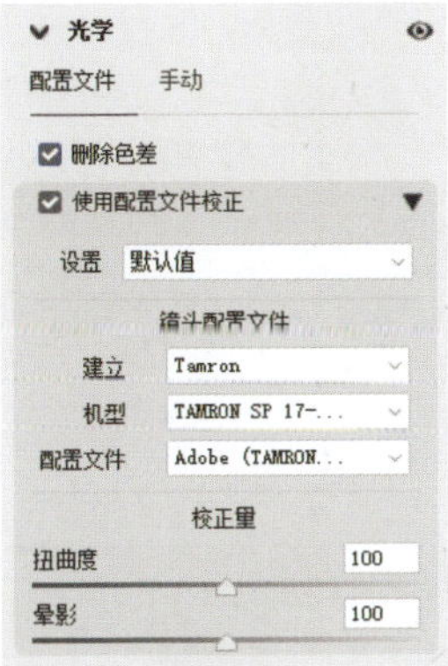

图3.62

这些配置文件到底有什么作用呢？实际上主要作用是解码，它可以对佳能的CR2、CR3、尼康的NEF的RAW格式进行解码，同样它也含有不同镜头的配置文件。

比如用户使用尼康D850相机、14~24mm的镜头拍摄照片，由于现在的光学技术有限，拍出来的照片必然会有各种各样的问题，如色差、桶状或枕状的畸变，那这些问题怎么解决呢？其实可以通过后期算法来反向递进推导过来。比如已知在用14~24mm镜头时，它在最大的14mm广角端会有一些畸变，根据设计镜片时的一些光学透镜的相关数据，可以反向推导出来光线做一些怎样的校准，就能改变这些问题，反馈到Camera Raw滤镜中，其实就是配置文件。

如图3.63所示是使用配置文件校正前的效果，如图3.64所示是使用配置文件校正后的效果，通过对比可以看出，使用配置文件校正后，建筑的透视变形及阴影都得到了改善，因此当使用不同的相机、不同的镜头拍摄照片以后，一定要做光学校正的操作，让照片的品质得到最大限度的提升。

图3.63

图3.64

3.6.2 手动

单击“光学”选项卡中的“手动”子选项卡，可以查看到“手动”的参数，如图3.65所示。

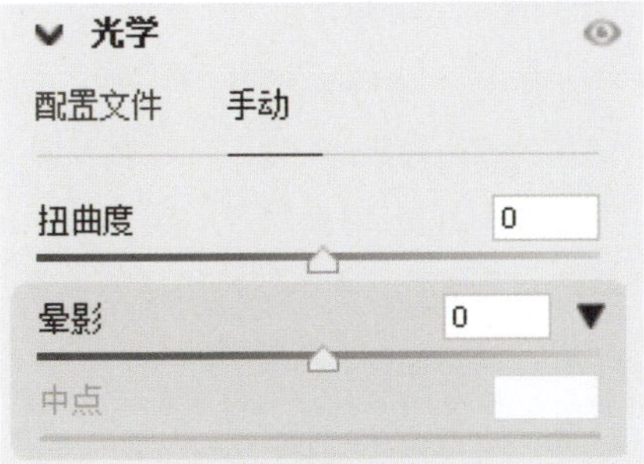

图3.65

对于“扭曲度”选项的校准量，用户可以自由调整，希望照片拉升到什么程度，调整到相应的数值即可。

“晕影”选项也一样，晕影其实就是一个暗角，希望照片是有暗角还是没有暗角效果，都是由用户把控的。

3.6.3 删除色差和去边

当利用合成HDR功能拍摄或者逆光拍摄照片时，除非使用的镜头特别好，它的色差还原能力特别好，否则大概率都会出现一个问题，就是物体边缘会出现紫边或绿边。对于这种情况，就可以利用“光学”选项卡中的“删除色差”选项来去除这些绿边或紫边，界面如图3.66所示。

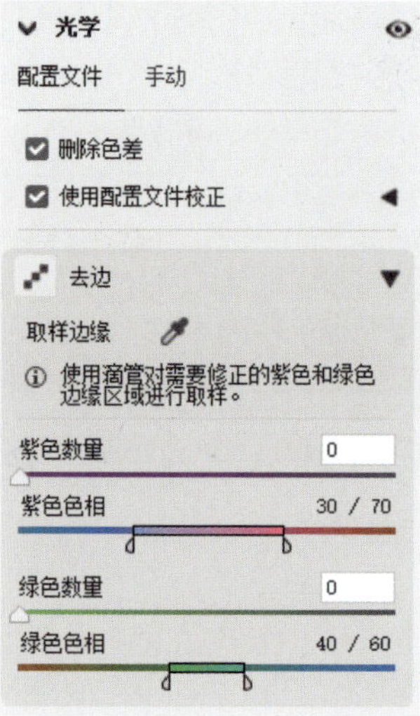

图3.66

除此以外，还可以利用“去边”功能来消减照片的绿边或紫边。以图3.67的局部图示例，它在放大200%的情况下，窗户边缘的绿边和紫边非常清楚，单击取样边缘的吸管工具对准绿边吸取一下，绿边就会得到有效改善，此时“绿色数量”选项的数值也发生了变化，在初始状态下，“绿色数量”数值是0，当吸取一下后它的滑块位置会发生变化，如果吸取以后仍然还有色差，那就需要手动拖动“绿色数量”和“绿色色相”的滑块，来改变容差范围，容差范围越大，能够改善的绿边色彩跨度范围就越大，同理，按相同的操作步骤可以消减紫边，去除绿边和紫边后的效果如图3.68所示。

图3.67

图3.68

“数量”选项其实就是像素的宽度，“色相”选项是指定绿边或紫边的颜色跨度范围，如果绿边或紫边颜色越纯，就需要把这两个滑块移得越近，如果绿边或紫边不是很纯的颜色。那就可以把颜色跨度范围稍微拉大一点，这样就能取得不错的效果。

3.7 用“镜头模糊”调整面板虚化背景或前景

在Camera Raw 16.0以上的版本中，附增了AI技术功能——镜头模糊。使用此功能可以调节照片的景深，从而模拟出虚化背景或前景的效果。

在Camera Raw滤镜中打开一张素材图像，然后单击“编辑”工具，再展开“镜头模糊”选项卡。

单击鼠标左键勾选“应用”选项，软件会自动识别主体并应用模糊效果，如图3.69所示是原图，图3.70所示是应用镜头模糊后的效果，通过对比可以看出，自动识别主体进行虚化的准确度还是非常高的。

图3.69

图3.70

自动应用结束后，可以激活下方的选项，如图3.71所示。

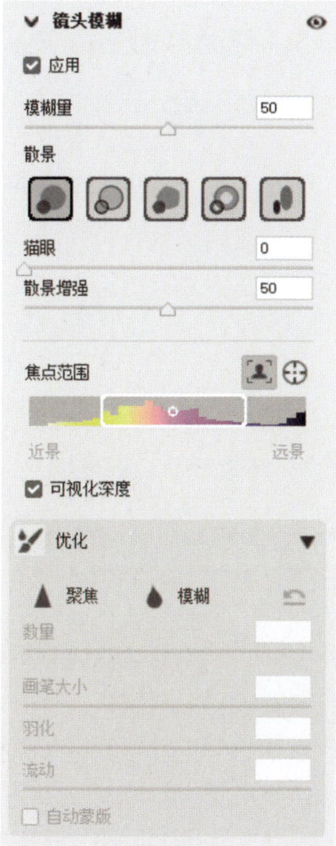

图3.71

3.7.1 焦点范围

焦点范围是根据每张照片的识别而自动产生的，不同照片的焦距范围也不一样。

用户单击图标，可以拖动选框选择清晰的范围，图标中的圆点可以视为焦平面，往前拖动选框是前景深，往前拖动选框是后景深，框选的范围越大，清晰的范围越大，框选的范围越小，清晰的范围越小。不过要特别说明的是，此操作只是调整当前照片清晰区域的模糊与清晰的范围，并不能将照片中本来模糊的区域调整清晰。如果单击图标，则会由Camera Raw滤镜自动识别主体进行虚化，如图3.72所示。

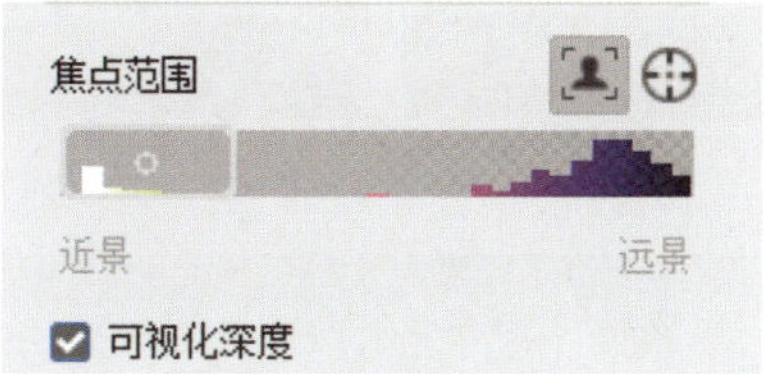

图3.72

3.7.2 散景

在“散景”选项中，可以选择“圆形”“泡泡”“叶片”“环形”或“猫眼”的样式，如图3.73所示。

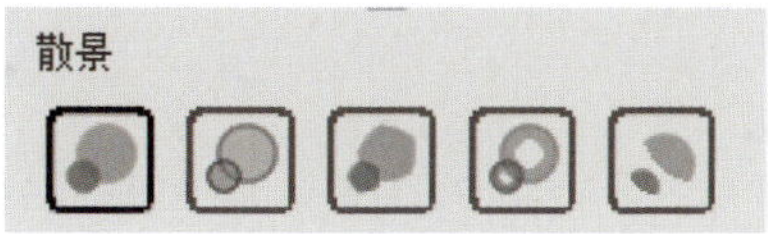

图3.73

如果是使用中等光圈拍摄的照片，利用散景光斑样式，然后配合调整“模糊量”参数，可以使较为清晰的中景、背景获得具有圆形光圈或环形光圈的虚化效果。

如图3.74~图3.78所示是各个散景样式的图像效果。

图3.74

图3.75

图3.76

图3.77

图3.78

散景下方的“散景增强”选项，其实是调整散景光斑的亮度，如图3.79所示是设置为0、如图3.80所示设置为100时的效果对比。

图3.79

图3.80

3.7.3 可视化深度

如果勾选了“可视化深度”选项，则可以以色彩标识清晰与虚化的区域，如图3.81所示，黄色标识范围是清晰区域，紫色标识范围内是虚化区域，偏粉紫色标识范围表示靠近清晰区域，用户通过色彩标识来了解虚化的范围。

如果发现有些区域没有被虚化，或者应该清晰的地方被虚化了，可以展开“优化”参数，选择“聚焦”或“模糊”选项，并设置合适的模糊量、画笔大小、羽化及流动数值，如图3.82所示，对相应的区域进行涂抹，如图3.83所示，是将左侧一处黄颜色标识的区域用“模糊”画笔涂抹后的效果。

图3.81

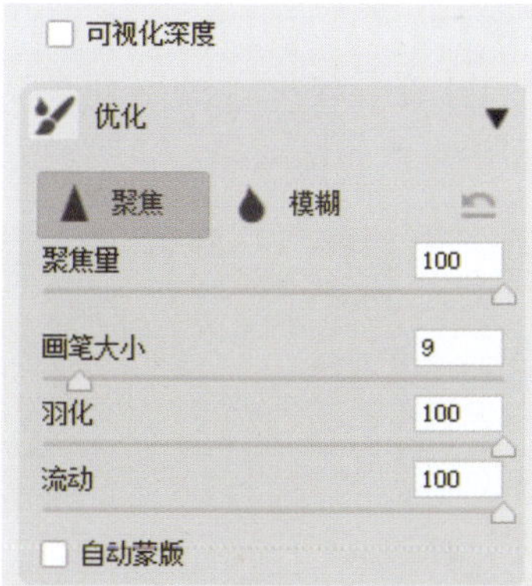

图3.82

图3.83

按照图3.83所示的操作涂抹后，然后再取消勾选“可视化深度”选项后，可以看出，画面中的衣服变得模糊了，如图3.84所示。

图3.84

在自动应用“镜头模糊”效果，不是理想的画面效果时，可以手动再使用“聚焦”画笔，涂抹应用“镜头模糊”后模糊的区域，画笔涂抹到的区域会变得清晰，但此处的清晰，仅是恢复成原始图像的清晰程度，并不能将原始图像中虚化的画面变得清晰。

以如图3.85所示的照片为例，是应用镜头模糊后的效果，可以看出，前景处的草地和树干也被虚化了一部分，而如图3.86所示是使用“聚焦”画笔涂抹前景草地和树干后的效果，可以看到它们变得清晰了。

图3.85

图3.86

利用可视化深度和聚焦、模糊画笔，可以模拟出非常精确且小景深的图像效果，而这样的图像效果在前期拍摄时是比较难实现的。如图3.87所示是原图，如图3.88所示为使用模糊画笔涂抹其他区域使其变虚化，只保留耳环清晰的图像效果。

图3.87

图3.88

背景模糊功能的第一种适用情况是用小光圈拍摄的照片来模拟虚化前景或背景的效果，因为小光圈拍摄的照片，清晰的范围较多，用此功能来模拟虚化前景或背景的空间也比较大。

背景模糊功能的第二种适用情况是，前期拍摄时因镜头限制或环境限制，使得背景虚化效果不明显，那么就可以通过此功能来进一步虚化背景，使主体更为突出。

3.7.4 镜头模糊功能的应用

下面通过一个简单的案例，讲解如何利用镜头模糊功能模拟微缩模型效果。

(01) 打开随书所附素材“第 3 章\3.7.4-素材 .CR2”，如图 3.89 所示，以启动 Camera Raw 滤镜。

图3.89

(02) 单击“编辑”工具，再展开“镜头模糊”选项卡。单击鼠标左键勾选“应用”选项，软件会自动分析图像。

(03) 自动应用完镜头模糊后，单击选择⊕图标，单击图像中的桌子，使其聚焦，如图 3.90 所示。

图3.90

(04) 对桌子聚焦后，发现画面的景深还是大，此时，手动拖动焦距范围的选择框，如图 3.91 所示，以缩小画面的景深，直至得到如图 3.92 所示的图像效果。

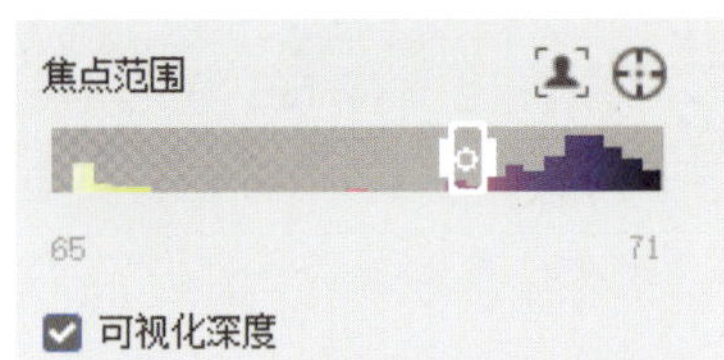

图3.91

图3.92

3.8 利用“HDR”调整面板调整画面细节与色彩

3.8.1 HDR调整

HDR功能起到什么作用呢？现在绝大多

数的视频和照片都是基于SDR标准来显示的，所以画面中特别亮或特别暗的一些像素，是肉眼看不到的，但这些细节是存在的，当使用了HDR显示器时，就能够显示出画面中更亮或更暗区域的图像细节。

在Camera Raw滤镜中，展开调整面板，在面板的最上方单击HDR选项，如图3.93所示，即可显示出与HDR功能相关的参数设置。

图3.93

展开“亮”选项卡，可以看到如图3.94所示的面板，在“HDR限制”选项的下拉列表中可以选择一档、二档、三档、四档或完全选项，选择几档在直方图上就显示几个方框，如选择二档，就显示两个方框，如图3.95所示，选择四档，就显示四个方框，如图3.96所示。

图3.94

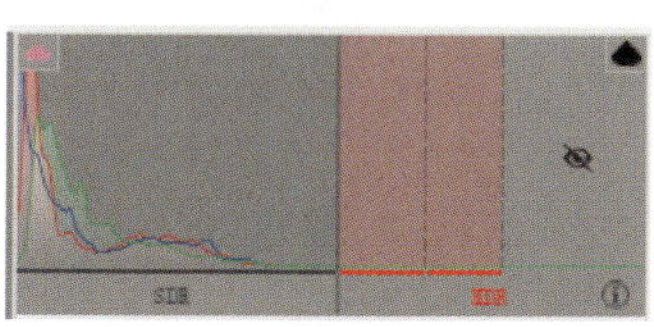

图3.95

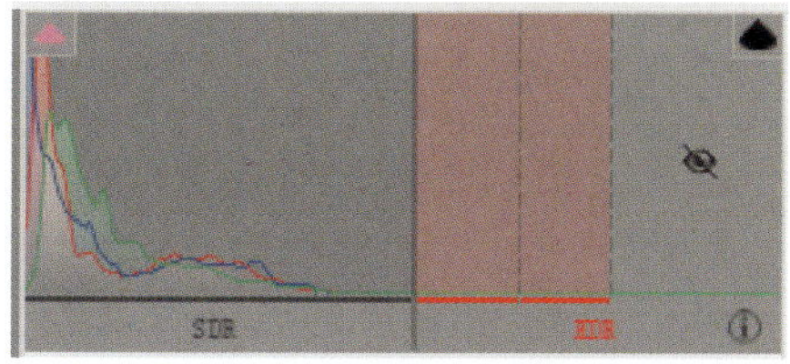

图3.96

我们调整参数时，如增加曝光到+3.6，可以看到屏幕上的图像已经是白成一片，完全没有细节了，如图3.97所示。

图3.97

这是因为当前用的显示器是SDR类型的，达不到HDR显示器的亮度以及颜色的显示级别，所以图像大部分是白的，在这种情况下，可以勾选“SDR显示器预览”选项，以模拟HDR显示效果预览图像，如图3.98所示。如果觉得图像效果不够理想，可以微调下方的各项参数，如图3.99所示，并即时显示出调整所带来的图像变化。

图3.98

图3.99

取消勾选“SDR显示器预览”选项，再来看上方的直方图，可以看到，直方图中各个色彩的线条已经越过SDR范围，到达了HDR范围，即表示HDR范围这边的这些像素，在SDR显示器上是无法正常显示出来的，如图3.100所示。

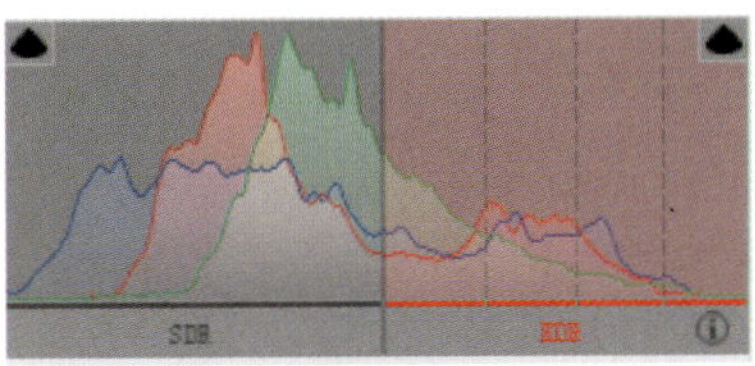

图3.100

这个功能对于一般的摄影爱好者意义不大，但对于职业摄影师与后期修图师来说意义很大，因为他们的图片有更高的概率要用于电视或者显示器厂商做演示使用，这种用途的图像要在HDR显示屏上显示，那么图像的细节就需要展示出来，以获得更好的显示效果。

3.8.2 导出HDR图像注意事项

当利用HDR调整面板调修好一张照片后，单击存储图标显示存储对话框时，在存储参数设置上有一些注意要点。

如果将照片存储为JPEG，则要勾选“HDR图像输出”选项，并将色彩空间选择为“HDR sRGB（Rec.709）”，如图3.101所示。

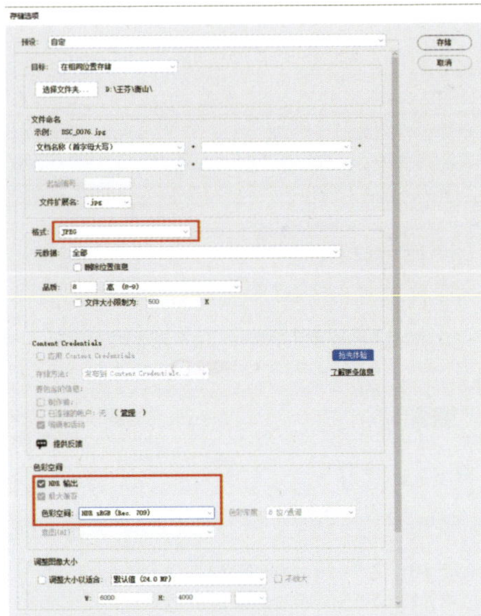

图3.101

如果将照片存储为TIFF格式，可以将色彩空间选择为“HDR Rec.2020”，这种色彩空间是大于HDR sRGB（Rec.709）色彩空间的，图像的颜色会更细腻、更丰富。而且色彩通道可以保存为32位，比16位通道的JPEG照片丰富很多，如图3.102所示。

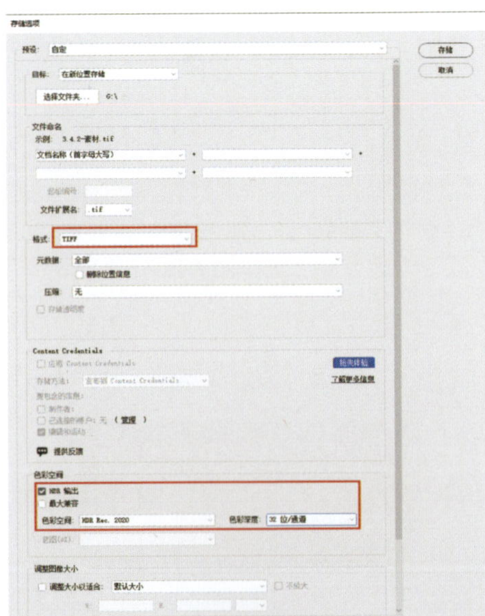

图3.102

第 4 章

在 RAW 中调整图像的颜色

4.1 用“颜色”调整面板调整画面色调与饱和度

在调整面板中展开“颜色”选项卡，如图4.1所示，可以调整图像的白平衡、色温、自然饱和度和饱和度。

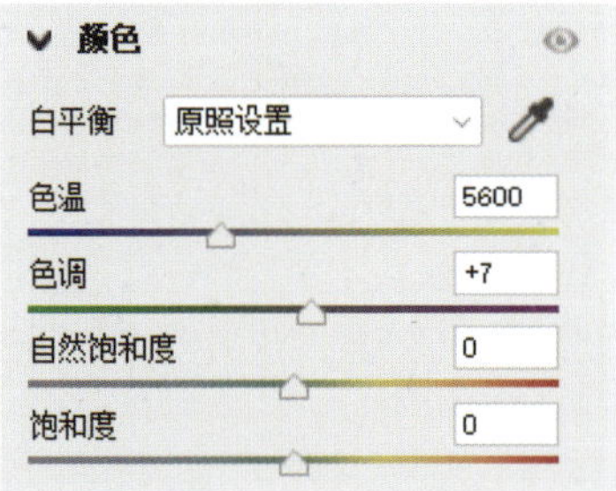

图4.1

4.1.1 白平衡

图像的色调调整由白平衡控制，白平衡包含了色温和色调。色温数值越低，画面偏蓝，色温数值越高，则画面偏黄。色调调向负数端，画面偏绿，色调调向正数端，画面偏紫，可以根据画面的风格需要做调整。白平衡调整除了调整色温和色调滑块外，也可以选择日光、阴天、阴影、白炽灯、荧光灯、闪光灯或自动白平衡选项，除此之外，还可以利用滴管工具对画面中的中间调区域单击一下，以自动校正白平衡。如图4.2所示为白平衡选项。

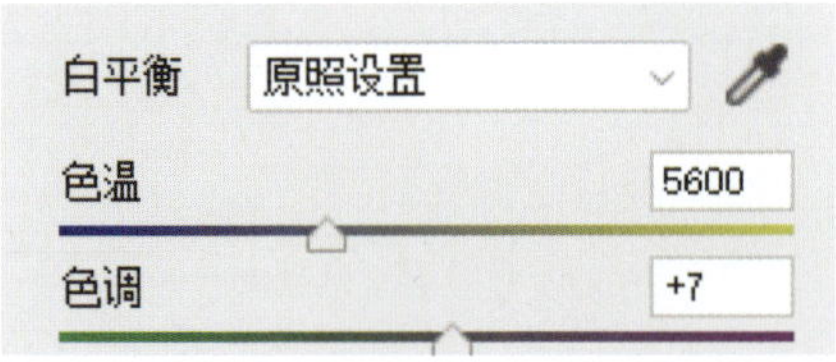

图4.2

在调整白平衡时，要把握一个重点，就是对于一张图像中的色彩，需要强调出它的主体色调。比如使画面整体偏冷色调、偏暖色调或强调出冷暖对比效果。

4.1.2 饱和度

饱和度有“自然饱和度”和“饱和度”两个选项。如果调整“饱和度”选项，则会提升图像上所有颜色的饱和处理。

而“自然饱和度”选项是对图像里面非饱和的区域，增加饱和度，相对于整体的图像调整，调整“自然饱和度”会更加精细一些。如图4.3所示为饱和度选项。

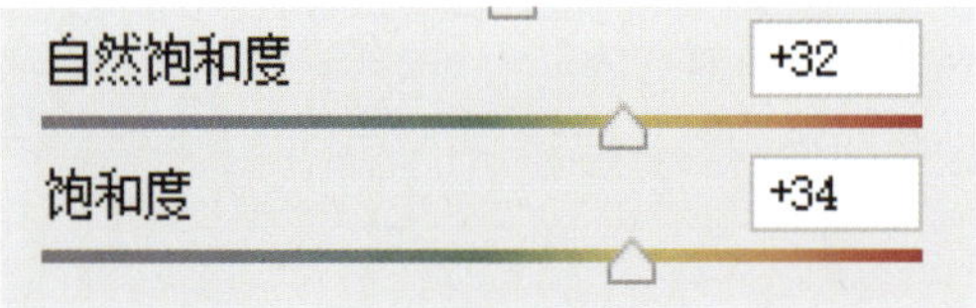

图4.3

4.2 用“混色器”调整面板精细调整图像色彩

在调整面板中展开“混色器”选项卡，如图4.4所示，利用“混色器”参数，用户可以校正画面的偏色，也可以增加画面的层次感。

图4.4

4.2.1　彩色混色器

在“混色器”选项卡中选择“混色器”子选项，即是彩色混色器。包含色相、饱和度和明亮度三个参数面板。

在色相中，可以针对8种颜色在相邻色45度的范围调整色调。在调修照片时，一般先通过调整“色相”中参数，来统一画面的整体色调。以如图4.5所示的照片为例，将橙色滑块调向黄色端，黄色滑块调向橙色端，就可以将高光调为暖色调，将浅绿色滑块调向蓝色端，紫色滑块调向蓝色端，就可以将阴影及蓝天调为冷色调，如图4.6和图4.7所示。

图4.5

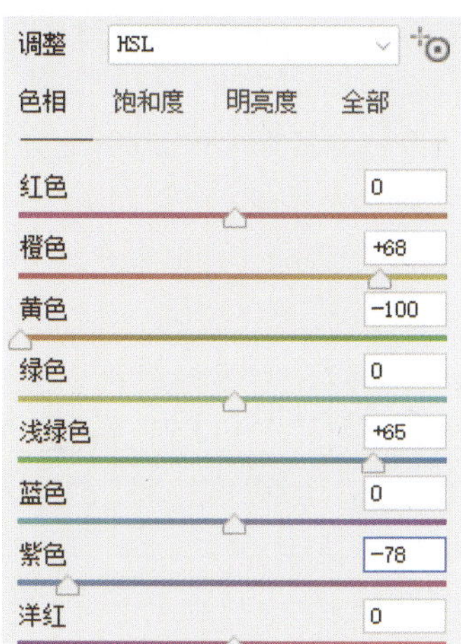

图4.6

图4.7

饱和度就是颜色的鲜艳度，饱和度越高，颜色鲜艳度就越高，饱和度越低，颜色鲜艳度就越低，如果将饱和度调整到负100，就会变成灰色。

通过提升饱和度，能够起到突出主体的作用，以图4.8所示的照片为例，当将红色、橙色和黄色的饱和度提高后，画面中暖色的树木与草地会变得突出，如图4.9和图4.10所示。

图4.8

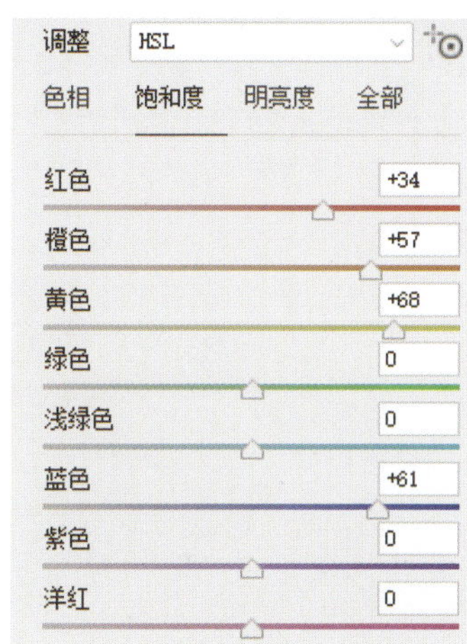

图4.9

图4.10

调整明度可以增强画面的层次感，明度会影响饱和度，明度越暗，饱和度也会越暗，直至最后会变成黑色，明度越高，饱和度也就越亮，直至最后会变成白色。如图4.11所示是在此基础上提升橙色和黄色明度后的效果，可以看到树木与草地变得明亮了，如图4.12所示。

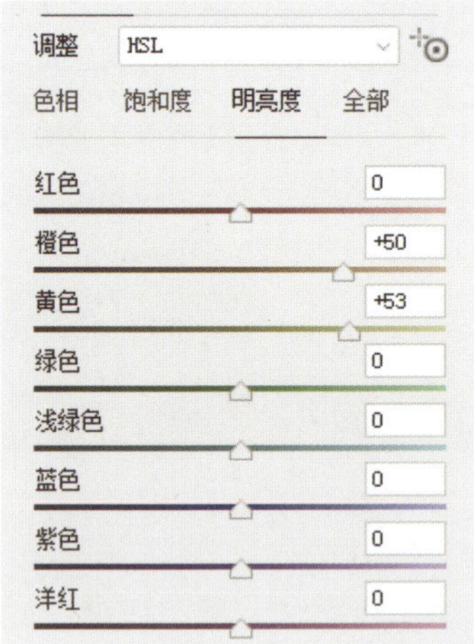

图4.11

图4.12

4.2.2 黑白混色器

“黑白混色器”起到的作用就是针对当前图像上希望黑白所分布的区域，对它原本的色彩来做处理。比如图4.13所示的这张图像，海面有一些绿，在这种情况下，就可以通过绿色的滑块来改变绿色像素所覆盖海面的明暗。同理，如果希望天空中的蓝色暗一点，就应该拖拽蓝色滑块，在处理的过程中，可以针对每一种颜色进行不同的精细调整。

图4.13

在Camera Raw中单击编辑旁边的“B&W”图标，将图像切换为黑白模式，如图4.14所示，然后展开“黑白混色器”选项卡进入参数设置界面，在此界面中，可以把“蓝色”数值调整为负数，使其变深。同理，绿色的海面也做加深处理，如图4.15所示，从而让画面中的明暗对比更明显，再配合蒙版、曝光等细微调修，最终得到如图4.16所示的效果。

图4.14

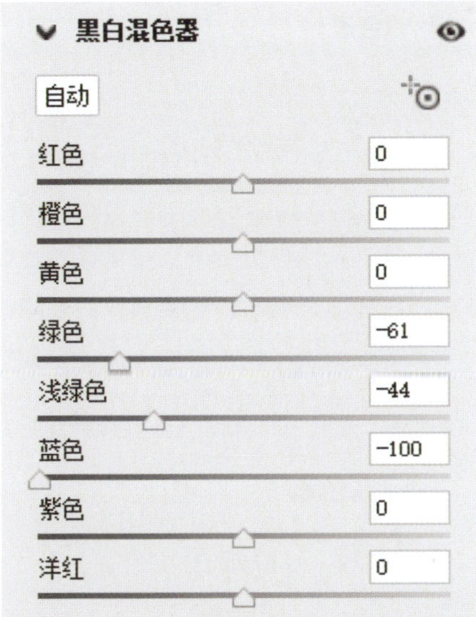

图4.15

图4.16

4.2.3　点颜色

展开“混色器”选项界面，切换选择“点颜色”选项，单击选择吸管工具，对照片中想要调整的色彩点一下，就会识别该颜色，如图4.17所示。

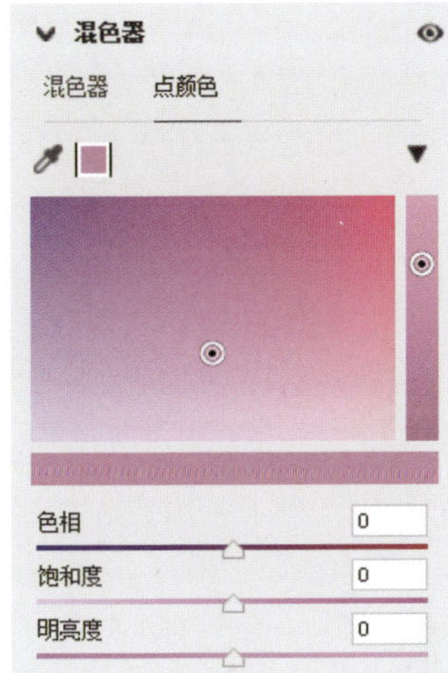

图4.17

以图4.18所示的图像为例，如果想要调整花瓣的色彩，就用吸管工具对花瓣点一下，就会取样颜色，在颜色框中有一个黑点带圈的图标，黑点位置是当前取样的颜色，而拖动圆圈可以在颜色框范围内选择新颜色，拖到哪个位置，花瓣就应用哪个位置的色彩，如图4.19和图4.20所示。往上拖动白圈，色彩的饱和度高些，往下拖动白圈，色彩的饱和度低一些。

图4.18

图4.19

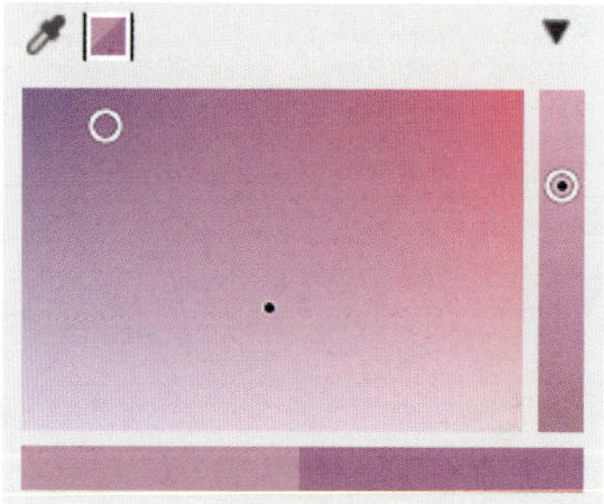

图4.20

如果想要所选色彩的明暗发生变化，则可以拖动最右侧长条上的图标，往上拖动白圈，色彩的明亮度增加，往下拖动白圈，则色彩的明亮度降低。如图4.21和图4.22所示。

图4.21

图4.22

如果调整后觉得不满意，可以单击颜色小方框，单击鼠标右键选择“删除色板”或者“删除所有的色板”选项，就可以恢复到原始图像色彩，如图4.23所示。

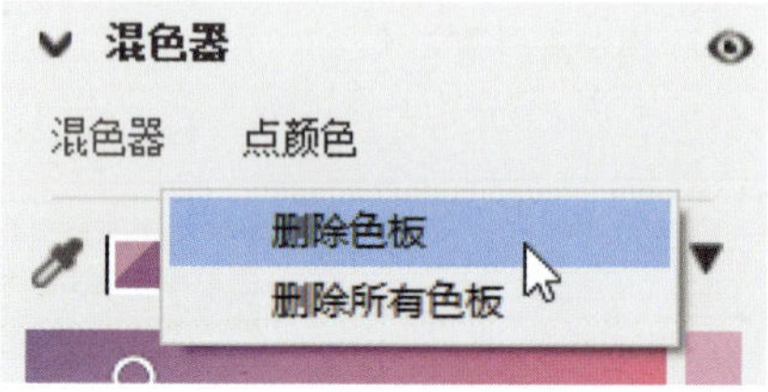

图4.23

可以使用吸管工具在图像不同色彩处取样颜色，得到多个点颜色，以对画面做更精细的色彩调整，如图4.24所示。

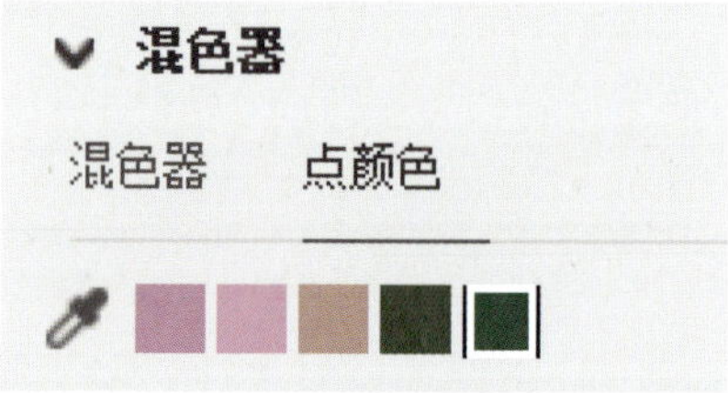

图4.24

除了上述的直接拖动调整的方式外，也可以通过拖动下方的各项参数滑块来改变色彩。如图4.25所示，如果想要将绿叶改变颜色，那么就需要对绿叶取样，然后调整下方的色相、饱和度和明亮度数值，比如色相数值向左拖动，饱和度和明亮度数值向右拖动，以提高色彩饱和度和明亮度，就能得到如图4.26所示的效果。

图4.25

图4.26

但有时色彩的范围选择得不理想，此时可以通过调整下方的“色相范围”“饱和度范围”调整取样色彩的范围。

如果发现照片中阴影区域的色彩比较深，就可以调整“亮度范围”滑块，使阴影处的颜色也呈现为发黄的效果。面板与调整后的效果如图4.27和图4.28所示。

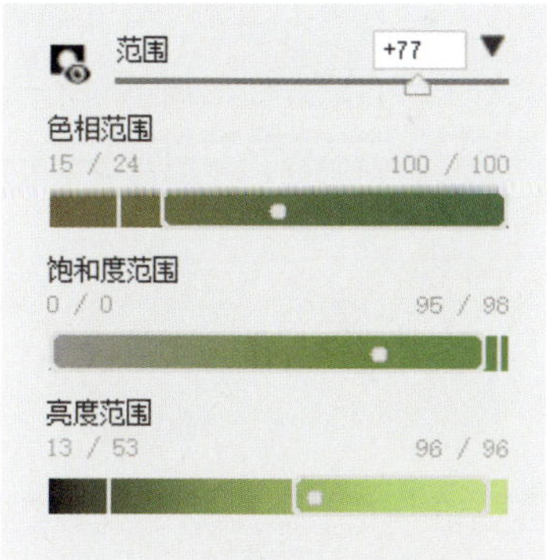

图4.27

图4.28

点颜色的优点是可以快速调整某一处色彩，缺点是没法像“色相”一样，大幅度改变色调，比如将绿色变成红色或青色，而只能在邻近色中进行选择。当然，当在点颜色中取样了某一种颜色并进行调整后，再配合混色器中的色相、饱和度和明度选项，拖动相应的颜色选项，就能进一步增强色调，如图4.29所示是在图4.28的基础上，再在“混色器”中调整数值后的效果。

图4.29

点颜色的另一个缺点是，并不适用于任何照片，当一张照片中的色彩分界不明显时，使用点颜色会影响到画面中其他有取样色彩的区域。以图4.30所示图像为例，当使用吸管工具对衣服处的色彩取样并重新选择颜色后，即使调整了相应的范围选项，仍然可以看到人物的嘴唇及脸颊的色彩也产生了变化，如图4.31所示。

图4.30

图4.31

同样地，如果对人物皮肤取样并改变颜色，又会发现毛绒玩具和衣服的色彩也跟着产生了变化，如图4.32和图4.33所示。

图4.32

图4.33

通过以上示例可以得出，当一张照片中的色彩属于同一个色系的不同亮度、不同饱和度的相近色时，使用点颜色很难得到精准的调整效果，如果一张照片的色彩属于对比色时，使用点颜色调整图像中的某一种色彩时，就不会影响到画面中的其他色彩，就能得到较好的色彩效果。所以点颜色功能适用于调整色彩分明的照片。

4.3 用“颜色分级”调整面板分区调整色彩

“颜色分级”就是旧版本的“分离色调”功能。在调整面板中展开“颜色分级”选项卡，如图4.34所示。在此选项卡中，用户可以分别对高光、中间调及阴影区域调整色彩。

比如在调修日出日落照片时，通常将阴影与高光区域调修成冷暖对比效果，此时就可以使用“颜色分级”来调整。

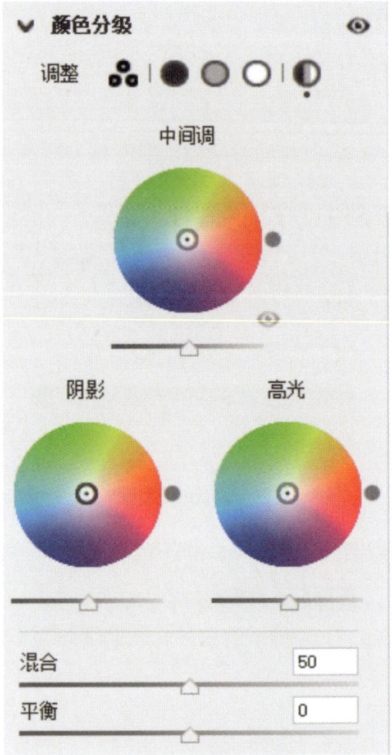

图4.34

在“颜色分级”选项卡中，先在上方选择要调修哪一个区域，如图4.35所示，选择图标为三向模式，即同时显示高光、阴影和中间调三个色轮。选择图标是阴影，选择图标是中间调，选择图标是高光。选择图标是高光为全局，即对画面整体应用调修效果。

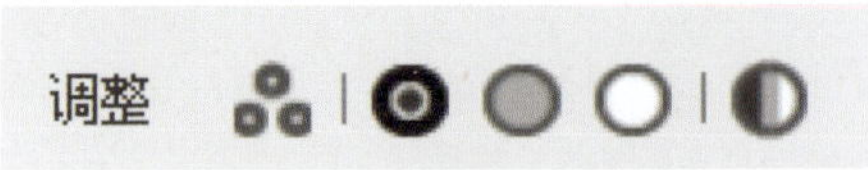

图4.35

不管选择哪个图标选项，在界面中都会显示色轮，用户在调修时，单击色轮中间的点图标不放鼠标，从里向外拖动可以选择饱和度，靠近色轮中间饱和度低，靠近色轮外圈饱和度高。单击色轮外面的点图标不放鼠标，可以选择色彩，图4.36是将高光设置为偏橙色调后的效果，此时的面板如图4.37所示。

图4.36

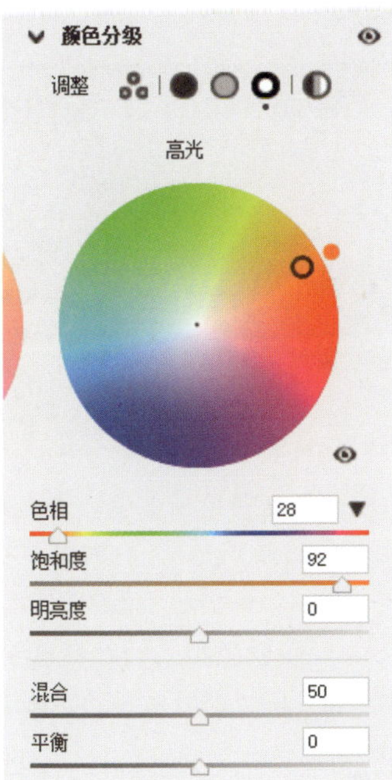

图4.37

除了拖动选择色彩外，还可以调整下方的色相、饱和度和明亮度滑块。还可以调整“混合”和“平衡”两个选项，“混合”选项就是让所调整的区域和没有调整的区域，色彩融合得更自然，减弱断层现象。“平衡”选项是决定画面整体的色调是明还是暗。

4.4 用“校准”调整面板精减或统一画面色调

在调整面板中展开“校准”选项卡，如图4.38所示。在此选项卡中，用户可以调整照片中的阴影的色调，还可以通过调整红原色、绿原色及蓝原色来获得精减色调或统一色调的画面。

图4.38

4.4.1 阴影

最上面的参数为阴影，通过调整“色调”滑块可以使画面的阴影区域色调偏向洋红或绿色调。这个参数只对RAW格式的照片起作用，对其他格式的照片不起作用。

4.4.2 红原色、绿原色和蓝原色

红原色、绿原色和蓝原色三者的色相连起来刚好是一个色轮，当把色轮上的颜色细分出来，可以发现红原色影响的色彩有洋红、粉色、红色、橙色、橙黄。以图4.39所示的图片为例，当将红原色的色相向左滑动，画面中与红原色相关的颜色就会偏向洋红色调，如图

4.40所示，而向右滑动，就会向偏橙色调，如图4.41所示。

图4.39

图4.40

图4.41

绿原色影响的色彩有黄色、黄绿、绿色、淡绿、青绿。当将绿原色的色相向左滑动，画面中与绿原色相关的颜色就会偏向黄色，如图4.42所示，而向右滑动，就会偏向青绿色调，如图4.43所示。

图4.42

图4.43

而蓝原色影响的色彩有青色、青蓝、蓝色、蓝紫、紫色。当将蓝原色的色相向左滑动时，画面中与蓝原色相关的颜色就会偏向青色，如图4.44所示，而向右滑动，就会偏向紫色调，如图4.45所示。

图4.44

图4.45

在知道红、绿、蓝三原色的变化规律后，当我们在调色时想要使画面出现什么色调就将色相往哪个色调偏。

比如将图像调整为青橙色调，那么画面中的红原色就是向右拖动滑块调整色相值，使红原色相关的色彩都变为橙色调，绿原色的色相也是向右调整，使绿原色相关的色彩都变为青绿色调，而蓝原色的色相则是向左调整，使蓝原色相关的色彩都变为青色调，如此调整之后，即可得到如图4.46所示的青橙色调画面。

图4.46

红、绿、蓝三原色都可以调整饱和度。饱和度很容易理解，就是调整色彩的鲜艳度，如果觉得图像的色彩过于鲜艳，不是理想的效果，就可以减少饱和度数值。如图4.47所示是将饱和度减少后的图像效果，此时的“校准”调整面板参数如图4.48所示。

图4.47

图4.48

第 5 章
在 RAW 中使用蒙版

5.1　自动选择主体

在Camera Raw滤镜13.0以上的版本中，它的蒙版功能分为两部分，第一部分是自动选择，可以自动选择主体、天空和背景，第二部分是手动选择。

在Camera Raw滤镜中打开如图5.1所示的人物照片，单击工具栏中的蒙版工具，然后单击“主体”选项，如图5.2所示。

图5.1

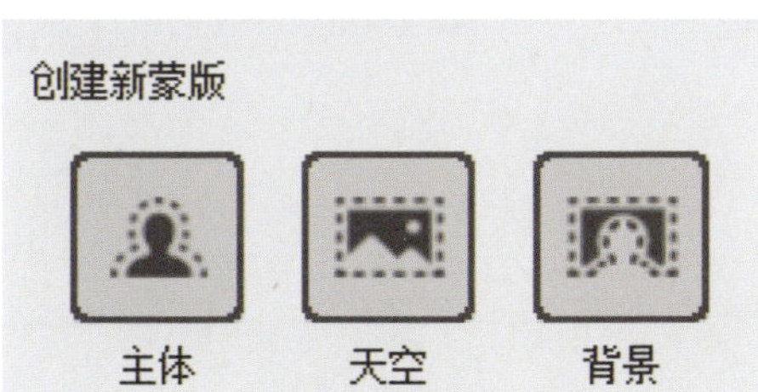

图5.2

经过自动识别，画面中的人物及座椅的一小部分被红色覆盖住了，在这个基础上做手动调整，即可得到一个人形的选区，如图5.3所示。

图5.3

通过示例可知，如果画面中有非常典型的人物或者比较清晰的人物，自动创建的选区大部分比较准确。当自动识别完成以后，会自动弹出蒙版的控制面板，如图5.4所示，在面板中，用户可以根据自己的需要设置叠加颜色为绿色、蓝色、红色，然后显示或者隐藏。

图5.4

如果单击面板右下角的三个点···，可以以更多的方式来帮助用户判断到底选择了哪里，如图5.5所示。比如设置为没有被选择中的区域，都显示为黑白、或黑色、或白色。利用黑白对比的形式来帮助用户更好地观察所识别的区域。

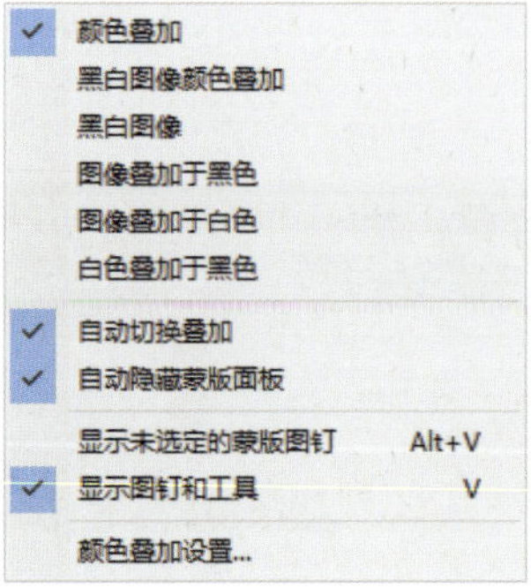

图5.5

通过观察明暗对比图，可以将识别到的多余区域或者没有识别到的区域，选择“减去”或“添加”选项，在显示的列表中选择画笔工具，手动减去或添加选区，从而得到精确的选区效果。

5.2 自动选择天空

上一节讲解了选择主体的操作方法，这一节讲解选择天空的操作方法。

在Camera Raw滤镜中，单击工具栏中的蒙版工具 ，然后单击“天空”选项，即可对当前打开的照片进行自动识别天空，与识别主体不同，识别天空的准确率要高，大部分情况下，经过运算以后，可以得到一个相对精确的选区。笔者建议选择“黑白图像”模式来进行预览，在这种预览模式下，显示为白色的区域表示100%被选中了，而灰色区域表示部分被选中，黑色区域表示完全被选中，用户能够非常准确地判断出选区在哪些地方。

以图5.6所示的照片为例，它的云彩其实也算天空，但是自动选择后，这部分区域没有过多被选择中，如图5.7所示，通过这样的对比，用户就能够看得特别精确，当然，这个选择已经非常不错了，通过简单地对天空选区调整白平衡或者饱和度，就能得到不错的效果。

图5.6

图5.7

下面以图5.8所示的照片为例，看一下使用慢速快门拍摄的照片，自动选择天空的准确率。

图5.8

如图5.9所示为选择天空后的效果，可以看出即使画面中物体一定的模糊效果，也是做出了非常准确的选择，包括非常细的钢丝线，通过这个前后对比，能体现出AI人工智能计算的强大。然后就可以在这个基础上，在右侧参数栏中，调整色温数值对天空进行色彩处理。

图5.9

在当前情况下，实际上已经得到了天空的选区，如果想要调修地面怎么办？在“蒙版1”面板上单击鼠标右键，选择“复制‘蒙版1’”选项，然后单击鼠标右键，选择“反相”选项，即为选中地面景物了，然后将色温调向暖色调，曝光稍微提升一些，通过这么快速的调整，这张照片的调修基本上就完成了，效果如图5.10所示。

图5.10

5.3　自动选择背景

在Camera Raw滤镜中，单击工具栏中的蒙版工具，然后单击“背景”选项，即可对当前打开的照片进行自动识别背景，与识别天空不同，识别背景可以包括但不限于天空背景，以图5.11所示的照片为例，进行自动识别背景操作后，天空、海面和地面均被选中了，如图5.12所示。

图5.11

图5.12

下面以图5.13所示背景较为复杂的照片为例，来看一看自动选择背景的准确性。如图5.14所示为自动识别背景、并将叠加颜色设置为蓝色以后的效果，通过画面可以看出，背景中的荷花和草丛都被选中，但是模特手中拿着的荷花的叶柄部分也被选中了，还有前景处的荷花也被选中了，在这种情况下，还需要手动减去这些区域的选择。不过总体而言，自动识别背景的准确率还是非常高的。

图5.13

图5.14

5.4 物体蒙版

从Camera Raw 15.4开始，在蒙版中提供了物体蒙版，如图5.15所示。单击“物体”选项后，会显示如图5.16所示的参数界面。

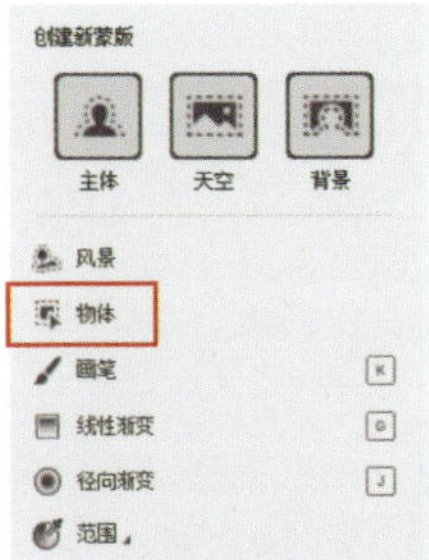

图5.15

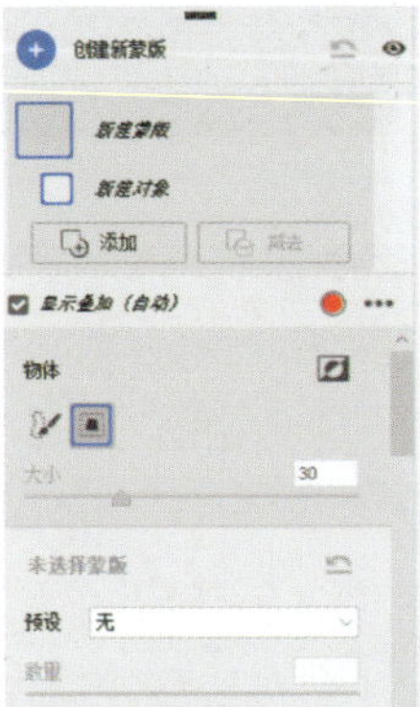

图5.16

创建物体蒙版有两种操作方法，第一种是单击选择画笔工具，大致涂抹物体的区域，会自动创建一个比较精确的蒙版，如图5.17所示。

图5.17

第二种是单击选择矩形工具，框选住画面中的物体，会自动创建一个精确一些的蒙版，如图5.18所示。

图5.18

使用第一种方法灵活度要高一些，但会存在漏选的情况，通过图5.17可以看出，鸟的翅膀和肚子有一部分没有被选中；而使用第二种方法更为快捷，但同样存在漏选情况。

除了这两种方法外，单击创建新蒙版图标，在弹出的列表中选择“选择主体”选项，也能比较完美地创建蒙版，如图5.19所示。

图5.19

下面简单讲解一下物体蒙版的应用。

(01) 打开随书所附素材“第 5 章\5.4- 素材 .cr2”，如图 5.20 所示，以启动 Camera Raw 滤镜。

图5.20

(02) 单击蒙版工具，选择“物体”选项，进入蒙版参数栏，选择矩形工具框选水鸟，创建得到蒙版 1，如图 5.21 所示，图像效果如图 5.22 所示。

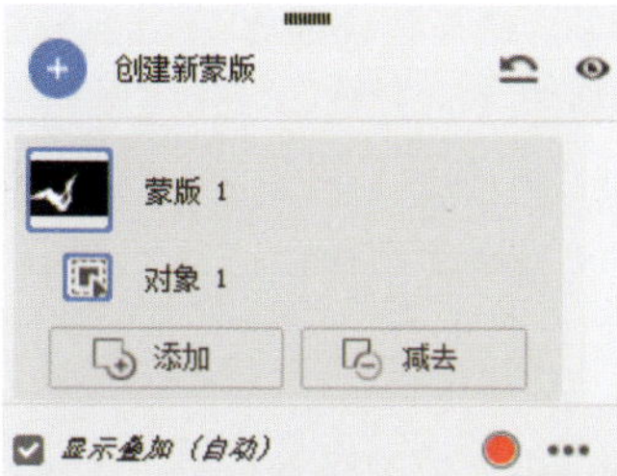

图5.21

图5.22

（03） 创建的物体蒙版水鸟有一区域没有被选中，需要将此区域添加进蒙版。单击蒙版面板中的“添加”选项，在弹出的列表中选择“画笔”选项，如图 5.23 所示，涂抹未选中的区域，得到如图 5.24 所示的效果。

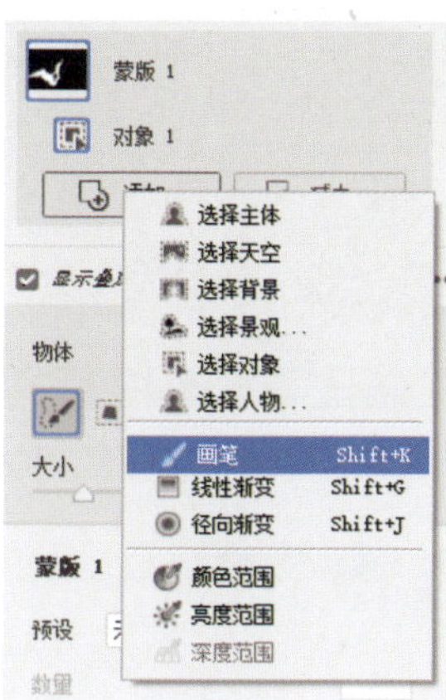

图5.23

图5.24

（04） 单击创建新蒙版图标，在弹出的列表中选择“线性渐变”选项，如图 5.25 所示。在水面区域由下至上拉出一个如图 5.26 所示的渐变蒙版，即蒙版 2。

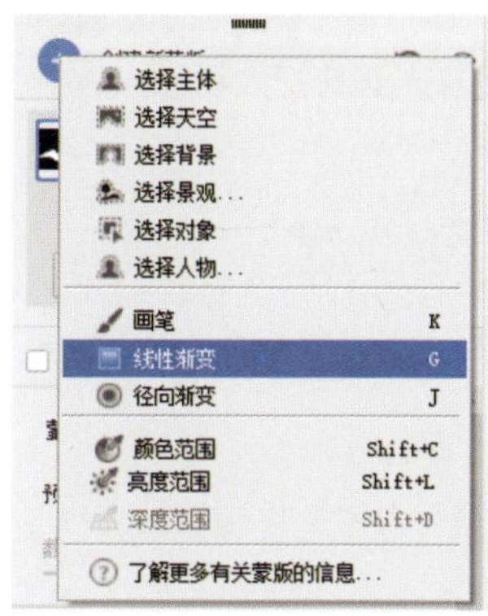

图5.25

图5.26

（05） 接下来要减去主体，单击蒙版面板中的“减去”选项，在弹出的列表中单击“选择主体”选项，如图 5.27 所示，将鸟儿从蒙版 2 中减去，如图 5.28 所示。

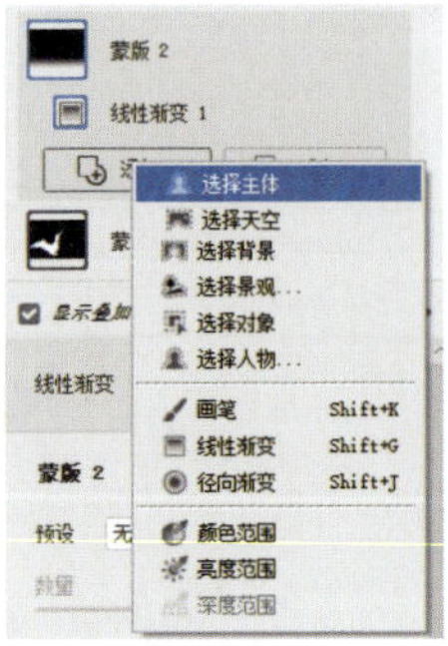

图5.27

图5.28

（06）此时可以调整水面的色彩了，下拉参数栏，展开“颜色”选项界面，调整参数如图 5.29 所示，得到如图 5.30 所示的效果。

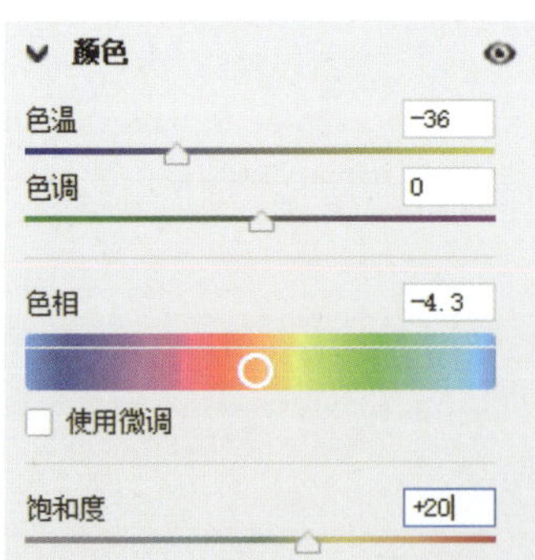

图5.29

图5.30

（07）还可以调整水鸟羽毛的锐度，切换选择“蒙版 1”，然后下拉参数栏，展开“细节”选项界面，调整参数如图 5.31 所示，图 5.32 所示为调整锐度后的局部效果，最终整体效果如图 5.33 所示。

图5.31

图5.32

图5.33

5.5 人物蒙版

Camera Raw15.4版本后提供了强大的人物蒙版功能，可以根据人物的各个部位，自动生成蒙版，如头发、皮肤、衣服等部位的蒙版，方便用户选择相应的蒙版做调整，而不用像以往的版本，一一手动去创建蒙版。

单击蒙版工具，进入蒙版界面，下方会显示人物选项，此时软件会自动识别人物，单击人物缩略图，可以展开面板，下方会显示蒙版类型，如图5.34所示，用户可以根据需要勾选相应的部位蒙版。

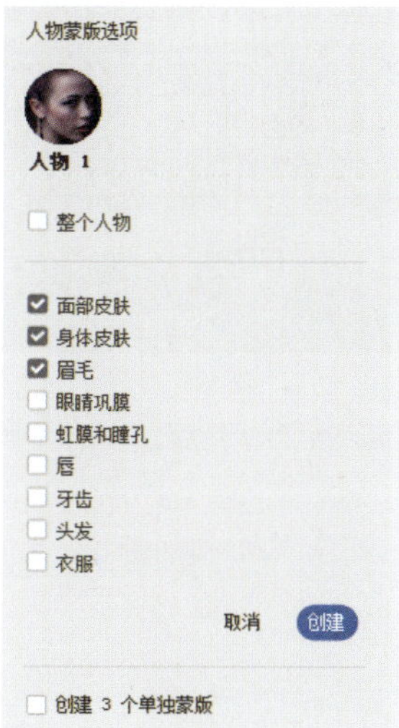

图5.34

一般推荐把所有的选项都选中，然后勾选下方的“创建N个单独蒙版”选项，再单击创建图标，这样就可以一次性把人物图像中的各个部位全部创建了蒙版，方便接下来的操作，如果想要对眼睛进行修饰处理，选择眼睛蒙版即可。

如果不需要单独对某一部位进行修饰，而是需要整体修饰，则可以不勾选下方的“创建N个单独蒙版”选项。以图5.35所示的人物为例，需要对脸部整体提亮，在创建蒙版时，除了服饰和头发不选择，其他的选项都要勾选，然后单击创建，得到一个蒙版，如图5.36所示，接着在调整曝光数值提亮皮肤时，就统一且快速，调整后的效果如图5.37所示。

图5.35

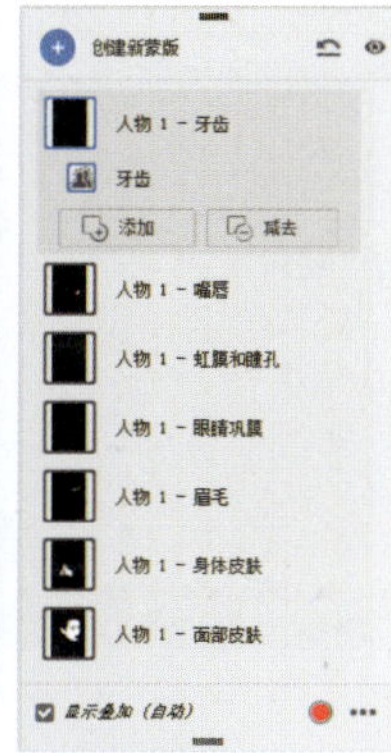

图5.36

图5.37

下面讲解在Camera Raw中创建头发蒙版，与在Photoshop中利用“选择并遮住”功能选择头发的效果对比。

这两个功能哪个强哪个弱，在此简单对比一下，以图5.38所示的照片为例，在Camera Raw的人物蒙版选项界面中创建一个头发蒙版，如图5.39所示。

图5.38

图5.39

通过观察图5.39所示的蒙版效果，可以看出，人物大部分头发呈现红色，表示被选中，少部分有些灰色的，表示没有被选中。

而在Photoshop中利用“选择并遮住”功能，选中头发的效果如图5.40所示，可以看出来，下方的头发与背景混在一起，没有区分开来。

图5.40

当然，在Photoshop中利用通道功能，能够更好地分离出头发与背景，但是此方法比较复杂，对于不了解通道原理的用户来说，还是在Camera Raw一键创建头发蒙版更为方便、快捷。通过上面的对比，针对头发的选择，建议在Camera Raw中创建蒙版并进行调整。

5.6 色彩范围

下面讲解蒙版功能中“色彩范围”选项的用法。

以图5.41所示的照片为例，如果想将前景中两棵偏黄一点的树创建选区，首先就需要对其进行色彩对比。

图5.41

打开Camera Raw滤镜，单击工具栏中的蒙版工具，然后单击选择“范围”选项，在弹出的列表中选择“色彩范围”选项，如图5.42所示。

图5.42

对偏黄的树木点一下，被选中的区域即变为白色，设置右侧参数栏中“调整”数值，如图5.43所示，可以更精准地框选出树木，如图5.44所示。

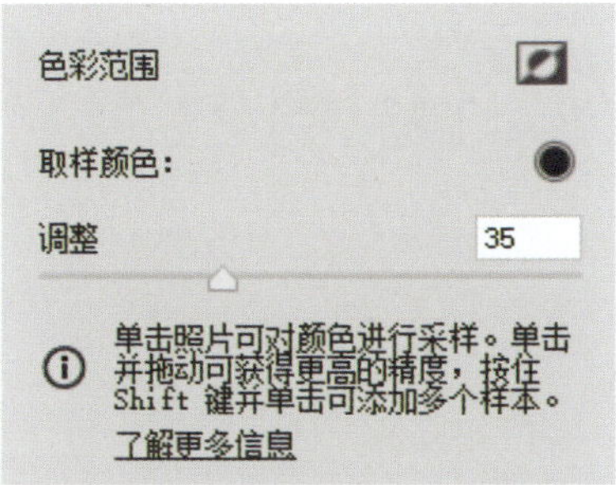

图5.43

图5.44

提示

如果自己的预览图像跟此处不一致，可以单击…图标在显示的列表中选择“白色叠加于黑色”“自动切换叠加”和“显示图钉和工具”选项。选择“白色叠加于黑色”的优点就是，白色代表选中的区域，黑色代表没有选中的区域，灰色代表没有选中特别彻底，有一定透明度，这样的黑白对比能让预览一目了然。

5.7 亮度范围

下面讲解蒙版功能中“亮度范围”选项的用法。

仍以上一小节的照片为例，在Camera Raw滤镜，单击工具栏中的蒙版工具，然后单击选择“范围”选项，在弹出的列表中选择“亮度范围”选项，如图5.45所示。

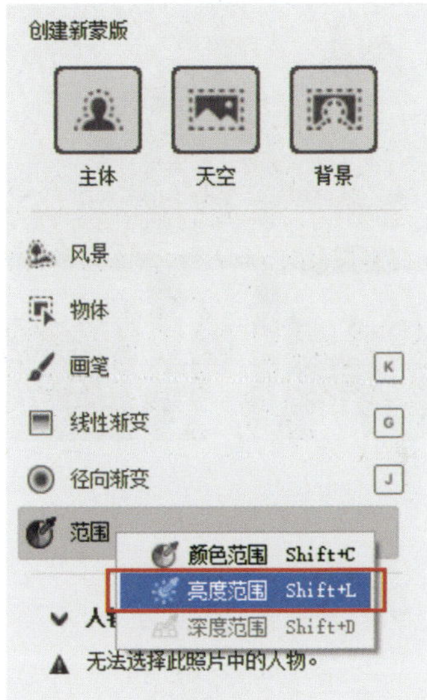

图5.45

对画面中的湖面单击一下，白色区域代表被选中，通过右侧的“选择明亮度”选项，如图5.46所示，可以调整明亮度容差，来更好地控制选区。比如想要选中亮一点的区域或者选择暗一点的区域，就扩大或缩小它的范围，然后还可以去控制渐变范围，如果将左右两边白色拖得越长，代表渐变范围向外扩展的羽化的范围就更加大，反之，就会更加精确和小一些，效果如图5.47所示。

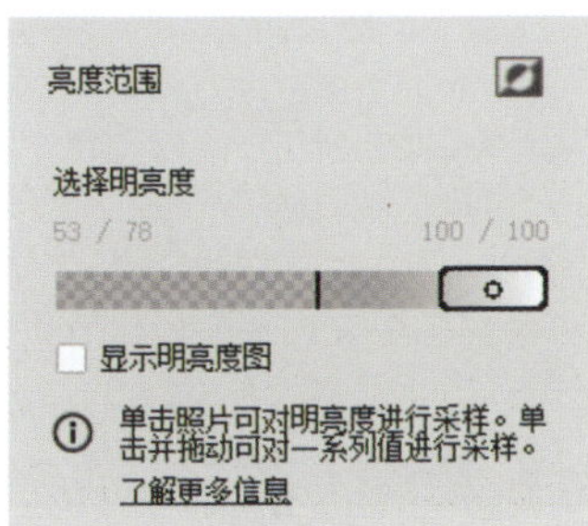

图5.46

图5.47

5.8 画笔

下面讲解在蒙版功能中利用“画笔”涂抹创建选区的操作方法。

以图5.48所示的照片为例，在Camera Raw滤镜，单击工具栏中的蒙版工具，然后单击选择“画笔”选项，如图5.49所示。

图5.48

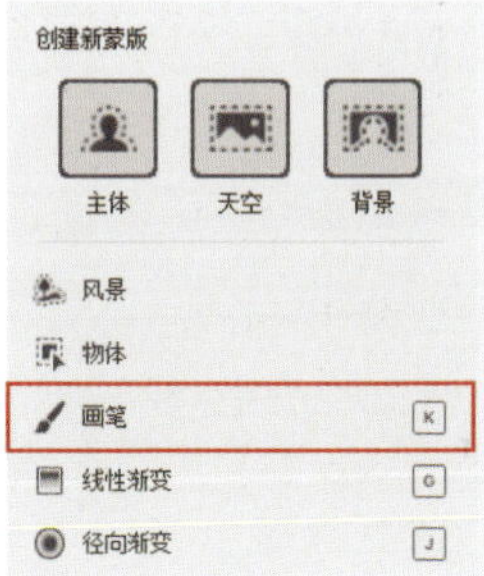

图5.49

在画笔面板中，用户可以调整画笔的大小、羽化、流动和浓度选项，如图5.50所示，这些都与Photoshop中画笔工具用法一致，值得一提的是“自动蒙版”选项，如果勾选了“自动蒙版”选项，它能够依据画笔带过的区域创建一个更加精确的蒙版。比如，用画笔沿着沙漠的边缘绘制，则绘制的区域不会超出沙漠的边缘，因为沙漠边缘跟其他区域相差非常多，所以自动蒙版功能能帮助用户判别图像的边缘在什么地方，从而得到非常精确的选区，也容易控制，如图5.51所示。

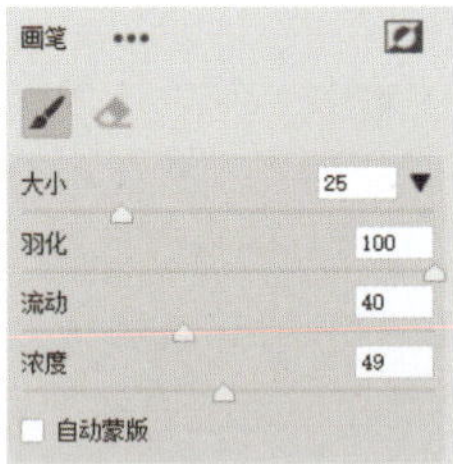

图5.50

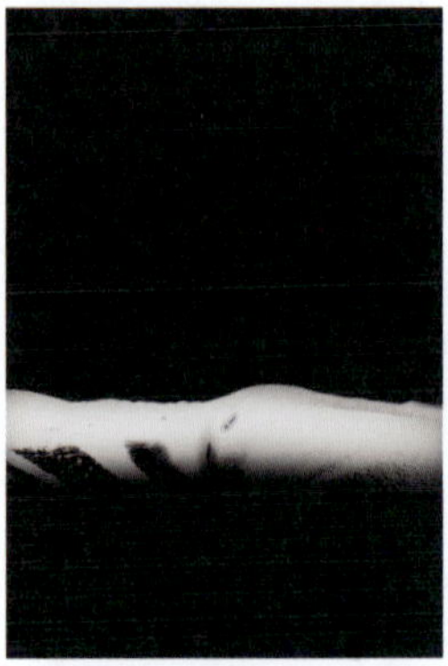

图5.51

5.9　径向渐变与线性渐变

在Camera Raw滤镜中，单击工具栏中的蒙版工具，然后单击选择“径向渐变”或“线性渐变”选项，如图5.52所示，即可调出径向渐变或线性渐变的参数栏。

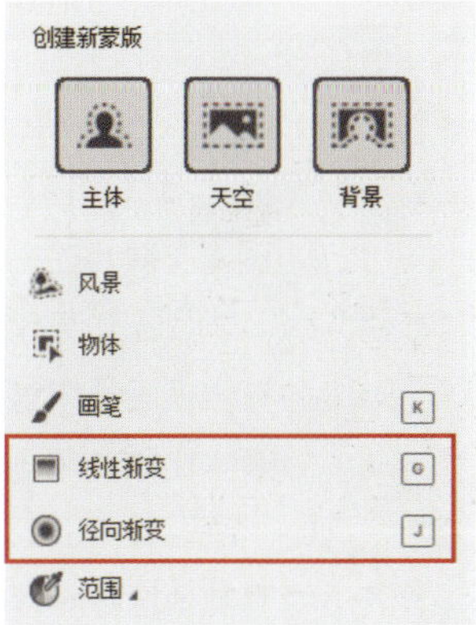

图5.52

径向渐变很容易理解，选择“径向渐变”选项后，对画面中需要创建径向渐变的区域拖拽，即可创建出类似如图5.53所示的选区。

图5.53

此时可以通过右侧的参数选项，如图5.54所示，来调整该选区内的曝光、颜色、效果及细节等，如图5.55所示为调整曝光+4后的效果。

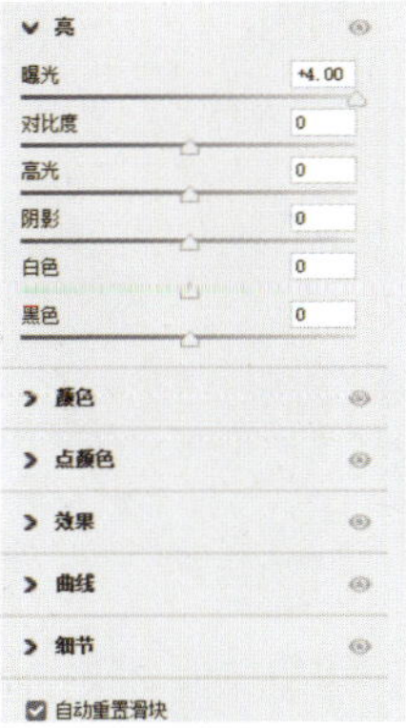

图5.54　图5.55

“线性渐变”的操作方法、控制参数与“径向渐变”相同，不同的是，它创建的区域是从上到下的渐变范围，如图5.56所示，这种渐变方式常用于调修天空景物与地面景物曝光相差明显的照片，通过在天空或地面区域创建一个选区，进行局部的调修处理，如图5.57所示为增加天空区域曝光亮度后的效果。

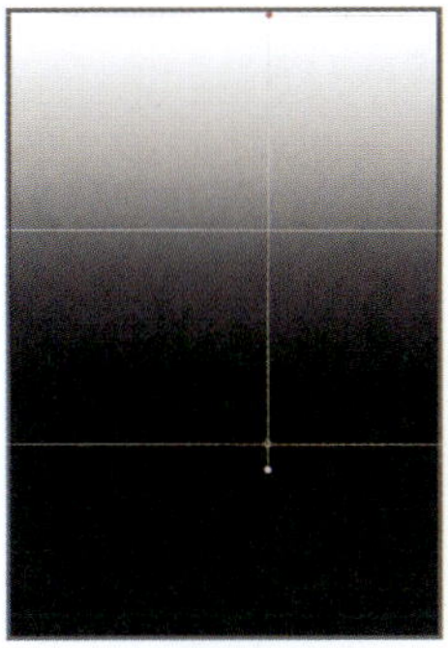

图5.56　图5.57

第6章 写真人像照片调修

6.1　用镜头模糊功能拯救逆光下曝光过度的人像照片

本案例讲解在Camera Raw滤镜中，利用镜头模糊功能，虚化杂乱的背景并模拟出大光圈拍摄时的光斑效果，再综合调整画面的曝光与细节，案例使用到了镜头模糊、亮及细节调整面板，以及人物蒙版和线性蒙版等功能，使曝光过度的废片最终呈现出较为满意的效果。

(01) 打开随书所附素材“第 6 章\6.1-素材 .CR2”，如图 6.1 所示，以启动 Camera Raw 滤镜。

图6.1

通过原片可以看出，画面中水面和天空都严重曝光过度，呈现无细节的一片白。所以首要解决的问题就是过曝。

(02) 展开“亮”选项卡，减少高光和白色数值，如图 6.2 所示。减弱过曝区域的亮光，尽可能地恢复一些细节，得到如图 6.3 所示的图像效果。

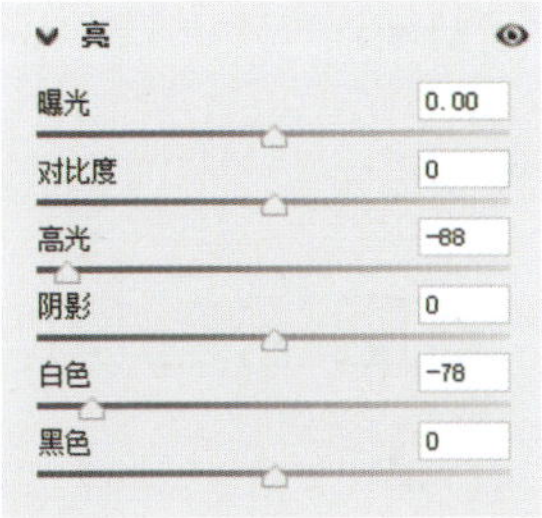

图6.2

图6.3

(03) 展开“镜头模糊”选项卡，勾选“应用”选项，自动应用完成后，调整“模糊量”数值如图 6.4 所示，使背景中杂乱的柳枝变模糊，让画面看起来不那么凌乱，如图 6.5 所示。

图6.4

图6.5

(04) 散景选择“环形”样式，然后单击选择图标，自动识别人物主体，而背景虚化为环形光斑效果，调整“散景增强”参数为 11，如图 6.6 所示，得到如图 6.7 所示的图像效果。

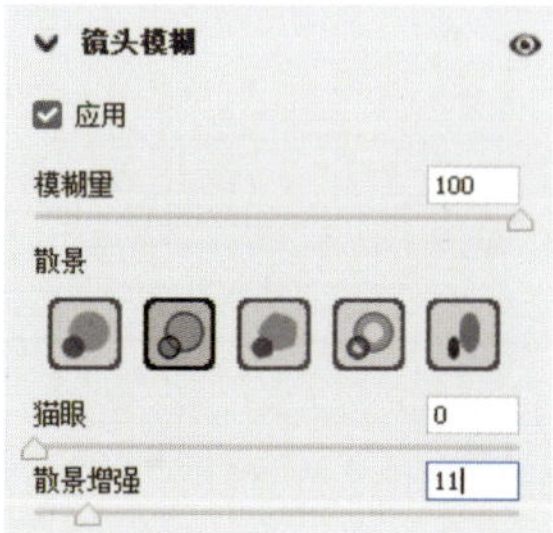

图6.6

图6.7

（05）拖动焦距选择框将景深调小，但是 Camera Raw 滤镜并不能精确地选择头发边缘，如图 6.8 所示有些头发是模糊的，此时需要放大显示头部区域画面，使用聚焦画笔对模糊的头发进行涂抹，使其清晰地呈现，直至得到如图 6.9 所示的图像效果。

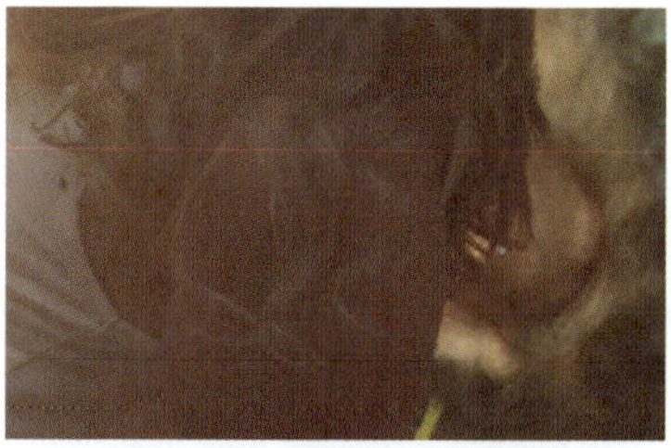

图6.8

图6.9

（06）选择蒙版工具，然后选择“人物”选项，以识别画面中的人物并创建整个人物蒙版，如图 6.10 和图 6.11 所示。

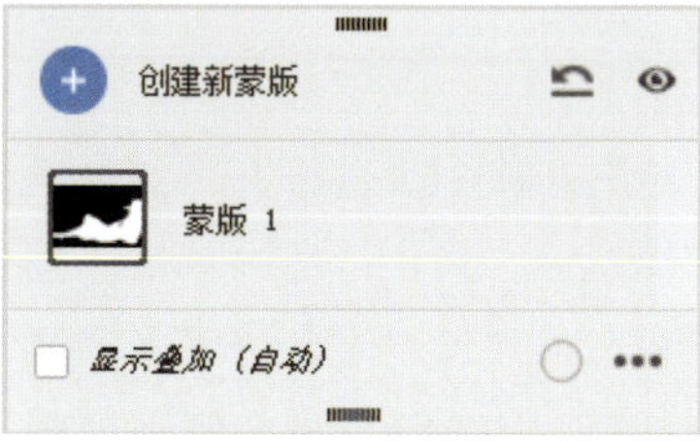

图6.10

图6.11

提示

勾选“显示叠加”选项可以更直观地了解蒙版覆盖的画面，还可以选择与画面色彩对比明显的显示颜色。

（07）创建蒙版后，在“亮”选项卡中适当增加一点曝光，如图 6.12 所示。

图6.12

（08）由于素材照片是逆光拍摄的，逆光照片多少有些光晕，这也就致使人物显得有些模糊，就需要增强人物的清晰度，在“效果”选项卡中调整“去除薄雾”和“清晰度”参数如图 6.13 所示，得到如图 6.14 所示的图像效果。

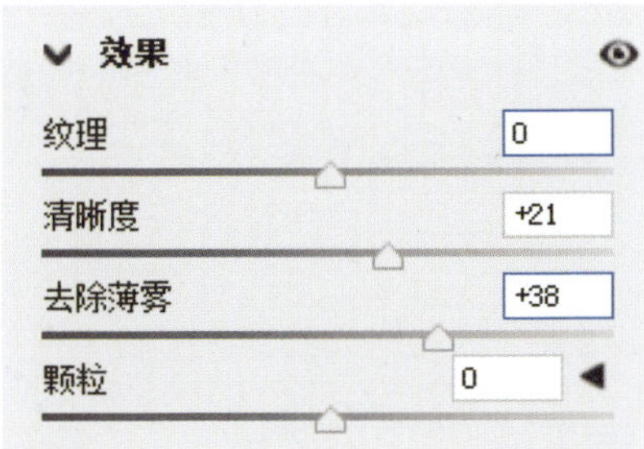

图6.13

图6.14

(09) 调整完成后，人物的阴影区域略微有点暗，需要适当提高一下阴影，在“亮”选项卡中调整“阴影”参数如图 6.15 所示，得到如图 6.16 所示的图像效果。

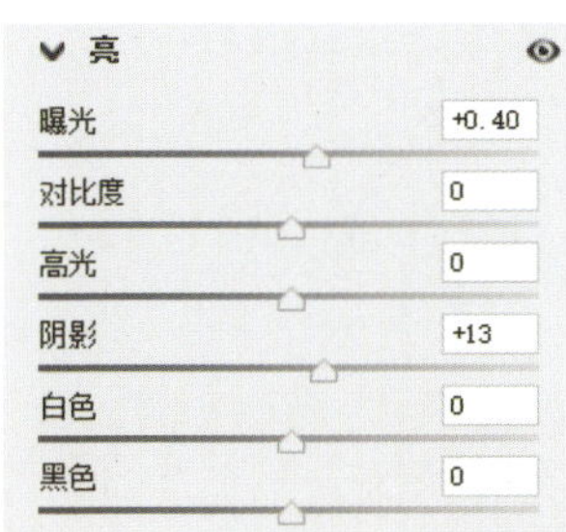

图6.15

图6.16

(10) 经过前面的调整后，画面中的噪点也会更明显，接下来就要对画面降噪，在“细节”选项卡中调整“减少杂色”参数如图 6.17 所示。

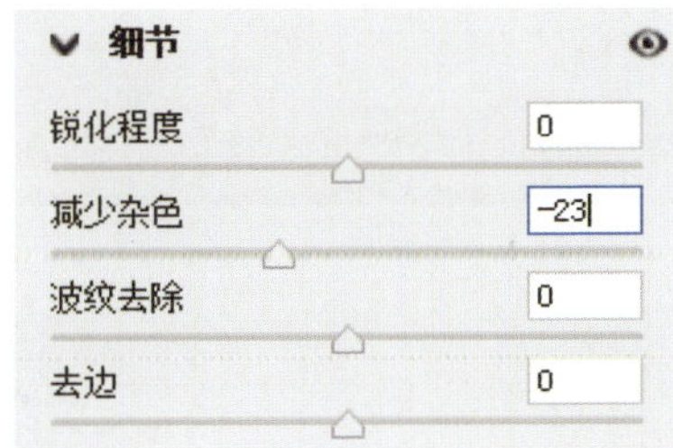

图6.17

(11) 为了得到更好的降噪效果，还可以单击编辑工具 退出蒙版编辑界面，展开“细节”选项卡，单击“去杂色”选项，对画面执行 AI 智能降噪，如图 6.18 所示，降噪后的局部图如图 6.19 所示。

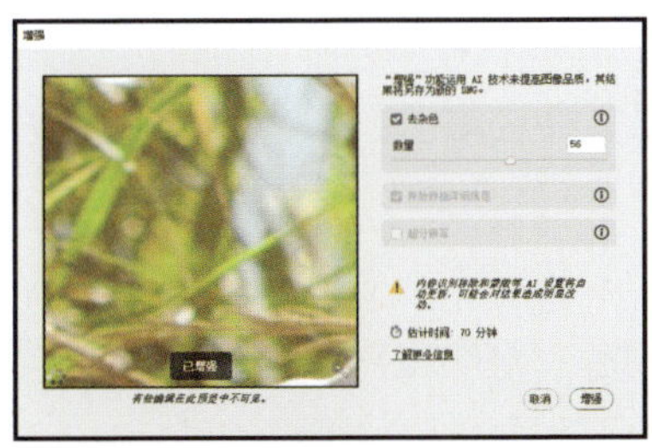

图6.18

图6.19

(12) 此时观察整体画面，发现人物身体与地面接触的那些区域是很能模糊的，这样的效果不自然，需要将这些区域恢复清晰。展开“镜头模糊”选项卡，单击选择清晰画笔，对这些模糊的区域进行涂抹，使其恢复清晰。

涂抹前后的对比效果如图 6.20 和图 6.21 所示。

图6.20

图6.21

（13） 同时还发现画面的前景地面太亮了，这样不符合逆光的拍摄效果，需要将地面适当压暗一些，单击蒙版工具，然后单击创建新蒙版图标，选择“线性渐变”选项，在地面处由下到上拉一条线性渐变，如图 6.22 所示。

图6.22

（14） 然后调整“亮”选项卡中的各项参数如图 6.23 所示，再在“曲线”选项卡中调整曲线如图 6.24 所示，得到如图 6.25 所示的图像效果，最终的整体图像效果如图 6.26 所示。

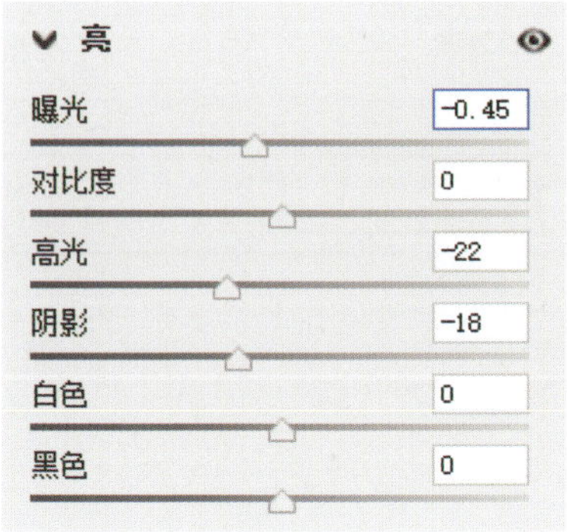

图6.23

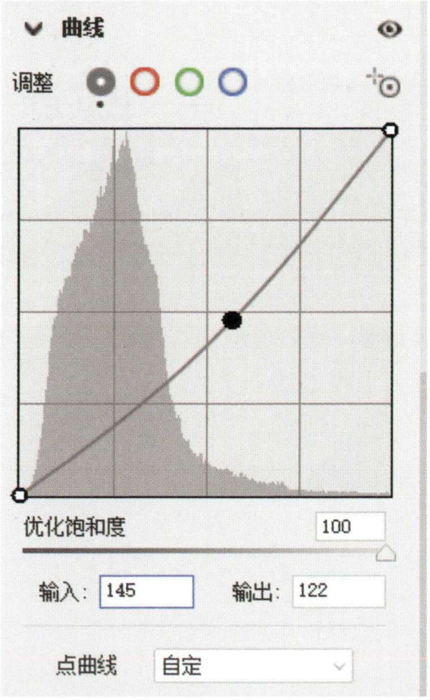

图6.24

图6.25

图6.26

6.2 用蒙版功能制作油画风格儿童照片

本案例讲解在Camera Raw滤镜中，利用蒙版功能，综合调修室内儿童照片，包括调整头发、柔滑皮肤、提亮眼睛、修饰面部使其变立体及添加光效等复杂的选区操作，使照片最终呈现出油画般的效果。

(01) 在 Photoshop 中打开素材文件夹中的“第 6 章\6.2- 素材 .jpg”，如图 6.27 所示，选择背景图层，单击鼠标右键选择“转换为智能对象”选项，然后执行“滤镜”|“Camera Raw 滤镜”命令，以打开 Camera Raw 滤镜。

图 6.27

(02) 稍微放大素材照片，首先给照片做一个主体的控制，单击工具栏中的蒙版工具 ，然后单击选择“主体”选项，以自动创建一个基于主体的蒙版选区，如图 6.28 所示。

图 6.28

(03) 接下来对蒙版选区的图像做修饰处理，在“亮”选项卡中适当提升“曝光”选项的数值，使皮肤显得通透一些，如图 6.29 所示。然后在“效果”选项卡中降低“纹理”和“清晰度”选项的数值，如图 6.30 所示，使皮肤变得柔滑，头发也不显得那么毛躁，调整后的效果如图 6.31 所示。

图 6.29

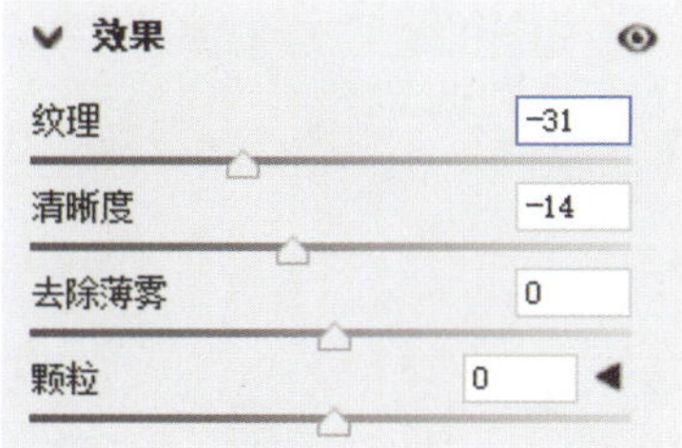

图 6.30

图 6.31

（04） 接下来需要对手部进行提亮和提升立体感处理，单击“创建新蒙版”选项，选择“画笔”选项，设置“画笔”的参数，如图 6.32 所示，然后用画笔将手部的受光区域涂抹选中，如图 6.33 所示。

图 6.32

图 6.33

（05） 展开“亮”选项卡，调整“曝光”选项的数值，如图 6.34 所示，以提升上一步手部蒙版区域的亮度，得到如图 6.35 所示的效果。

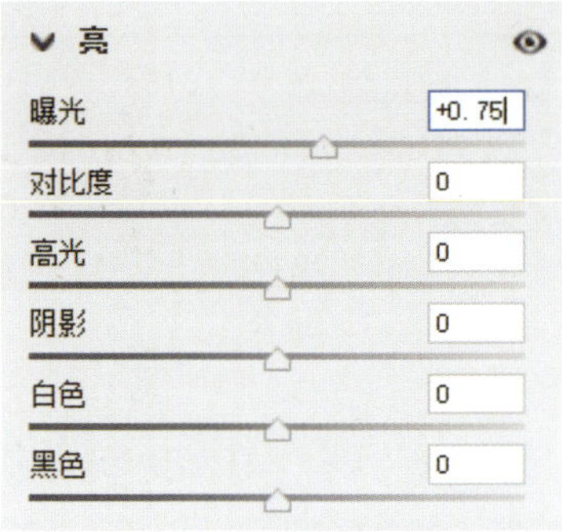

图 6.34

图 6.35

（06） 继续用画笔涂抹的方式，对面部的受光面、手掌的受光区域、衣服等进行涂抹，让这些区域稍微提亮一些，得到如图 6.36 所示的效果。

图 6.36

提示

在涂抹手掌受光区域和衣服时，可以适当减少画笔的“流动”选项数值，让画笔的作用降低一些。

(07) 单击“创建新蒙版”选项，选择“画笔”选项，以创建蒙版 3，针对头发区域提升质感和光泽感，设置画笔参数并勾选“自动蒙版”选项，如图 6.37 所示。用画笔涂抹头发的受光亮，如图 6.38 所示。

图 6.37

图 6.38

(08) 展开“亮”选项卡，调整“曝光”和“高光”选项的数值，如图 6.39 所示，以提升这部分区域的光泽感，然后用画笔把头发其他小的受光面也依次涂抹一下，得到如图 6.40 所示的效果。

图 6.39

图 6.40

(09) 接下来针对头发调整色彩，单击创建新蒙版图标，在弹出的列表中选择“色彩范围”选项，对头发区域单击吸取颜色，然后设置“调整”数值为 35，得到如图 6.41 所示的效果。

图 6.41

(10) 观察上图可以看出，头发的选取范围过大，需要减去不需要的范围，单击“减去”选项，选择“画笔”选项，设置画笔参数如图 6.42

所示，用画笔将头发以外的区域都减去，得到如图 6.43 的选区。

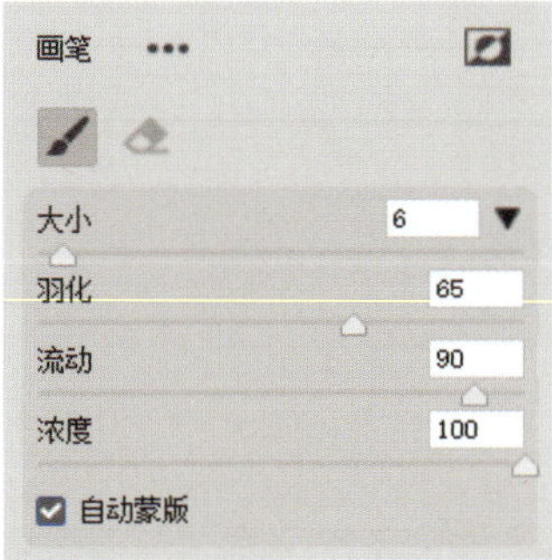

图 6.42

图 6.43

(11)展开“颜色”选项卡，分别调整“色温”数值，如图 6.44 所示，从而让头发的颜色更加金黄一些，如图 6.45 所示。

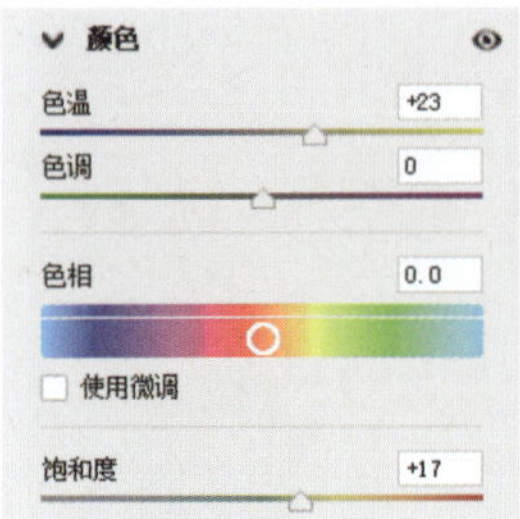

图 6.44

图 6.45

(12)在“亮”选项卡中适当减少“曝光”数值如图 6.46 所示，让头发的颜色更加好看一些，如图 6.47 所示。

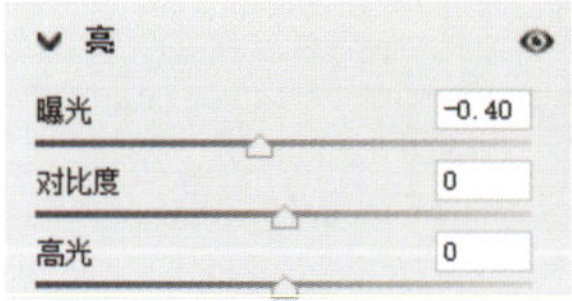

图 6.46

图 6.47

接下来针对小兔子进行修饰处理，为了让整个画面显得更具童话色彩，小兔子的颜色需要处理得白一些。

(13)单击创建新蒙版图标，然后单击选择“选择主体”选项，以创建蒙版 5，然后单击主体 1 边上的三个点图标，选择“蒙版交叉对象”-“径向渐变”选项，如图 6.48 所示，然后对小兔子画一个圈，只选中小兔子，如图 6.49 所示。

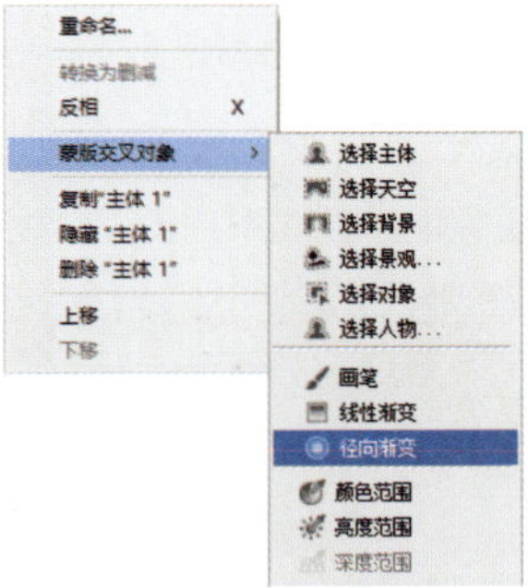

图 6.48

图 6.49

(14) 展开“颜色”选项卡，调整“色温”数值为 -23，让小兔子变得更白一些，展开“效果”选项卡，调整“纹理”和“清晰度”的数值，然后展开“细节”选项卡，如图 6.50 所示，调整“锐化程度”的数值，如图 6.51 所示，调整后的效果如图 6.52 所示。

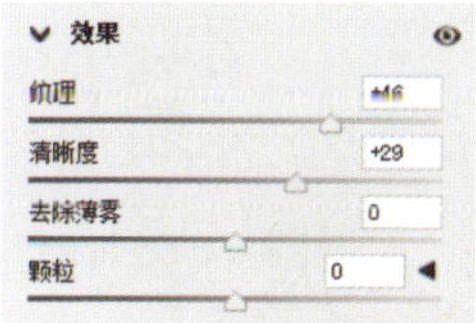

图 6.50

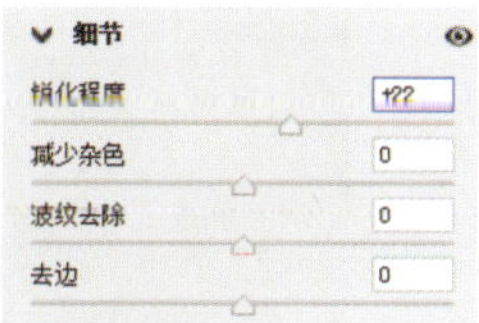

图 6.51

图 6.52

(15) 观察图像发现小兔子耳朵有点偏黑，可展开“亮”选项卡，适当提升“阴影”和“黑色”的数值，如图 6.53 所示，调整后的效果如图 6.54 所示。

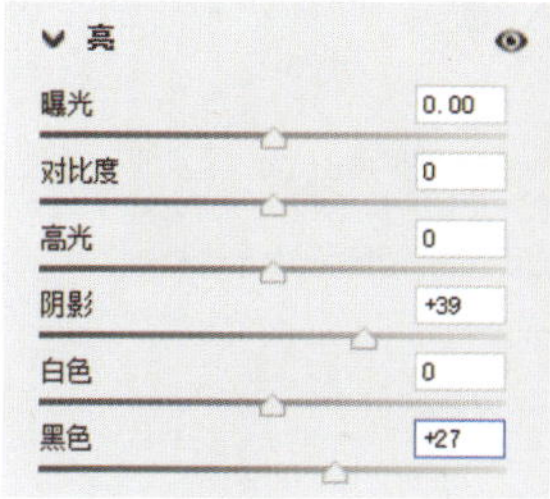

图 6.53

图 6.54

(16) 接下来对女孩的眼睛部分做调整。单击创建新蒙版图标，然后单击选择“径向渐变”选项，创建一个选中眼睛的渐变圆框，如图 6.55 所示。

图 6.55

(17) 展开“亮”选项卡，分别调整“曝光”“对比度”和“黑色”的数值，如图 6.56 所示。展开“效果”选项卡，调整“清晰度”的数值，如图 6.57 所示，调整后的效果如图 6.58 所示。

图 6.56

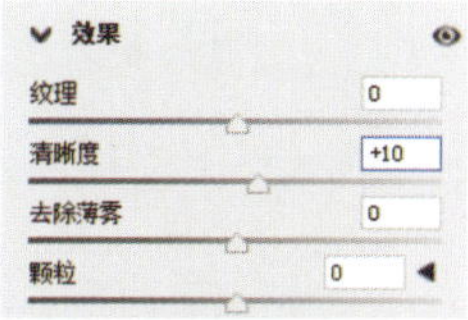

图 6.57

图 6.58

(18) 在选中眼睛径向渐变框的情况下，单击鼠标右键，选择“复制径向渐变 1”选项，将复制出来的径向渐变框覆盖到另一只眼睛上，这样上一步所调整的参数就应用到另一只眼睛上了。如图 6.59 所示。

图 6.59

(19) 接下来，要增强背景左上角的光影效果。单击“创建新蒙版”选项，然后单击选择“径向渐变”选项，创建一个狭长的椭圆形渐变框。放置的位置与角度如图 6.60 所示。

图 6.60

(20) 分别调整“曝光”和“色温”选项，如图 6.61 所示，得到如图 6.62 所示的效果。

图 6.61

图 6.62

(21) 通过上面的效果图可以看到，光束覆盖在人物和小兔子面部上了，需要将覆盖脸部的区域去除。单击“减去”选项，然后选择“选择主体”选项，得到如图 6.63 所示的效果。

图 6.63

(22) 在蒙版 7 面板中选择“径向渐变 1”，然后单击鼠标右键，选择“复制径向渐变 1”选项，适当调整复制出来的径向渐变框的大小和位置，使光束形成面的感觉，得到如图 6.64 所示的效果。

图 6.64

(23) 观察上一步的效果图可以看到，女孩右下角的床单也有被光整覆盖住，需要减去这一部分，单击“减去”选项，再选择“画笔”选项，适当调整画笔大小，将覆盖光束的床单部分涂抹掉，如图 6.65 所示。

图 6.65

（24）接下来需要模拟出逆光下毛发边缘发光的效果，单击创建新蒙版图标⊕，然后选择“画笔”选项，适当调整画笔的大小，用画笔对光束所在的毛发边缘进行涂抹，如图 6.66 所示。

图 6.66

（25）经过上一步的选择后，还需要得到一个精确的选区，在蒙版 8 下面的画笔 1 旁边的三个小点图标，选择“蒙版交叉对象”—“选择主体”选项，得到如图 6.67 所示的选区。

图 6.67

（26）分别调整“曝光”和“色温”选项，如图 6.68 所示，然后调整“效果”选项卡中的“去除薄雾”数值，如图 6.69 所示。

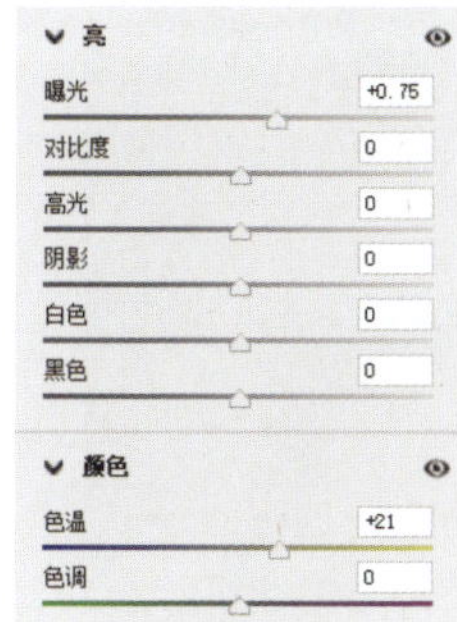

图 6.68

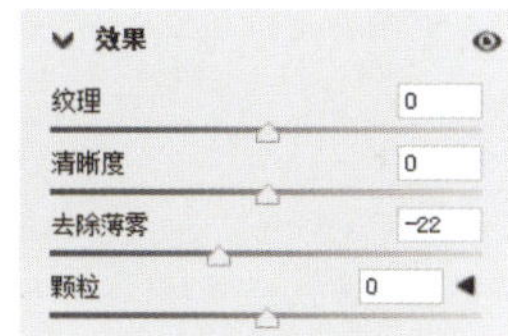

图 6.69

（27）此时还可以通过修改选区来减少毛发边缘的发亮范围，单击“减去”图标，选择“画笔”选项，用画笔涂抹掉不需要的区域，得到如图 6.70 所示的效果。

图 6.70

（28）最后在编辑中，对画面整体适当调整曝光和阴影的数值，如图 6.71 所示，最终的效果如图 6.72 所示。

图 6.71

图 6.72

6.3 使用人像蒙版磨皮、美化面部

本案例讲解在Camera Raw滤镜中，利用人物蒙版功能创建蒙版，然后对人物进行磨皮、美化的修饰处理。

(01) 在 Photoshop 中打开素材文件夹中的“第 6 章\6.3- 素材 .NEF”，如图 6.73 所示，以打开 Camera Raw 滤镜。

图 6.73

(02) 先略微提亮画面，展开“亮”选项卡，调整曝光参数如图 6.74 所示，得到如图 6.75 所示的图像效果。

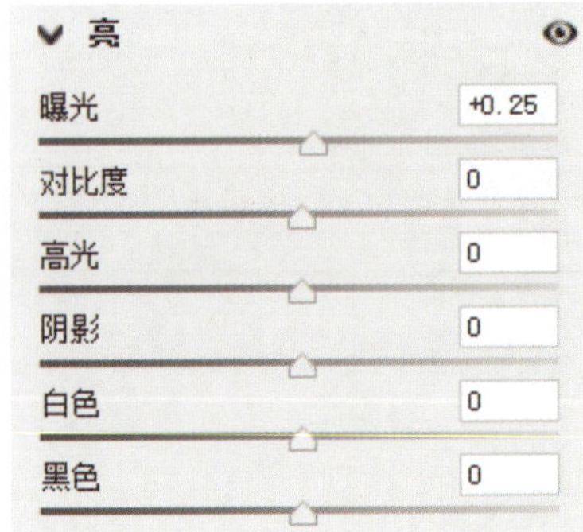

图 6.74

图 6.75

(03) 在创建蒙版前，需要对照片处理流程有一个规划，对于本案例的素材照片，首先要处理的是面部和身体的皮肤，需要创建一个选中整个人物的蒙版。单击蒙版工具，进入蒙版界面，确保勾选“整个人物”选项，如图 6.76 所示，然后单击创建图标，得到蒙版 1，如图 6.77 所示。

图6.76

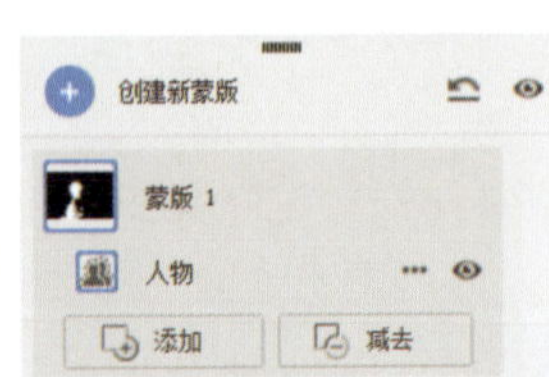

图6.77

(04) 由于只需调整人物皮肤，所以需要减去人物头发和衣服区域。在选中蒙版 1 的状态下，单击减去图标，在弹出的列表中单击“选择人物”选项，如图 6.78 所示，跳转到人物蒙版界面，勾选头发选项，再单击创建，此时人物头发不在蒙版范围内了，如图 6.79 所示。

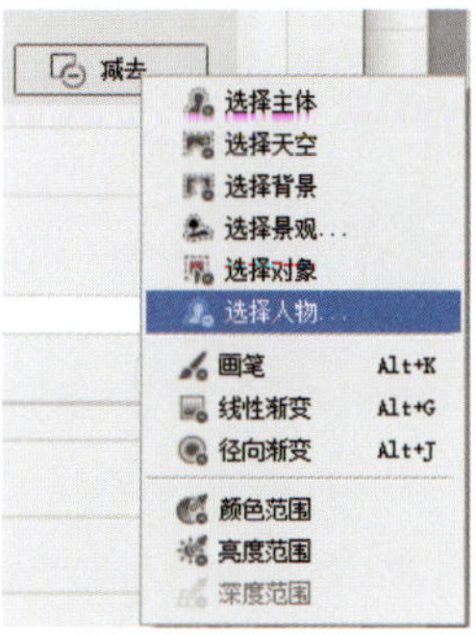

图6.78

图6.79

(05) 接着减去衣服，单击减去图标，在弹出的列表中单击“选择人物”选项，跳转到人物蒙版界面，勾选衣服选项，如图 6.80 所示，再单击创建，此时人物衣服不在蒙版范围内了，如图 6.81 所示。

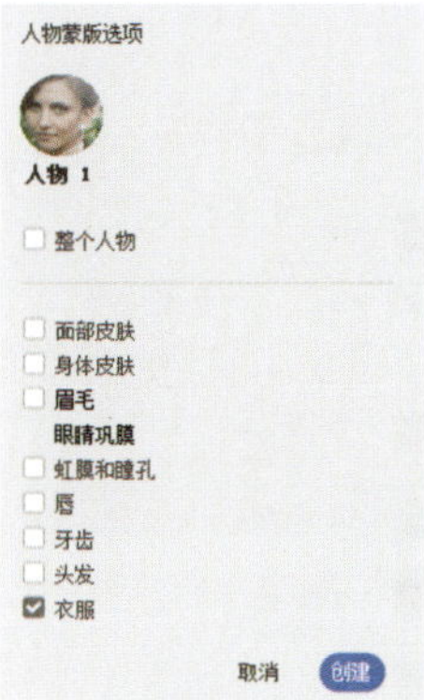

图6.80

图6.81

(06) 要对人物皮肤进行磨皮操作，必然要柔化人物皮肤，但是人物的眼睛、鼻子线条、嘴唇线条、下颌线条不需要被柔化，因此需要将这些区域做减去选择，单击减去图标，在弹出的列表中单击“画笔”选项，如图 6.82 所示，对这些区域进行涂抹，得到画笔 1 蒙版，涂抹后的画面效果如图 6.83 所示。

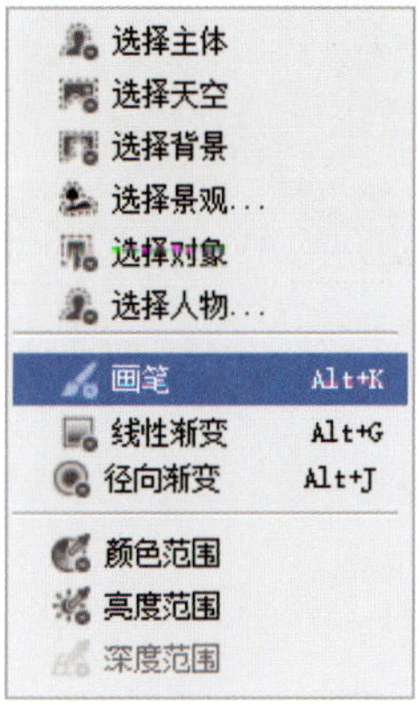

图6.82

图6.83

(07) 接下来对画面进行柔化皮肤的操作，下拉参数栏，展开“效果”选项卡，调整各个选项数值如图 6.84 所示，得到如图 6.85 所示的效果。

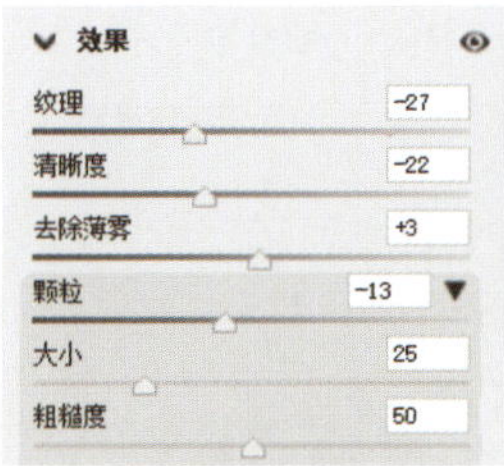

图6.84

图6.85

(08) 观察画面，会发现人物鼻子和下颌有点黑的区域，需要修改画笔 1 的蒙版区域，选中画笔 1 蒙版，单击添加图标，选择画笔选项，如图 6.86 所示，对面部偏黑的区域进行涂抹，得到如图 6.87 所示的效果。

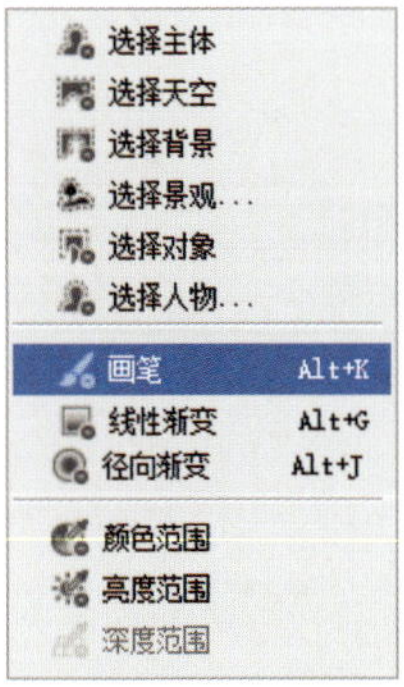

图6.86

图6.87

（09） 接下来需要对人物整体进行统一化处理。单击创建新蒙版图标，在弹出的列表中单击“选择人物”选项，如图 6.88 所示，跳转至人物蒙版界面，确保勾选“整个人物”选项，然后单击创建图标，得到蒙版 2，如图 6.89 所示。

图6.88

图6.89

（10） 下拉参数栏，展开“效果”选项卡，调整各个选项数值，如图 6.90 所示，得到如图 6.91 所示的效果。

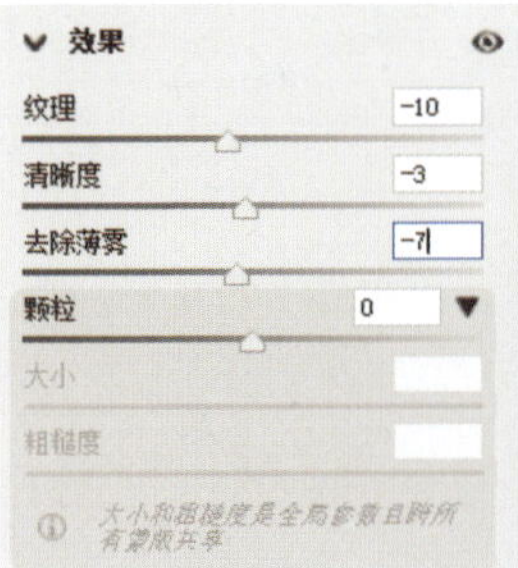

图6.90

图6.91

（11） 处理完以后，接着修除面部的斑点。选择修复工具，对人物面部有斑点、痘痘及皱纹的区域进行涂抹，直至得到如图 6.92 所示的效果。

图6.92

（12） 接着创建眉毛、嘴唇和头发蒙版。单击创建新蒙版图标，在弹出的列表中单击“选择人物”选项，如图所示，跳转人物蒙版界面，勾选“眉毛”“唇”及“头发”选项，并勾选下方的“创建 3 个单独蒙版”选项，如图 6.93 所示，再单击创建图标，得到相应的蒙版，如图 6.94 所示。

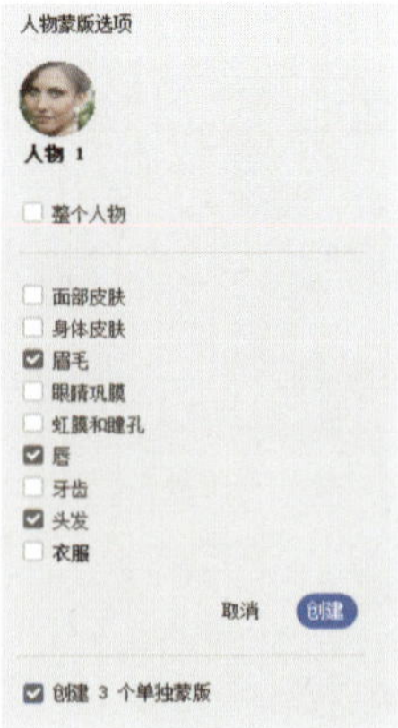

图6.93

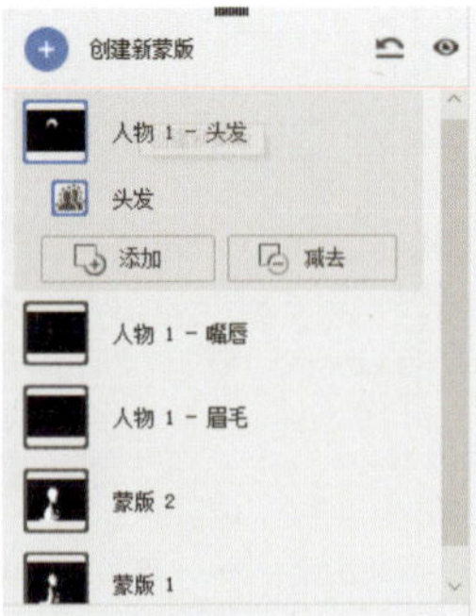

图6.94

（13） 接着创建眼睛蒙版。单击创建新蒙版图标，在弹出的列表中单击“选择人物”选项，跳转人物蒙版界面，勾选“眼睛巩膜”和“虹膜和瞳孔”选项，如图 6.95 所示，然后单击创建图标，得到蒙版 3，如图 6.96 所示。

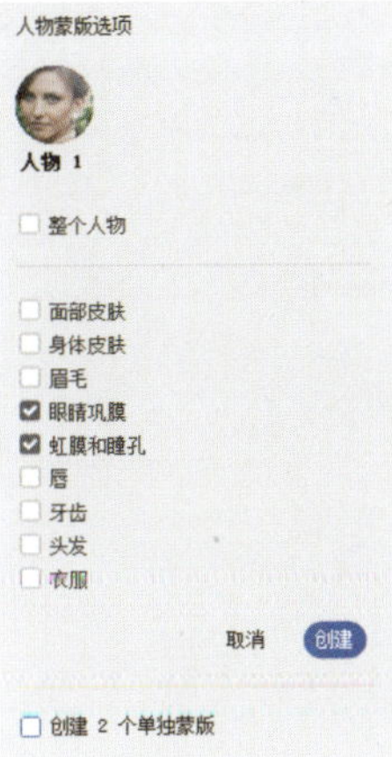

图6.95

图6.96

（14）先对眉毛调暗处理，选中“人物 1 - 眉毛”蒙版，调整“亮”选项卡中的曝光、阴影和黑色选项数值，如图 6.97 所示，得到如图 6.98 所示的效果。

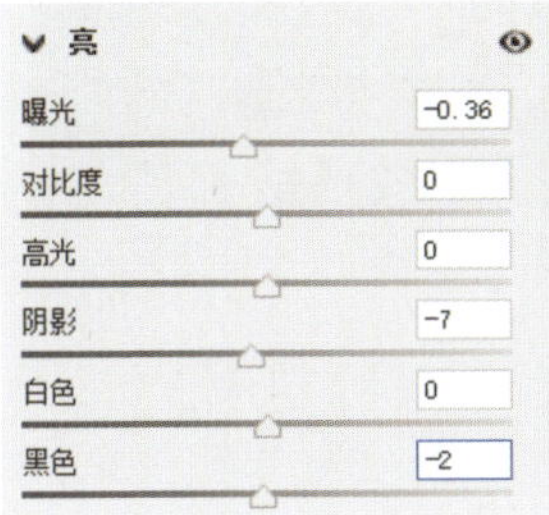

图6.97

图6.98

（15）接着调整嘴唇色彩，选中“人物 1 - 嘴唇”蒙版，调整“颜色”选项卡中的“色温”“色相”和“饱和度”选项数值，如图 6.99 所示，得到如图 6.100 所示的效果。

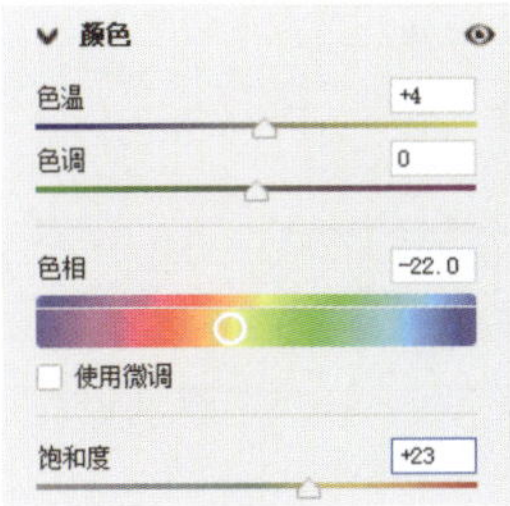

图6.99

图6.100

（16）接着增强头发的纹理与清晰度，选中“人物 1 - 头发”蒙版，调整“效果”选项卡中的“纹理”“清晰度”和“去除薄雾”选项数值，如图 6.101 所示，得到如图 6.102 所示的效果。

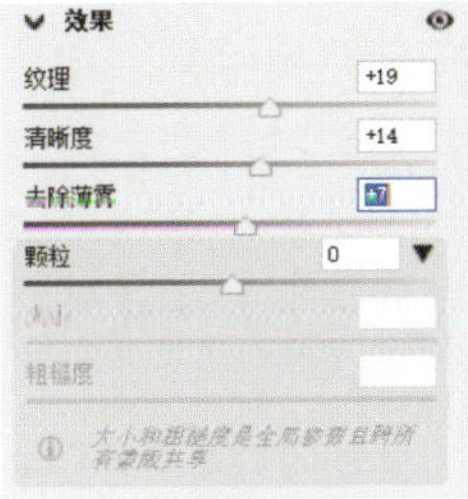

图6.101

图6.102

（17）接下来增强眼睛的对比度，选中“蒙版 3”，调整“亮”选项卡中的各个选项数值如图 6.103 所示，得到如图 6.104 所示的效果，最终的人物整体效果如图 6.105 所示。

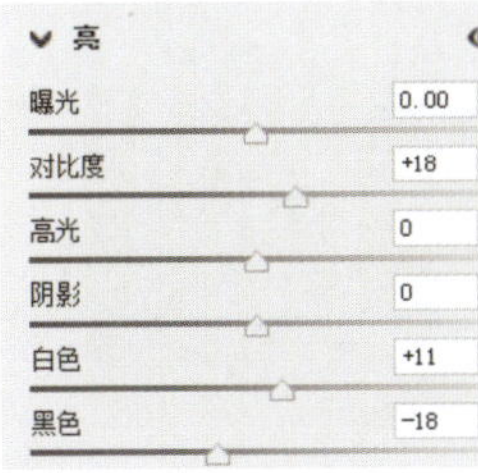

图6.103

图6.104

图6.105

6.4 利用混色器功能调出流行的冷淡炭灰风格

网络上流行的冷淡风或者炭灰的照片效果的特点是，除了视觉焦点，其他地方呈现出来都是一种淡淡的灰色调，通过这样的色彩对比，来达到突出画面视觉焦点的目的，本案例就来讲解通过Camera Raw滤镜中的“混色器”功能，快速调修出这种风格的照片，下面讲解详细的操作步骤。

(01) 在 Photoshop 中打开配套素材中的文件“第 6 章\6.4- 素材 .jpg”，如图 6.106 所示，选择背景图层，单击鼠标右键选择“转换为智能对象”选项，然后执行“滤镜”|“Camera Raw 滤镜”命令，以打开 Camera Raw 滤镜。

图6.106

在素材照片中，红色的吊床及人物是画面的视觉焦点，需要将其色彩保留，但是画面中的红色和其他颜色过于鲜艳，需要将其饱和度降低一些。

(02) 展开“混色器”选项卡，单击选择“饱和度”选项，然后单击选择“混色器”选项卡中“调整”选项旁边的目标调整工具，对画面中的绿树单击鼠标左键不放向左拖动，减少绿色的饱和度，此时选项卡中的参数如图 6.107 所示，调整后的效果如图 6.108 所示。

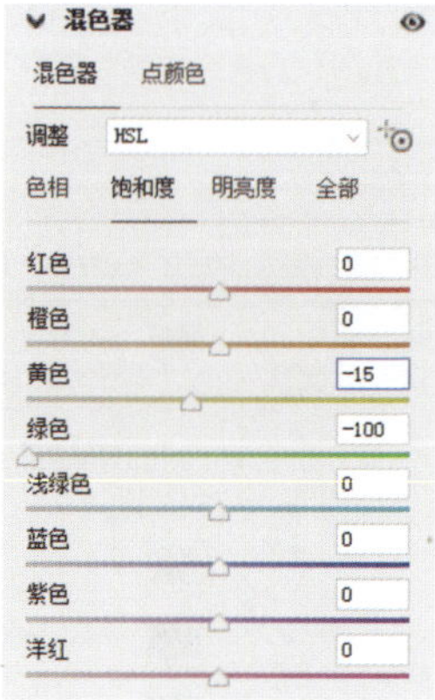

图6.107

图6.108

(03) 保持选中目标调整工具，对画面中天空的蓝色、草地的黄色及吊床的红色区域，单击鼠标左键不放，向左拖动，分别减少它们的饱和度参数如图 6.109 所示，调整后的效果如图 6.110 所示。

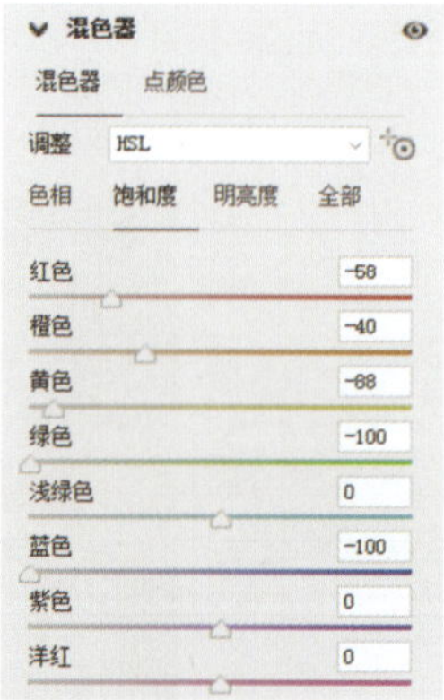

图 6.109

图 6.110

画面的整体色调调修出来了，接下来需要调修灰调。

（04） 展开“曲线”选项卡，选择第二个“单击以编辑点典线”图标，调整点曲线如图 6.111 所示，得到最终的图像效果，如图 6.112 所示。

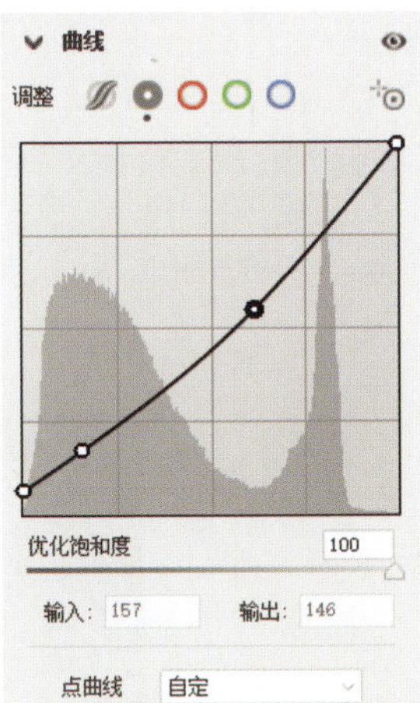

图 6.111

图 6.112

6.5 增强婚纱人像层次感

本案例主要调整思路有两大要点。

第一点是，将人物与背景的层次区分开，通过增强画面的明暗对比，让画面的层次感更强，同时视觉焦点也集中到人物身上。

第二点是，调整人物皮肤，让人物皮肤有发光发亮的质感，起到更为吸引视线作用。

本案例对整体性的调整比较少，主要是利用蒙版对人物进行调整。

（01） 打开配套素材中的文件“第 6 章\6.5- 素材 .CR2”，如图 6.113 所示，以启动 Camera Raw 滤镜。

图 6.113

（02） 单击蒙版工具，选择“人物”选项，当软件自动识别人物完成后，在如图 6.114 所示的界面中勾选中除“整个人物”以外的其他选项。勾选“创建单独的蒙版”选项，然后单击创建选项，得到 8 个单独的蒙版，此时的蒙版界面如图 6.115 所示，图像如图 6.116 所示。

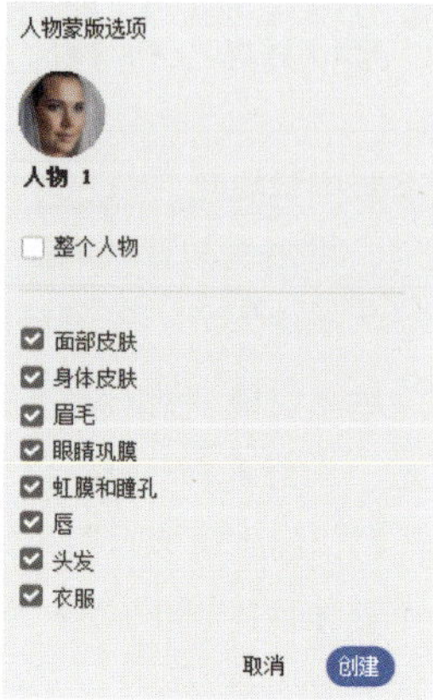

图 6.114

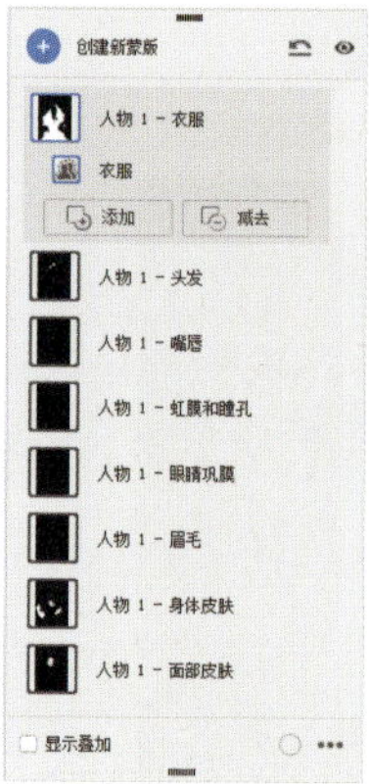

图 6.115

图 6.116

（03） 单击创建新蒙版图标，选择“选择人物”选项，如图 6.117 所示，在弹出的界面中勾选“整个人物”选项，然后单击创建，得到蒙版 1。

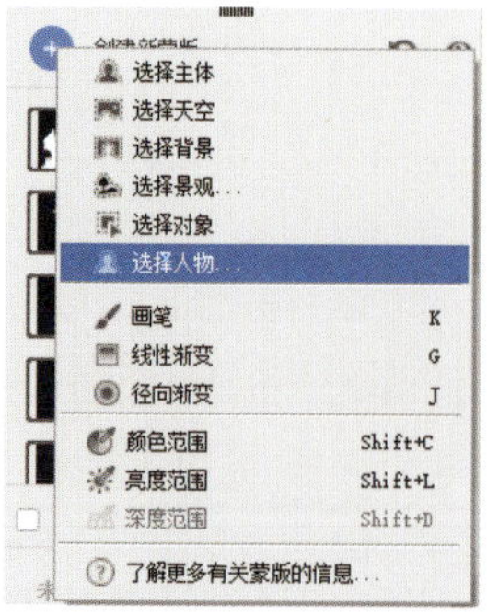

图 6.117

（04） 创建整个人物蒙版的作用在于，当要调整人物以外的背景时，使用此蒙版可以快速得到背景蒙版。复制蒙版 1 得到蒙版 1 拷贝，然后单击蒙版 1 拷贝旁边的三个小点图标，在弹出的列表中选择“反相蒙版”选项，即可得到选择背景的蒙版，如图 6.118 和图 6.119 所示。

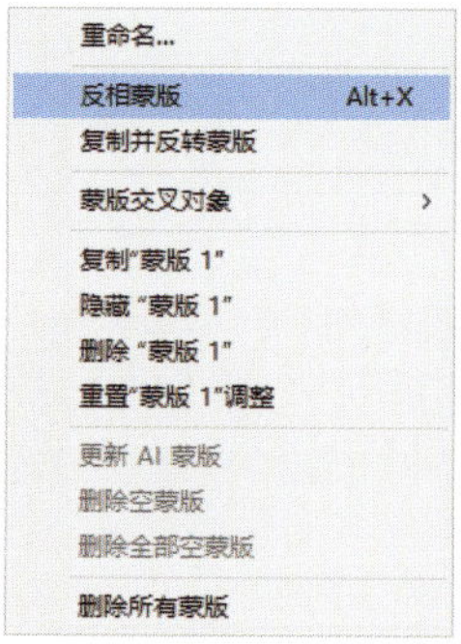

图 6.118

图 6.119

（05） 针对背景的调整，是希望增强背景的明暗对比，在“亮”选项卡中调整各项参数如图 6.120 所示，得到如图 6.121 所示的图像效果。

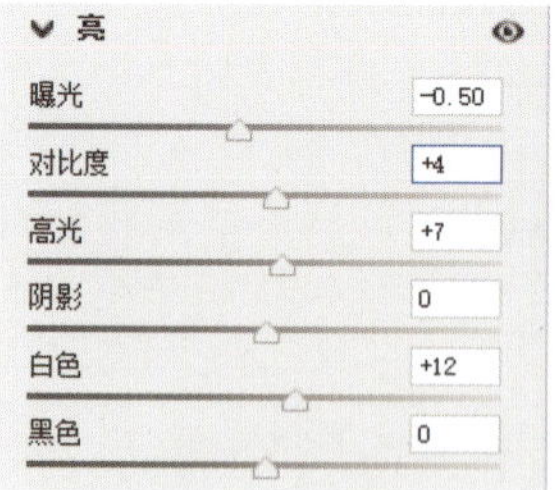

图 6.120

图 6.121

（06） 接下来增强背景的纹理，增强纹理的作用是，以窗帘的粗糙纹理来衬托出新娘的光滑皮肤质感。在“效果”选项卡中调整各参数如图 6.122 所示，得到如图 6.123 所示的图像效果。

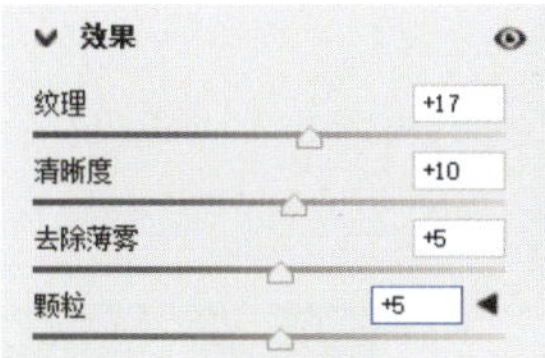

图 6.122

图 6.123

(07) 接下来提亮人物面部。选择“人物 1- 面部皮肤”蒙版，展开“亮”选项卡，调整参数如图 6.124 所示。人像一般不希望面部皮肤特别锐利，而需要更为细腻，因此再分别展开“效果”和“细节”选项卡，调整参数如图 6.125 所示，得到如图 6.126 所示的图像效果。

图 6.124

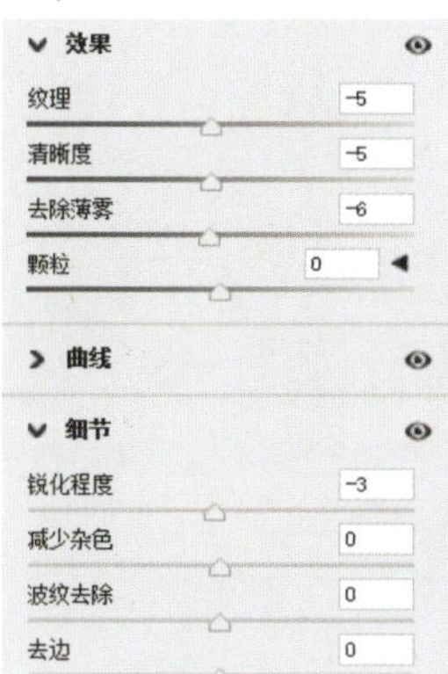

图 6.125

图 6.126

(08) 观察人物面部发现有一些高光，这种高光容易显得面部比较油腻，因此需要降低高光，展开“亮”选项卡，调整参数如图 6.127 所示。

图 6.127

(09) 然后展开“曲线”选项卡，调整曲线如图 6.128 所示，得到如图 6.129 所示的图像效果。

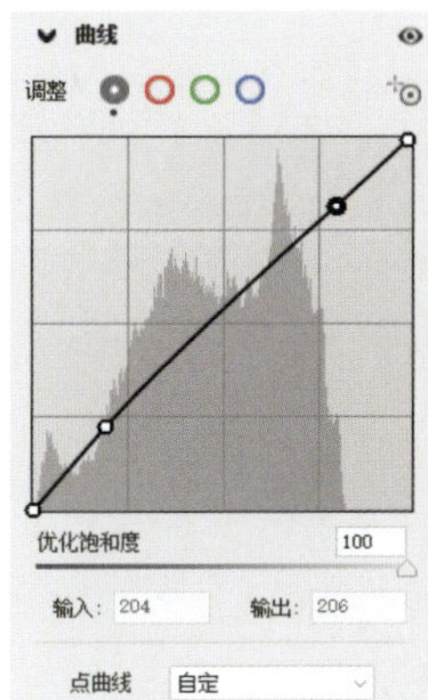

图 6.128

图 6.129

(10) 面部调整完成后，发现与身体皮肤亮度差距明显，显得假白，此时需要适当调整身体皮肤亮度。选择“人物 1 – 身体皮肤”蒙版，展开“亮”选项卡，调整参数如图 6.130 所示，得到如图 6.131 所示的图像效果。

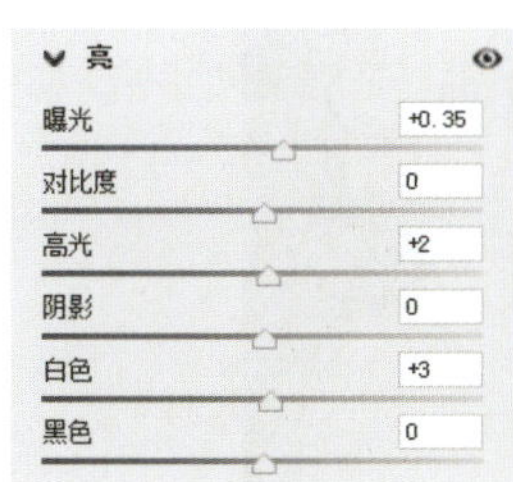

图 6.130

图 6.131

（11）接下来调整人物唇色，让人物显得更精神一些。选择“人物 1－嘴唇”蒙版，展开“颜色”选项卡，调整参数如图 6.132 所示，得到如图 6.133 所示的图像效果。

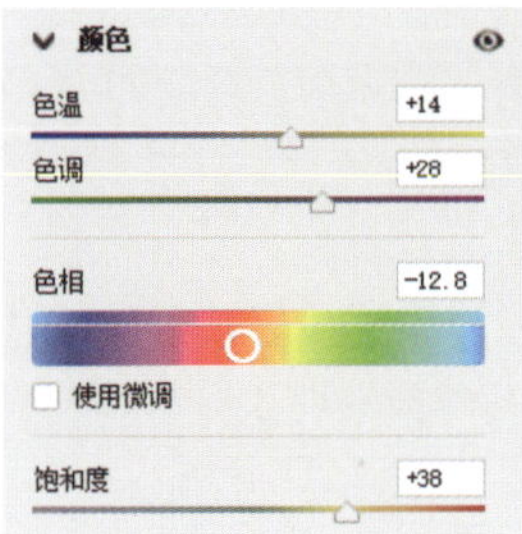

图 6.132

图 6.133

（12）接下来调整人物衣服，需要增强婚纱的纹理感。选择“人物 1－衣服”蒙版，分别展开“效果”和“亮”选项卡，调整参数如图 6.134 和图 6.135 所示，得到如图 6.136 所示的图像效果。

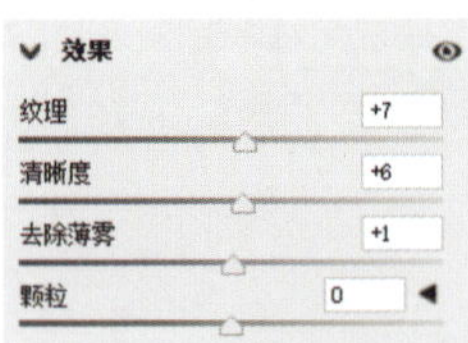

图 6.134

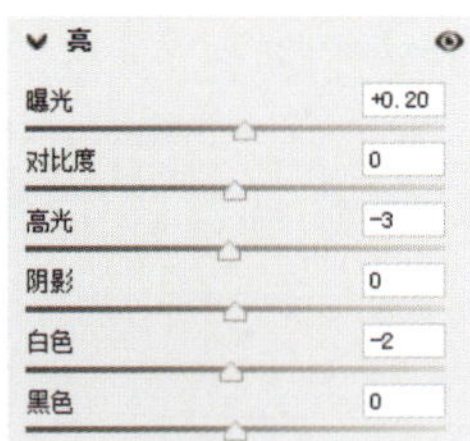

图 6.135

图 6.136

（13）单击编辑工具退出蒙版编辑界面，来针对画面整体进行调整。展开“光学”选项卡并选择“手动”子选项，调整“晕影”参数如图 6.137 所示，以添加晕影效果，达到更为突出人物的目的，此时的图像效果如图 6.138 所示。

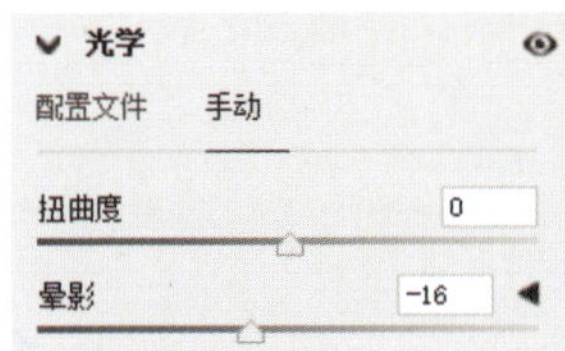

图 6.137

图 6.138

（14）经过上一步处理后，发现画面左上角的窗帘还是显得有些亮，需要对这区域压暗处理。单击蒙版工具，然后单击创建新蒙版图标，选择线性渐变选项，从左上角斜向下拉出一条线性渐变，如图 6.139 所示。然后展开“亮”选项卡，调整曝光参数如图 6.140 所示，得到如图 6.141 所示的最终图像效果。

图 6.139

图 6.140

图 6.141

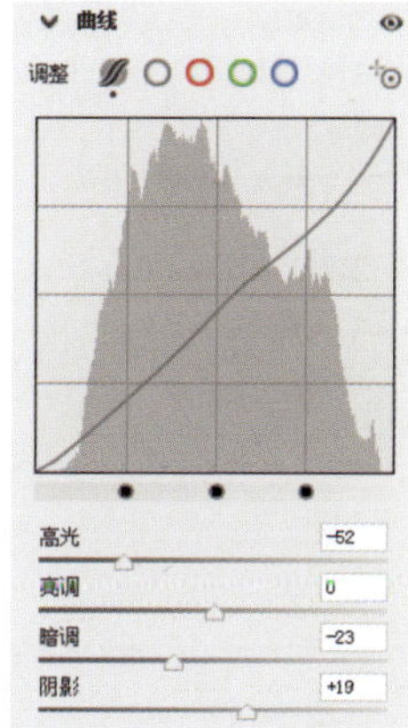

图6.143

6.6　莫兰迪暗绿色调人像

本案例是将一张原本色彩鲜艳的人像糖水片，利用Camera Raw滤镜中的混色器和蒙版功能调修成莫兰迪暗绿色调，这样不仅让画面的色彩更有韵味，而且减弱了环境中鲜艳色彩对人物主体的干扰，调修后的人物在画面中更加突出。

（01） 在 Photoshop 中打开配套素材中的文件“第 6 章\6.6- 素材 .jpg”，如图 6.142 所示，选择背景图层，单击鼠标右键选择“转换为智能对象”选项，然后执行“滤镜”|“Camera Raw 滤镜”命令，以打开 Camera Raw 滤镜。

图6.142

（02） 首先改变画面的明暗对比，压暗高光和提升阴影。展开“曲线”选项卡，调整各参数如图 6.143 所示，得到如图 6.144 所示的图像效果。

图6.144

（03） 素材照片中背景中的绿叶及前景的玫红色在画面中过于鲜艳了，影响画面主体表现，需要将其色彩减弱，调出更耐看的莫兰迪色调。展开“混色器”选项卡，并分别选择混色器中的“色相”“饱和度”“明亮度”，调整它们的参数，如图 6.145、图 6.146 和图 6.147 所示，得到如图 6.148 所示的图像效果。

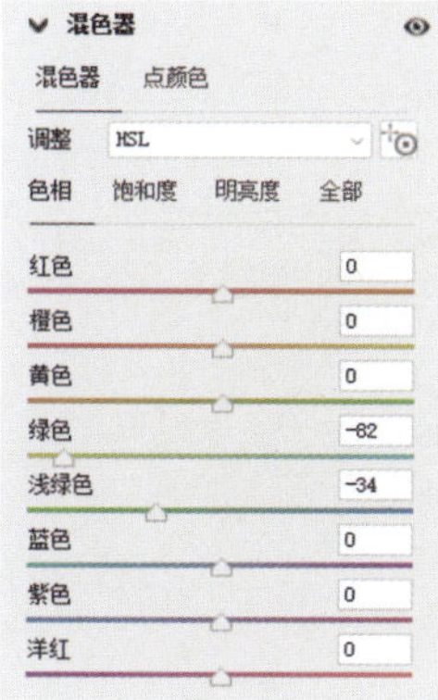

图 6.145

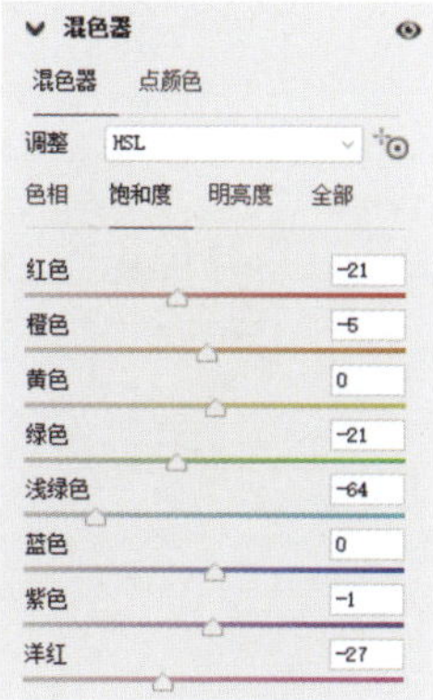

图 6.146

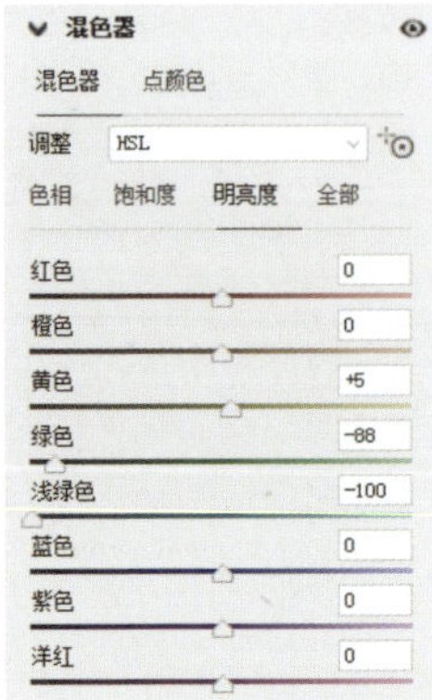

图 6.147

图 6.148

此时画面色调的调整基本完成，但画面的一些局部区域还不太理想，通过观察画面可以看出，第一处画面中左上角的花朵色彩仍然比较鲜艳，第二处人物的头发色调也比较浓厚，第三处右侧的树干也是阴影较重，接下来需要对这些区域进一步修饰。

(04) 单击蒙版工具，选择“画笔”选项，如图 6.149 所示，设置画笔参数如图 6.150 所示，对画面中左上角的花朵进行涂抹，涂抹成如图 6.151 所示的效果，得到蒙版 1。

图 6.149

图 6.150

图 6.151

(05) 展开“颜色”选项卡，降低“饱和度”，参数如图 6.152 所示，得到如图 6.153 所示的图像效果。

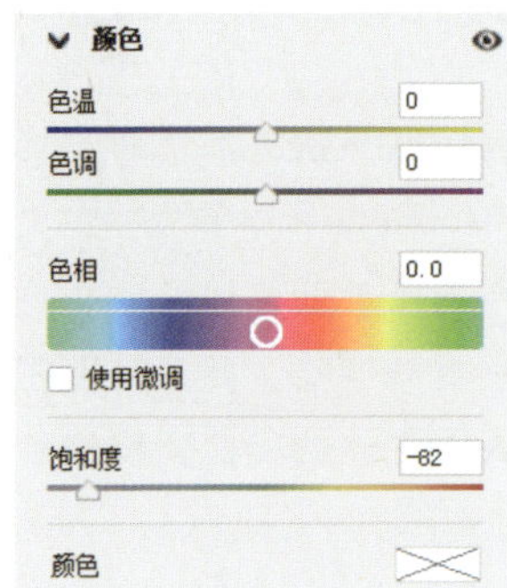

图 6.152

图 6.153

(06) 接着，单击创建新蒙版图标，在列表中选择“画笔”选项，如图 6.154 所示。设置适当的画笔大小对人物头发较黑的区域进行涂抹，头发完后成，设置画笔参数如图 6.155 所示，对背景树叶中较深的阴影区域进行涂抹，整体涂抹后如图 6.156 所示，得到蒙版 2。

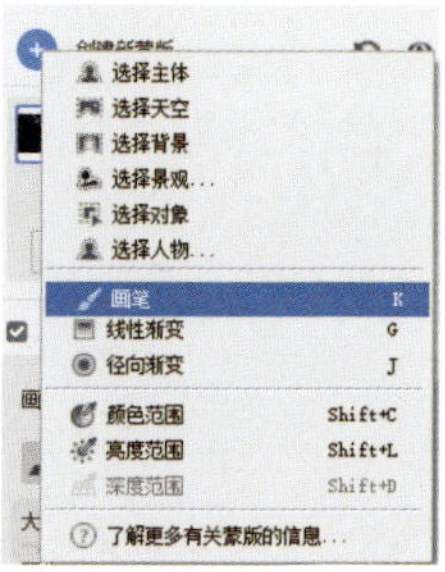

图 6.154

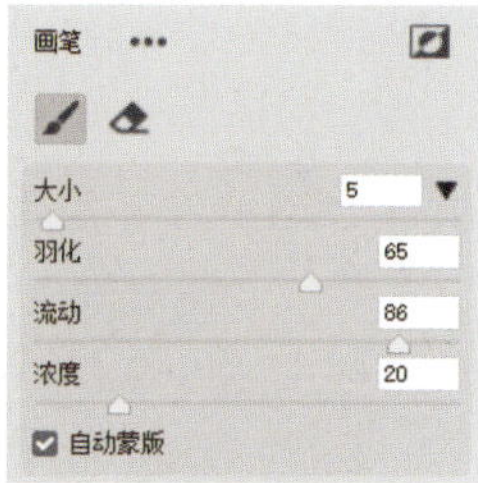

图 6.155

图 6.156

(07) 展开“亮”选项卡，调整“曝光”参数如图 6.157 所示，接着再展开“颜色”选项卡，调整各参数，如图 6.158 所示，得到如图 6.159 所示的图像效果。

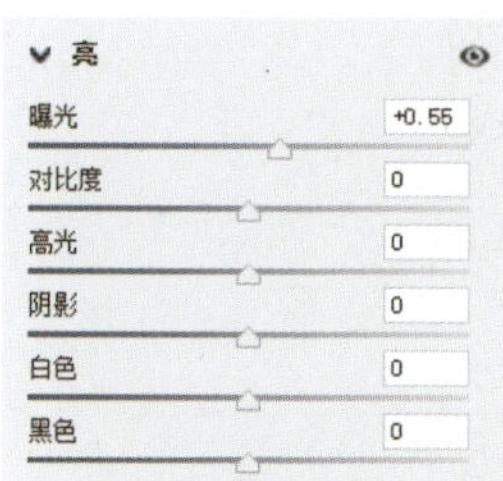

图 6.157

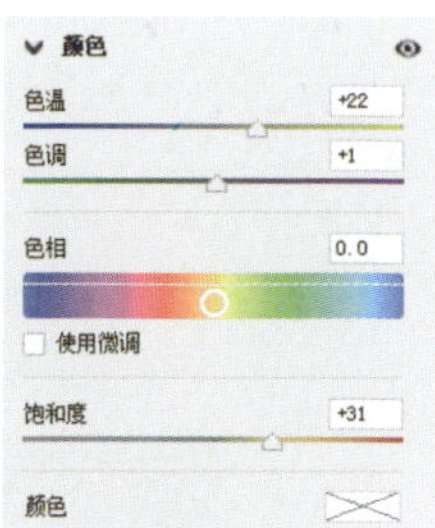

图 6.158

图 6.159

(08) 继续单击创建新蒙版图标，在列表中选择“画笔”选项，设置适当的画笔大小对右侧树干进行涂抹，涂抹成如图 6.160 所示的效果，得到蒙版 3。

图 6.160

(09) 展开“亮”选项卡，调整参数如图 6.161 所示，得到如图 6.162 所示的图像效果。然后单击编辑工具，退出蒙版编辑界面。

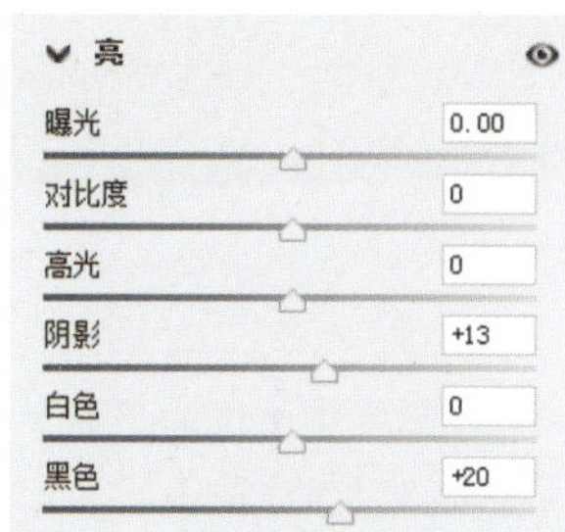

图 6.161

图 6.162

(10) 展开“效果”选项卡，调整参数如图 6.163 所示，得到如图 6.164 所示的图像效果。然后单击“确定”选项，退出 Camera Raw 滤镜，返回到 Photoshop 中。

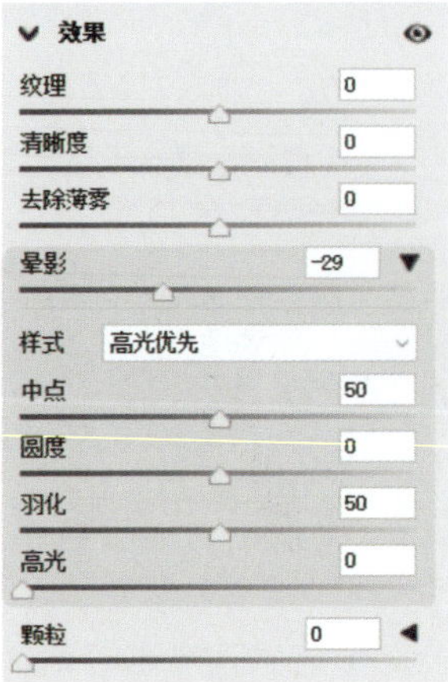

图 6.163

图 6.164

(11) 此时再观察画面整体，还觉得右侧树干色调有一些浓厚，选择画笔工具，设置前景色为黑色，设置画笔选项栏参数如图所示，在选中图层蒙版的状态下，对画面中树干较厚的区域进行涂抹，涂抹区域如图 6.165 所示，直至得到如图 6.166 所示的最终图像效果，最终的图层面板如图 6.167 所示。

图 6.165

图 6.166

图 6.167

6.7 高调风格环境人像

本案例原片是一张高调风格的环境人像照片，先在Camera Raw滤镜中利用校准和蒙版功能，优化画面的色彩与曝光，让画面显示更为通透，然后在Photoshop中微调画面的曝光，并修除其他不需要的物体，最终得到一张干净、通透的高调人像照片。

(01) 在 Photoshop 中打开配套素材中的文件“第 6 章 \6.7- 素材 .jpg”，如图 6.168 所示，选择背景图层，单击鼠标右键选择“转换为智能对象”选项，然后执行“滤镜”|“Camera Raw 滤镜”命令，以打开 Camera Raw 滤镜。

图 6.168

(02) 展开“亮”选项卡，降低画面的对比度如图 6.169 所示，得到如图 6.170 所示的图像效果。

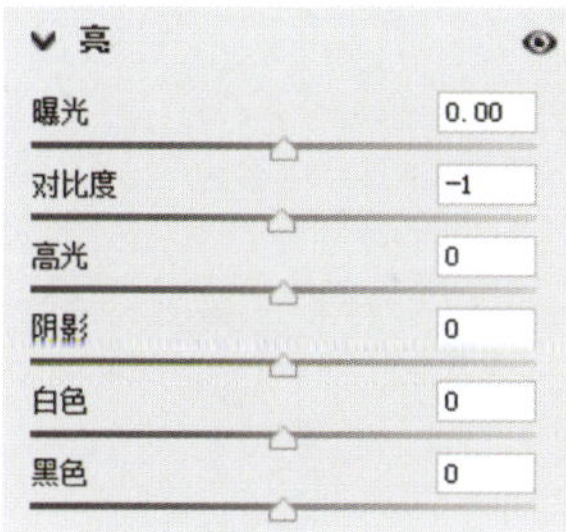

图 6.169

图 6.170

(03) 展开“校准”选项卡，调整绿原色与蓝原色的色相参数如图 6.171 所示，使蓝天变成青蓝色调，如图 6.172 所示。

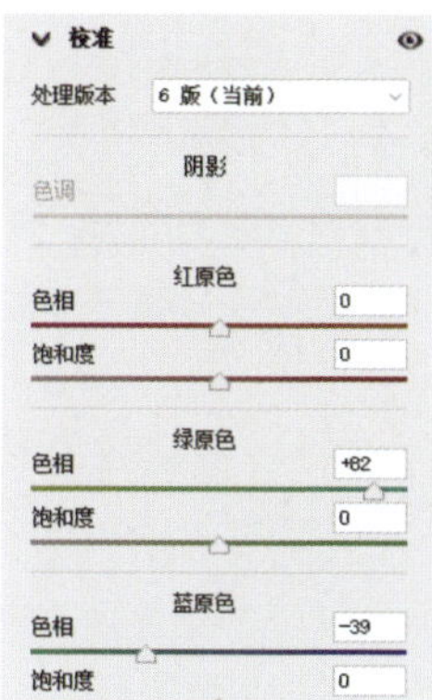

图 6.171

图 6.172

(04) 接着优化天空的曝光与质感。单击蒙版工具，选择“天空”选项，如图 6.173 所示，创建得到蒙版 1。展开“亮”选项卡，调整参数，如图 6.174 所示，再展开“效果”选项卡，调整参数如图 6.175 所示，使天空变得柔和，如图 6.176 所示。

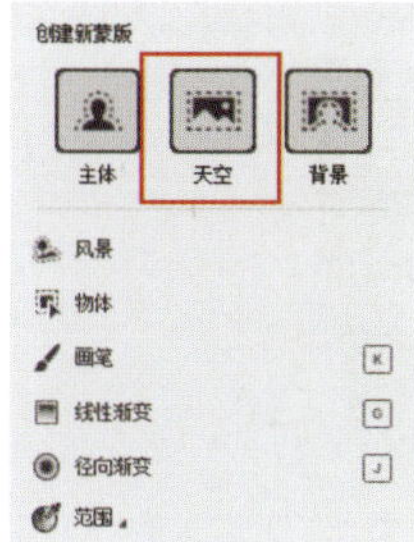

图 6.173

图 6.174

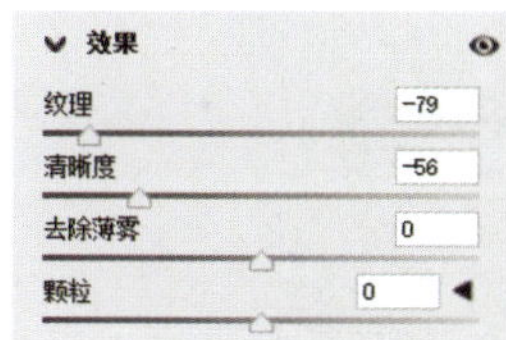

图 6.175

图 6.176

(05) 接下来对建筑物进行调整，单击创建新蒙版图标，在弹出的列表中选择“亮度范围”选项，如图 6.177 所示。使用吸管工具对画面下方的建筑物吸取颜色，如图 6.178 所示，得到蒙版 2。

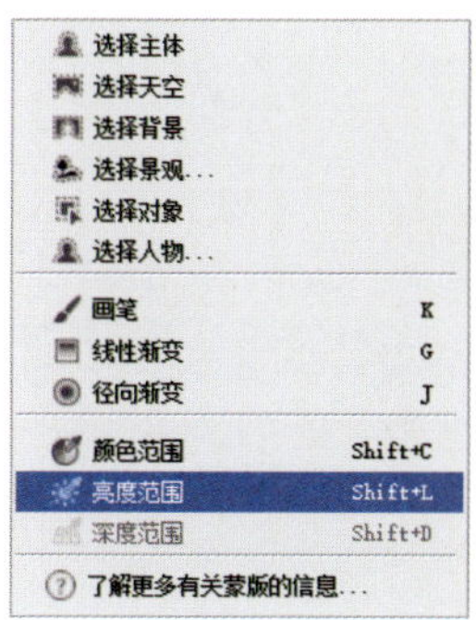

图 6.177

图 6.178

(06) 展开“颜色”选项卡，减少饱和度参数如图 6.179 所示。

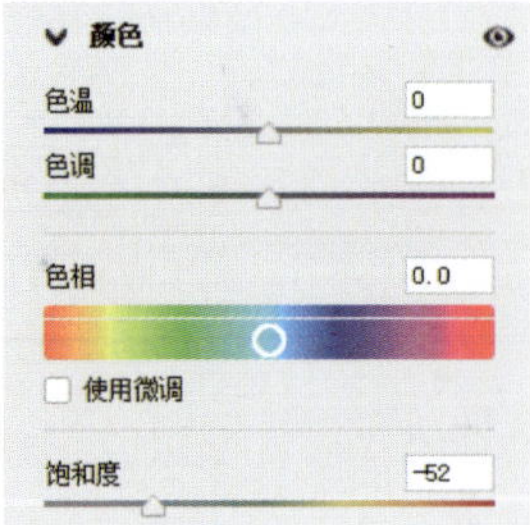

图 6.179

(07) 接着展开“效果”选项卡，调整参数，如图 6.180 所示，以增强建筑的纹理，如图 6.181 所示。

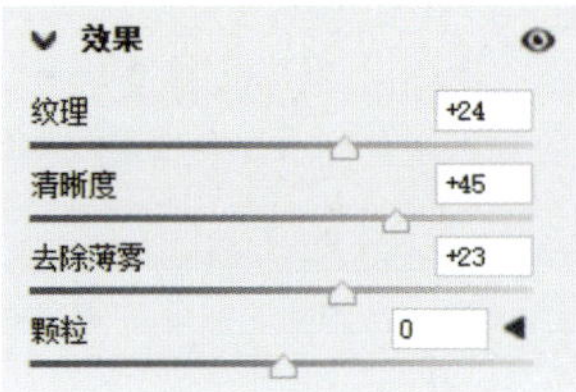

图 6.180

图 6.181

(08) 在选中蒙版 2 的状态下，单击“减去”选项，在弹出的列表中选择“色彩范围”选项，使用吸管工具对人脸皮肤吸引一下颜色，以减去蒙版 2 对这部分的影响，如图 6.182 所示。

图 6.182

(09) 单击编辑工具退出蒙版，分别展开“效果”和“细节”选项卡，调整参数，如图 6.183 和图 6.184 所示，增强画面整体的纹理与细节，如图 6.185 所示。

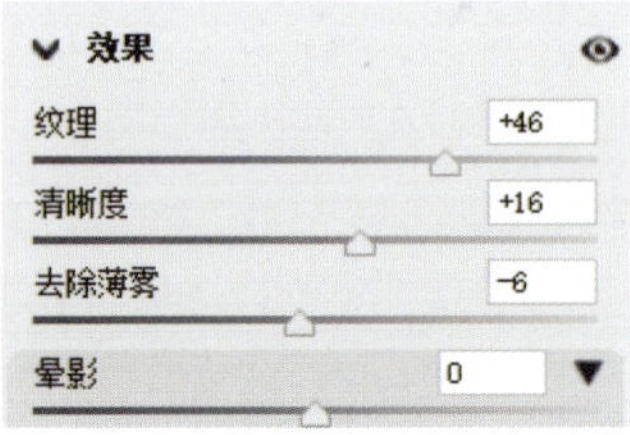

图 6.183

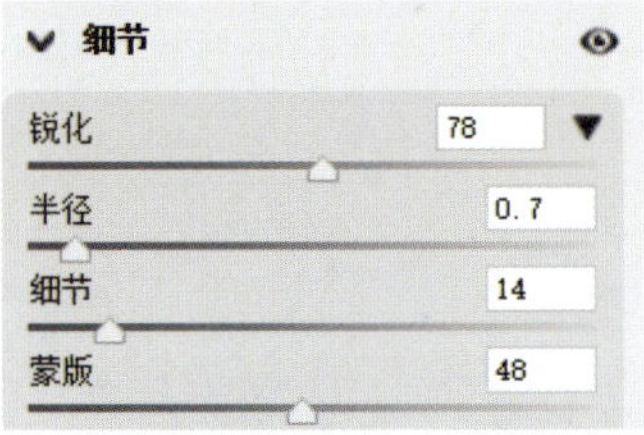

图 6.184

图 6.185

(10) 单击确定选项，退出 Camera Raw 滤镜，回到 Photoshop 中，此时的图层界面如图 6.186 所示。

图6.186

（11） 单击调整图层，在弹出的列表中选择色相 / 饱和度选项，调整参数如图 6.187 所示，然后执行“选择”|“选择并遮住”选项，使用画笔工具将建筑涂抹出来，如图 6.188 所示。

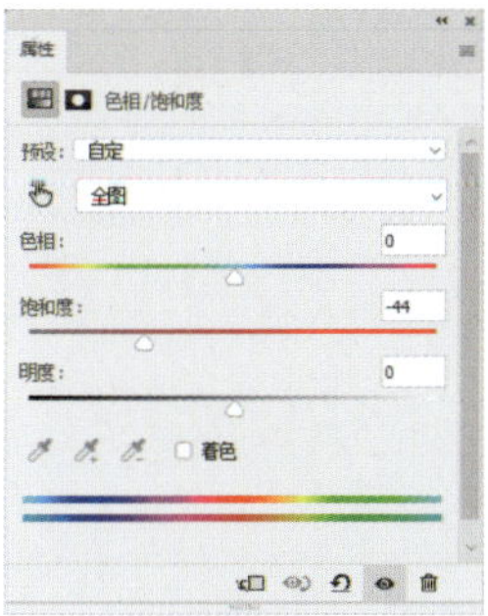

图 6.187

图 6.188

（12） 此时观看画面左侧的云彩周围有些偏亮，需要将其压暗一些，单击新建图层，选择仿制图章工具，对周围的天空取样，然后涂抹较亮的区域。涂抹前后的对比效果如图 6.189 所示。

图 6.189

（13） 除此之外，画面中还有一些杂物及其他人物，需要去除。单击新建图层，选择仿制图章工具，对要修除区域的周围取样，将多余杂物及人物修除，修除前后的对比效果如图 6.190 所示，此时的图层面板如图 6.191 所示。

图 6.190

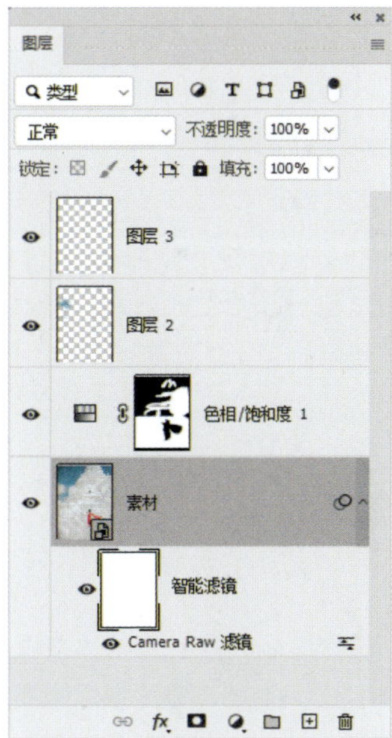

图6.191

（14） 放大画面仔细观察，发现建筑物有一个阴影处有色边，需要将其修除。单击创建新的调整图层，在弹出的列表中选择“色相 / 饱和度”选项，得到“色相 / 饱和度 2”图层，调整参数如图 6.192 所示，然后设置前景色为黑色，按 Alt+Delete 快捷键填充前景色到图层蒙版，接着设置前景色为白色，选择画笔工具对要修除的区域涂抹，修除前面的对比效果，如图 6.193 所示。

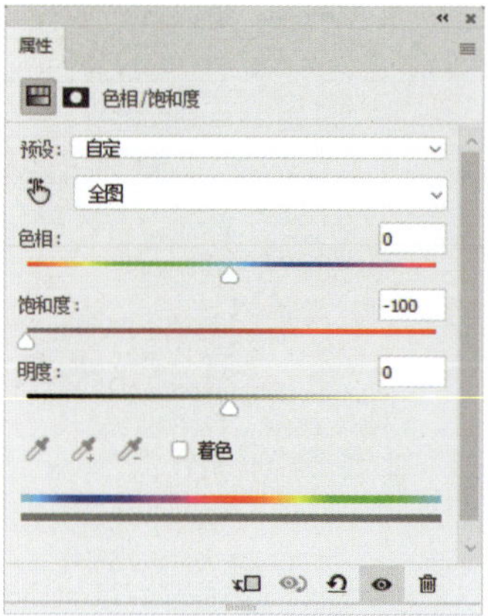

图6.192

图 6.193

（15）最后观察画面整体发现，图像右侧的阴影及人物周围略显浓厚，需要将这些区域处理一下。选中素材图像的图层蒙版，然后设置前景色为黑色，选择画笔工具对这些区域进行涂抹，如图 6.194 所示，然后得到如图 6.195 所示最终的图层效果，最终的图层面板如图 6.196 所示。

图 6.194

图 6.195

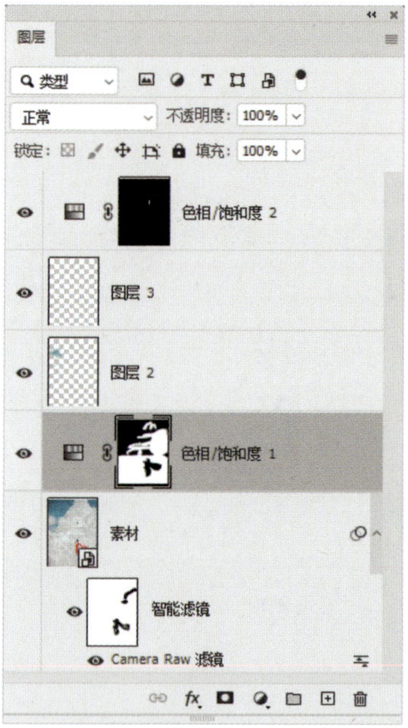

图6.196

第 7 章

纪实人像与街拍照片调修

7.1 仿旧纪实人像照片

本案例利用Camera Raw滤镜中的曲线、混色器和颜色分级功能，使老人照片形成低饱和度的色调，然后再创建多个蒙版，精细调整画面中的各个区域，使画面的亮部与暗部各个区域统一，得到相对简洁的画面。本案例的调整思路适用于明暗反差较大的肖像和人文纪实照片。

(01) 在 Photoshop 中打开配套素材中的文件“第 7 章\7.1- 素材 .jpg”，如图 7.1 所示，选中图层，单击鼠标右键选择“转换为智能对象”选项，然后执行“滤镜”|“Camera Raw 滤镜”命令，以打开 Camera Raw 滤镜。

图7.1

(02) 原始素材照片的明暗对比强烈，所以首先要减弱高光和提升阴影。展开“曲线”选项卡，调整曲线如图 7.2 所示，得到如图 7.3 所示的图像效果。

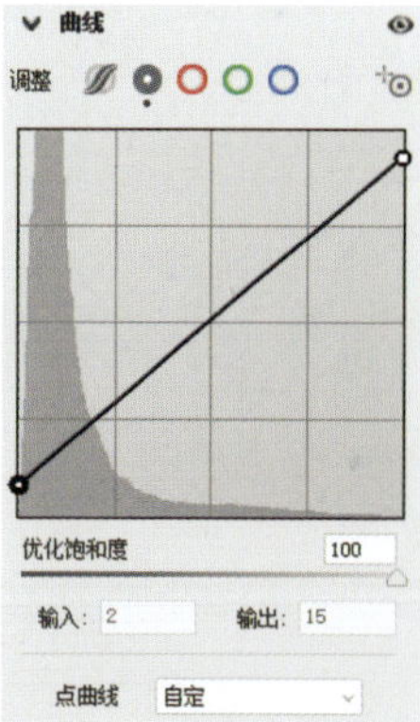

图7.2

图7.3

(03) 接着减弱人物皮肤及椅子的色彩饱和度。展开“混色器”选项卡，选择“饱和度”子选项，调整参数如图 7.4 所示，得到如图 7.5 所示的图像效果。

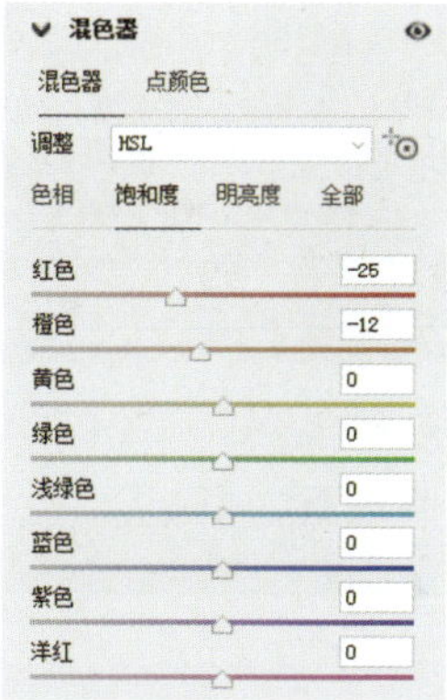

图7.4

图7.5

(04) 经过前面的调整，画面已大幅度减少色彩饱和度，接下来统一高光与阴影区域的色调。展开“颜色分级”选项卡，分别调整阴影和高光参数，如图 7.6 和图 7.7 所示，得到如图 7.8 所示的图像效果。

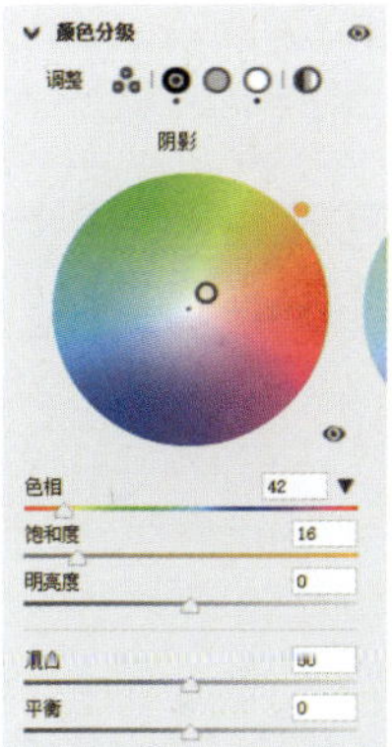

图7.6

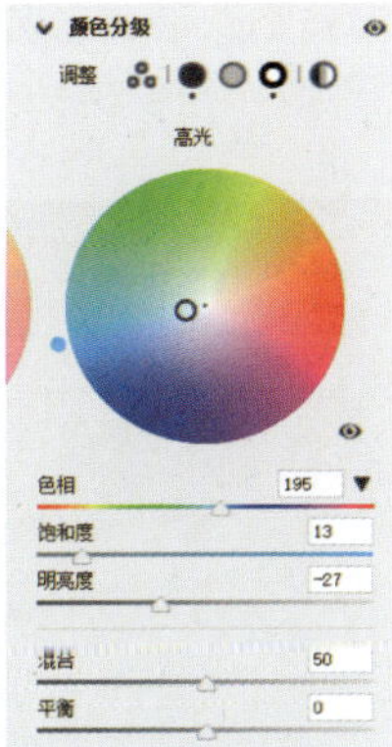

图7.7

图7.8

此时观察画面，可以看到画面显得较为杂乱，影响视觉焦点，接下来需要使用蒙版功能，对画面中阴影区域中比较亮的区域做压暗处理，以形成干净的背景，而高光区域同样是如此，需要压暗并统一起来。

(05) 单击蒙版工具，选择“画笔”选项，设置画笔参数如图 7.9 所示，对椅子部分进行涂抹，直至得到如图 7.10 所示的效果，得到蒙版 1。

图7.9

图7.10

(06) 分别展开“颜色”和“效果”选项卡，调整参数如图 7.11 和图 7.12 所示，得到如图 7.13 所示的图像效果。

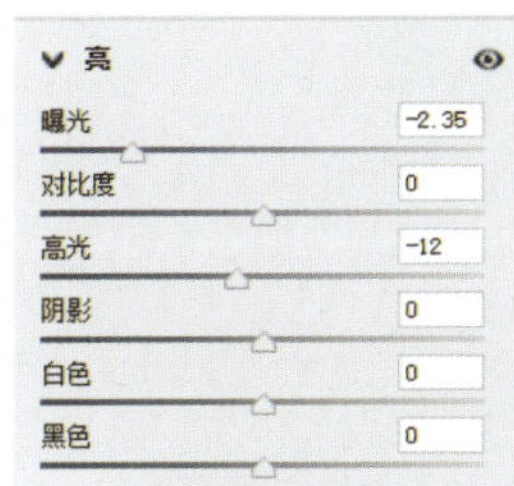

图7.11

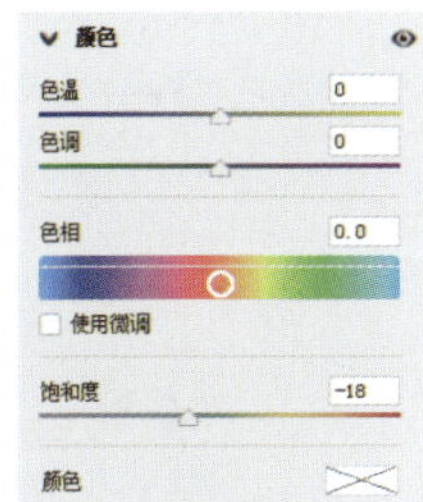

图7.12

图7.13

(07) 接下来提亮衣服，单击创建新蒙版图标，在列表中选择“画笔”选项，对衣服进行涂抹，直至得到如图 7.14 所示的效果，得到蒙版 2。分别展开“亮”“颜色”和“效果”选项卡，调整参数如图 7.15~ 图 7.17 所示，得到如图 7.18 所示的图像效果。

图7.14

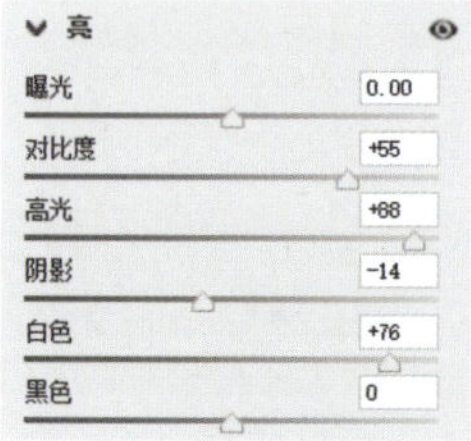

图7.15

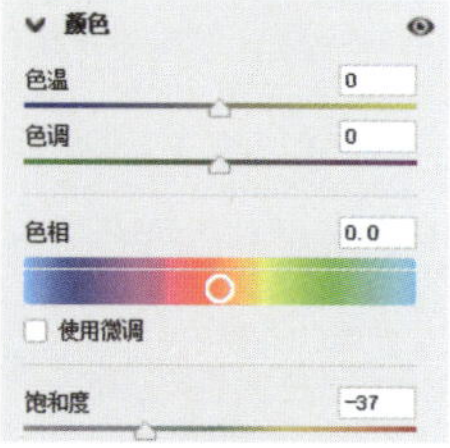

图7.16

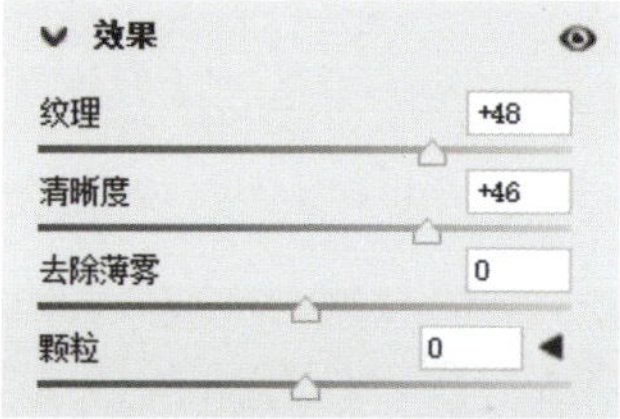

图7.17

图7.18

(08) 观察画面可以看出，背景中有一些较亮的区域过于显眼，需要将这些区域压暗。单击创建新蒙版图标，在列表中选择“画笔”选项，设置合适的画笔参数，按如图 7.19 所示的效果涂抹，得到蒙版 3。然后分别展开“亮”和“颜色”选项卡，调整参数如图 7.20 和图 7.21 所示，得到如图 7.22 所示的图像效果。

图7.19

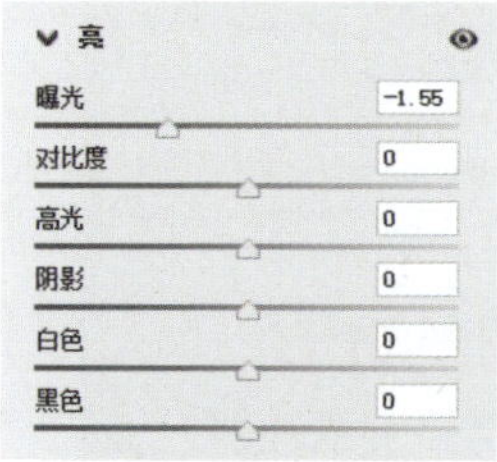

图7.20

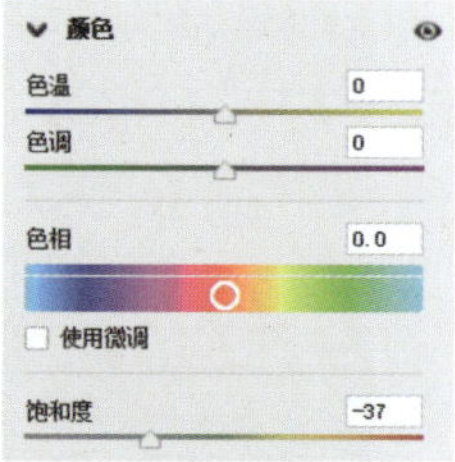

图7.21

图7.22

(09) 头部也较亮，需要再将其压暗一些，同时增强纹理，凸显出老人的沧桑感。单击创建新蒙版图标，在列表中选择“画笔”选项，设置合适的画笔参数，按如图 7.23 所示的效果涂抹，得到蒙版 4。然后分别展开“亮”和“效果”选项卡，调整参数如图 7.24 和图 7.25 所示，得到如图 7.26 所示的图像效果。

图7.23

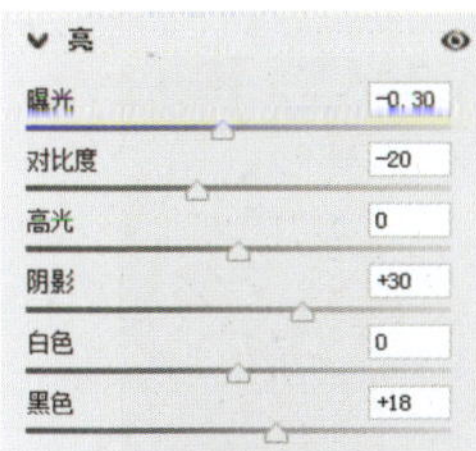

图7.24

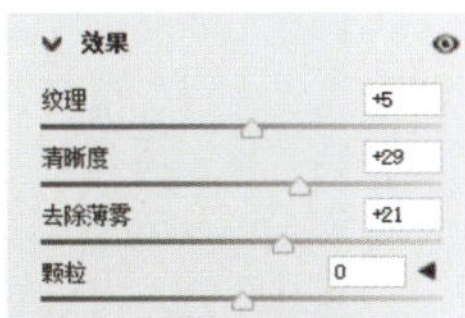

图7.25

图7.26

（10）背景中的窗帘同样需要压暗。单击创建新蒙版图标，在列表中选择“画笔”选项，设置合适的画笔参数，按如图 7.27 所示的效果涂抹，得到蒙版 5。然后展开“亮”选项卡，调整参数如图 7.28 所示，得到如图 7.29 所示的图像效果。

图7.27

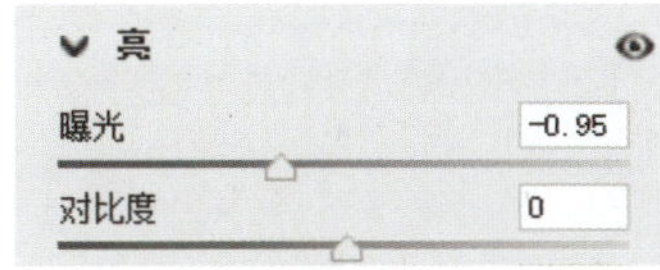

图7.28

图7.29

（11）此时观察画面，发现人物后面的椅子扶手比较亮，需要压暗处理。单击创建新蒙版图标，在列表中选择“画笔”选项，设置如图所示的画笔参数，涂抹成如图 7.30 所示的效果，得到蒙版 6。然后展开“亮”选项卡，调整参数如图 7.31 所示，得到如图 7.32 所示的图像效果。

图7.30

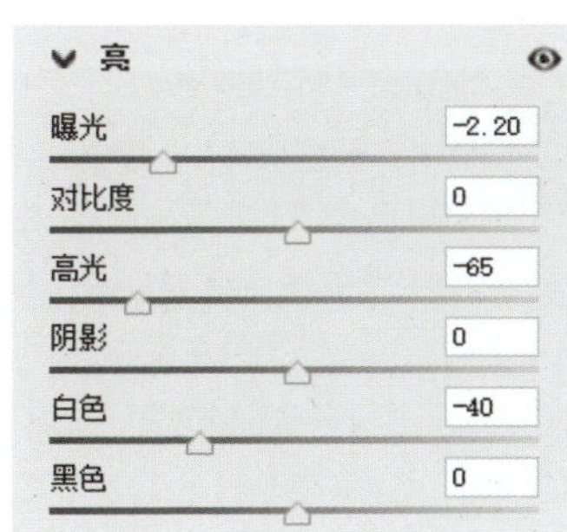

图7.31

图7.32

（12） 接下来处理人物的手部。单击创建新蒙版图标⊕，在列表中选择“画笔”选项，涂抹成如图 7.33 所示的效果，得到蒙版 7。然后展开“亮”选项卡，调整参数如图 7.34 所示，得到如图 7.35 所示的图像效果。

图7.33

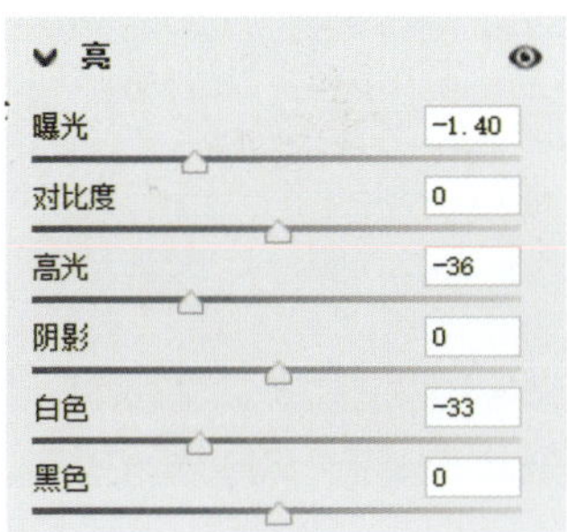

图7.34

图7.35

（13） 经过前面的处理，小细节基本处理得当，而画面左侧还有一块很亮的区域，在画面中显得格格不入，需要压暗处理。单击创建新蒙版图标⊕，在列表中选择“线性渐变”选项，从左向右拉出一条线性渐变，如图 7.36 所示，得到蒙版 8。然后在“亮”选项卡中调整“曝光”参数如图 7.37 所示，得到如图 7.38 所示的图像效果。

图7.36

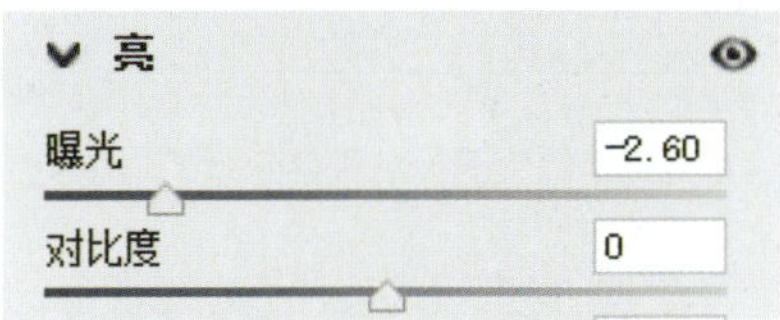

图7.37

图7.38

（14） 然后画面上面也略微显得亮，也需要压暗处理。单击创建新蒙版图标⊕，在列表中选择“线性渐变”选项，从上向下拉出一条线性渐变，如图 7.39 所示，得到蒙版 8。然后在“亮”选项卡中调整“曝光”参数如图 7.40 所示，得到如图 7.41 所示的最终图像效果。

图7.39

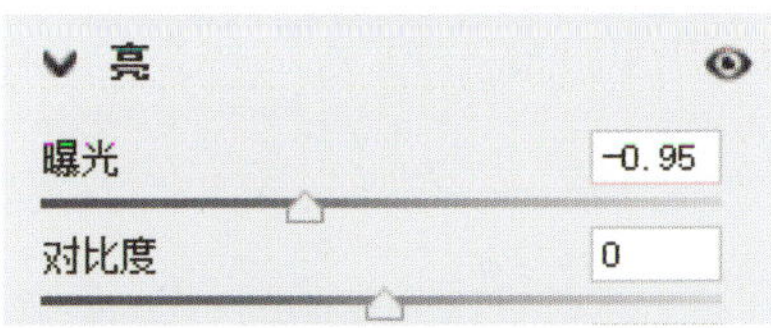

图7.40

图7.41

(15) 单击“确定”选项，应用 Camera Raw 滤镜设置到 Photoshop 中，按 Ctrl+S 快捷键保存文件，最终的图层面板如图 7.42 所示。

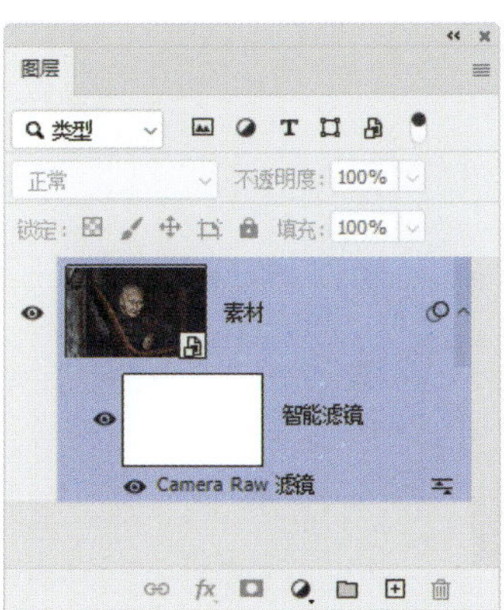

图7.42

7.2　黄绿电影色调纪实人像

本案例先使用亮、混色器及颜色分级调整面板，降低画面的色彩饱和度，并使色调呈现为青黄色调。接着再创建多个蒙版，对画面中的各个区域做精细调整，最后再增强画面的细节与纹理。

(01) 在 Photoshop 中打开配套素材中的文件“第 7 章\7.2- 素材 .jpg”，如图 7.43 所示，选中图层，单击鼠标右键选择“转换为智能对象”选项，然后执行“滤镜”|“Camera Raw 滤镜”命令，以打开 Camera Raw 滤镜。

图7.43

(02) 首先降低画面的色彩饱和度。展开“颜色”选项卡，调整参数如图 7.44 所示，同时使画面的色调偏黄一些，调整后的图像效果如图 7.45 所示。

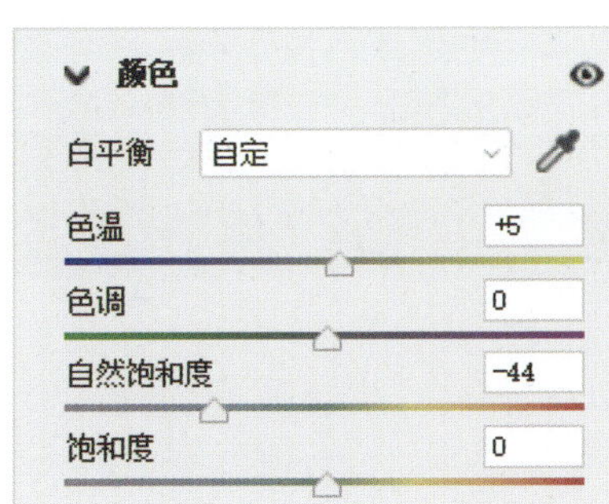

图7.44

图7.45

(03) 接下来，调整衣服与天空的色彩，使这两部分的色彩进一步弱化。展开“混色器”选项卡，分别调整“色相”和“饱和度”子选项中的参数如图 7.46 和图 7.47 所示，得到如图 7.48 所示的图像效果。

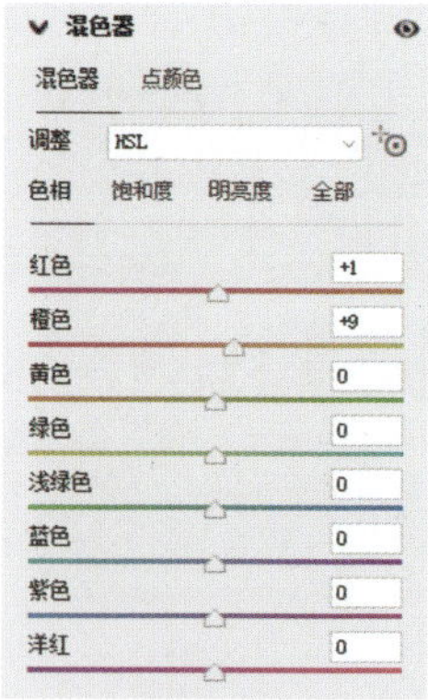

图7.46

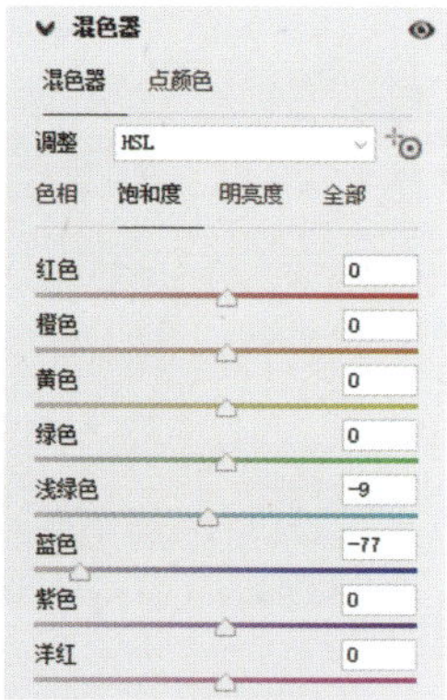

图7.47

图7.48

(04) 经过上面的调整，画面呈现为低饱和色彩，接下来要让画面呈现为青色调。展开“颜色分级”选项卡，选择“中间调”子选项，拖动圆圈向青色调偏移，并适当减少明度数值，如图 7.49 所示，得到如图 7.50 所示的图像效果。

图7.49

图7.50

至此，画面的调色基本完成。但画面中有些区域不是很理想。需要利用蒙版功能对这些区域进一步修饰。

(05) 单击蒙版工具，接着选择“画笔”选项，设置画笔参数如图 7.51 所示，然后对画面左侧的墙面进行涂抹，涂抹后的效果如图 7.52 所示，得到蒙版 1。

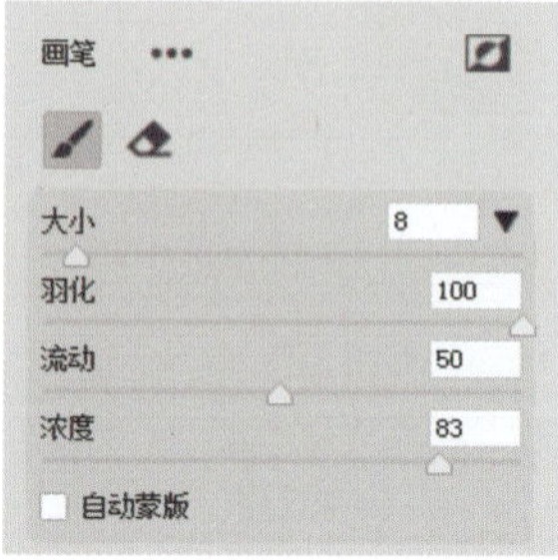

图7.51

图7.52

(06) 展开“亮”选项卡，调整参数如图 7.53 所示，以减少这部分的曝光并增强对比度，接着展开“效果”选项卡，调整参数如图 7.54 所示，以增强画面的质感。调整后的图像效果如图 7.55 所示。

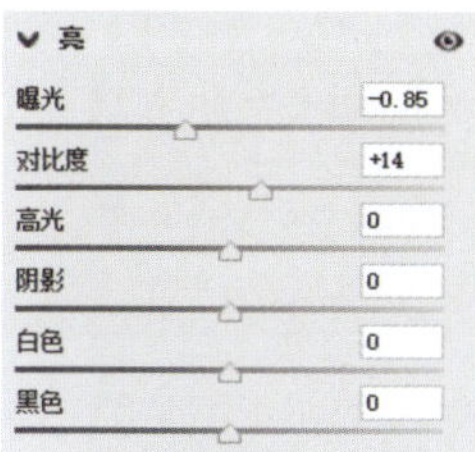

图7.53

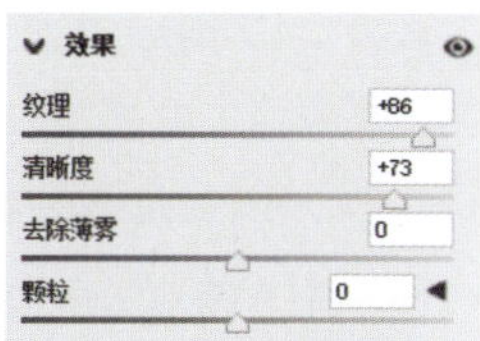

图7.54

图7.55

(07) 继续单击创建新蒙版图标，在弹出的列表中选择“画笔”选项，设置合适的画笔大小，其他参数如前，然后对画面中的人物衣服进行涂抹，涂抹后的效果如图 7.56 所示，得到蒙版 2。然后分别展开“亮”和“颜色”选项卡，调整参数如图 7.57 和图 7.58 所示，得到如图 7.59 所示的图像效果。

图7.56

图7.57

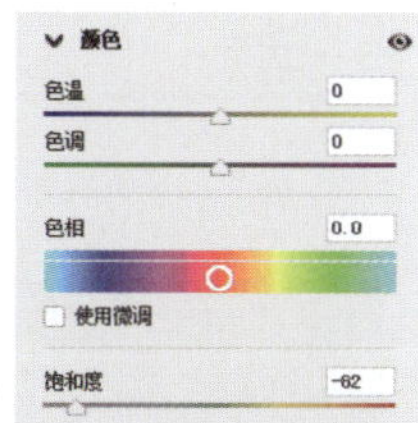

图7.58

图7.59

(08) 继续单击创建新蒙版图标，在弹出的列表中选择“画笔”选项，设置合适的画笔大小，其他参数如前，然后对画面人物后方的天空进行涂抹，涂抹后的效果如图 7.60 所示，得到蒙版 3，接着展开“亮”选项卡，调整“曝光”参数如图 7.61 所示，得到如图 7.62 所示的图像效果。

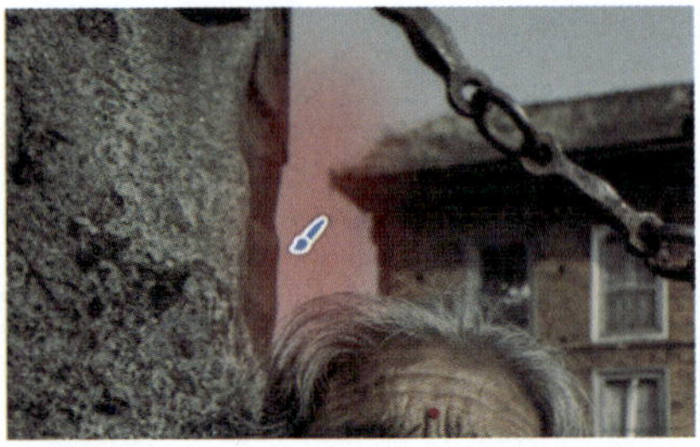

图7.60

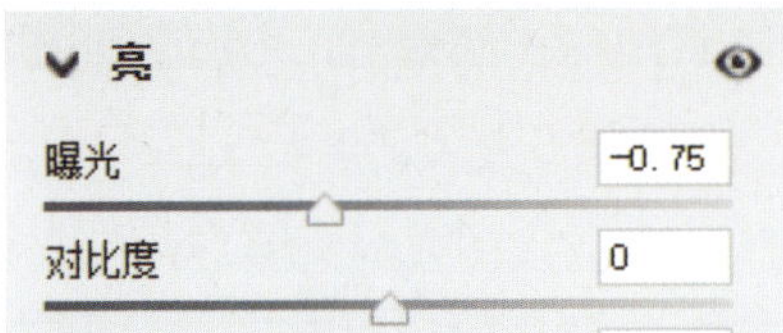

图7.61

图7.62

(09) 继续单击创建新蒙版图标，在弹出的列表中选择“画笔”选项，设置合适的画笔大小，其他参数默认，然后对面部及手部后面进行涂抹，涂抹后的效果如图 7.63 所示，得到蒙版 4。然后展开“亮”选项卡，调整“曝光”参数如图 7.64 所示，得到如图 7.65 所示的图像效果。

图7.63

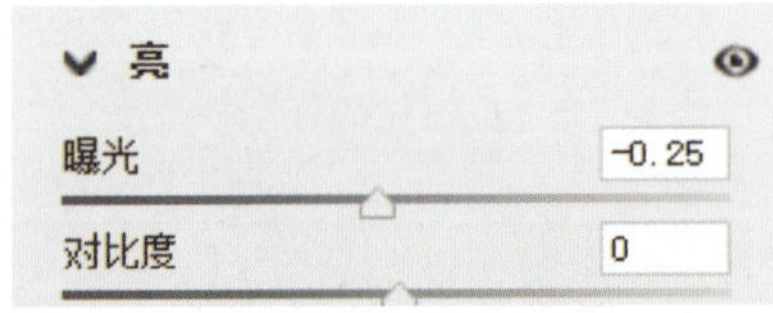

图7.64

图7.65

(10) 继续单击创建新蒙版图标，在弹出的列表中选择“画笔”选项，对画面头部及头发进行涂抹，涂抹后的效果如图 7.66 所示，得到蒙版 5。然后分别展开“亮”和“效果”选项卡，调整参数如图 7.67 和图 7.68 所示，得到如图 7.69 所示的图像效果。

图7.66

图7.67

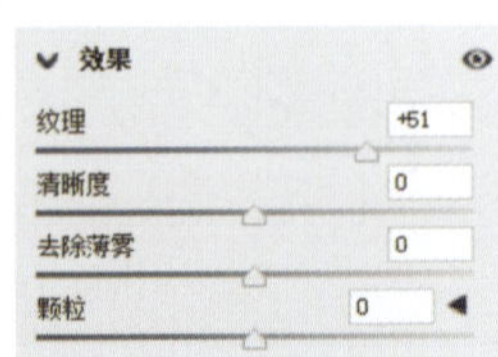

图7.68

图7.69

（11） 继续单击创建新蒙版图标，在弹出的列表中选择“画笔”选项，设置合适的画笔参数，然后对背景中的屋子、钟及地面较亮的区域进行涂抹，涂抹后的效果如图 7.70 所示，得到蒙版 6。再分别展开“亮”和“效果”选项卡，调整参数如图 7.71 和图 7.72 所示，得到如图 7.73 所示的图像效果。

图7.70

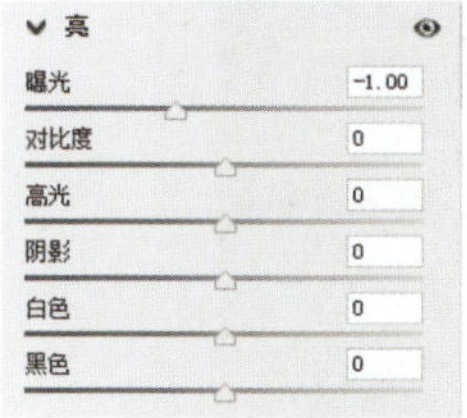

图7.71

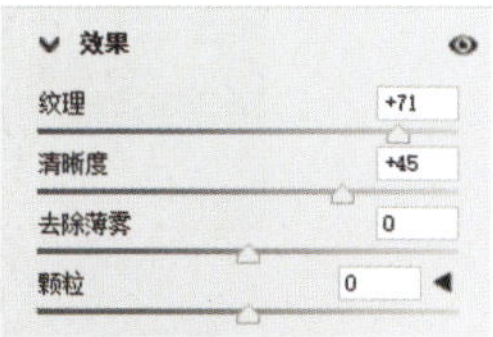

图7.72

图7.73

（12） 经过上一步的调整，发现钟的上半部分还不理想，继续单击创建新蒙版图标，在弹出的列表中选择“画笔”选项，设置合适的画笔参数，然后对钟的上半部分进行涂抹，涂抹后的效果如图 7.74 所示，得到蒙版 7。然后展开“亮”选项卡，调整参数如图 7.75 所示，得到如图 7.76 所示的图像效果。

图7.74

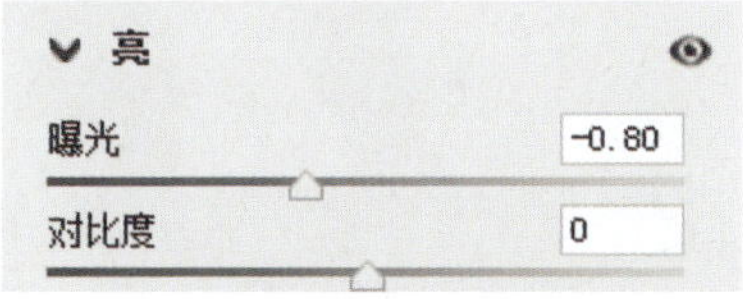

图7.75

图7.76

（13） 单击编辑工具退出蒙版编辑界面，然后展开“细节”选项卡，调整参数如图 7.77 所示，以减少画面的噪点，降噪前后对比效果如图 7.78 和图 7.79 所示。

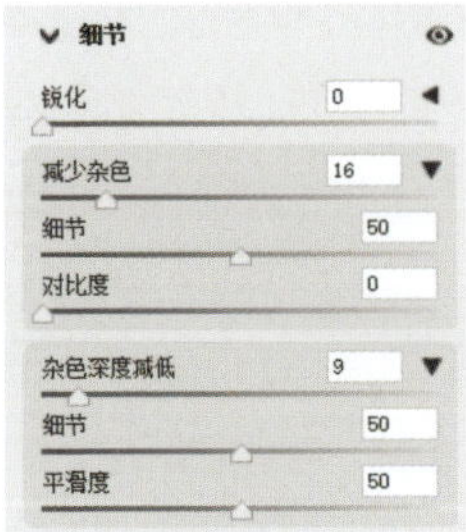

图7.77

图7.78

图7.79

(14) 单击界面右下角的“确定”选项，应用 Camera Raw 滤镜设置到 Photoshop 中，按 Ctrl+S 快捷键保存文件，最终的图层面板和效果如图 7.80 和图 7.81 所示。

图7.80

图7.81

7.3 青色调纪实风格人像

本案例先是利用颜色、混色器及颜色分级调整面板将原本一张色彩鲜艳的纪实人像照片，调修成低饱和度的青色调效果。然后利用蒙版，降低画面中亮度较高的物体及背景，同时还营造出暗角效果，使人物主体在画面中得到突出。

(01) 在 Photoshop 中打开配套素材中的文件“第 7 章\7.3- 素材 .jpg”，如图 7.82 所示，选中图层，单击鼠标右键选择“转换为智能对象”选项，然后执行“滤镜”|“Camera Raw 滤镜”命令，以打开 Camera Raw 滤镜。

图7.82

(02) 首先降低画面的色彩饱和度。展开“颜色”选项卡，调整“自然饱和度”参数如图 7.83 所示，得到如图 7.84 所示的图像效果。

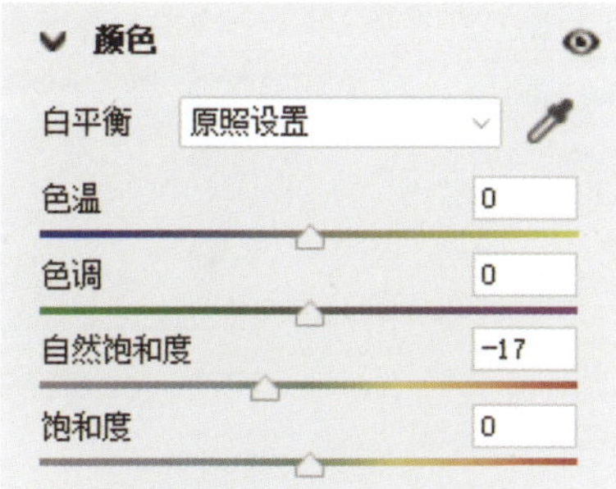

图7.83

图7.84

(03) 接着降低画面中红色系的色彩饱和度，展开“混色器”选项卡，分别选择“饱和度”和“明亮度”子选项，调整参数如图 7.85 和图 7.86 所示，得到如图 7.87 所示的图像效果。

图7.85

图7.86

图7.87

(04) 经过上面的调整，画面饱和度大幅度降低，接下来调出画面的青色调。展开“颜色分级”选项卡，分别选择“阴影”“中间调”和“高光”子选项，调整参数如图 7.88、图 7.89 和图 7.90 所示，得到如图 7.91 所示的图像效果。

图7.88

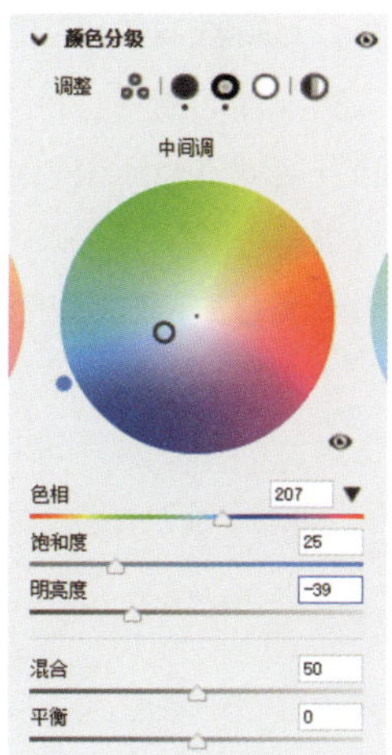

图7.89

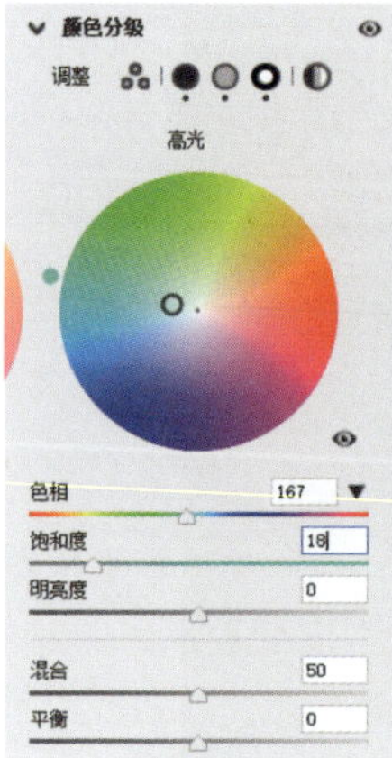

图7.90　　图7.91

提示

也可以直接拖动色环上的圆圈向目标颜色偏移，这样操作很方便也直观。

经过前面的调整，画面已经呈现为青色调了，但观察画面可以看出，画面前景陶碗、橙色背包的色彩比较引人注意，而背景也比较亮，显得画面的层次感不足，这些都会影响到人物主体的表现，接下来将利用蒙版，挨个对这些区域进行压暗处理，从而得到更好的画面效果。

(05) 单击蒙版工具，然后选择“画笔”选项，设置画笔参数如图 7.92 所示，对人物旁边的橙色背包进行涂抹，涂抹后的效果如图 7.93 所示，得到蒙版 1。

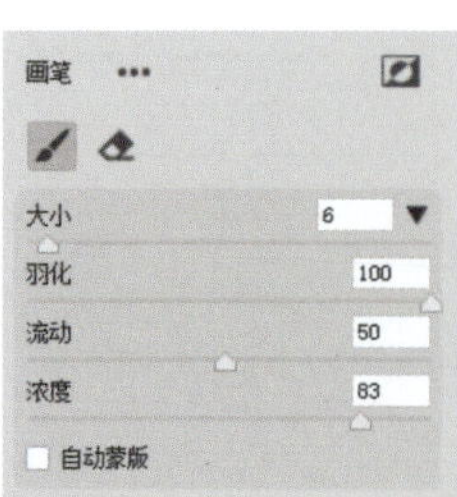

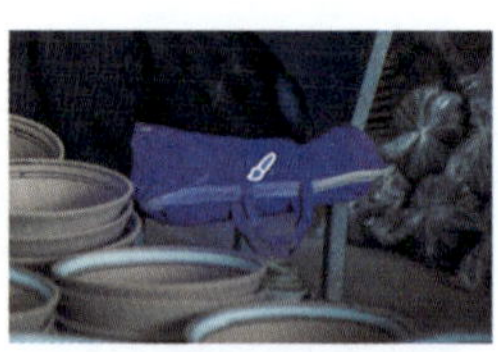

图7.92　　图7.93

(06) 接着分别展开“亮”和“颜色”选项卡，调整参数如图 7.94 和图 7.95 所示，得到如图 7.96 所示的图像效果。

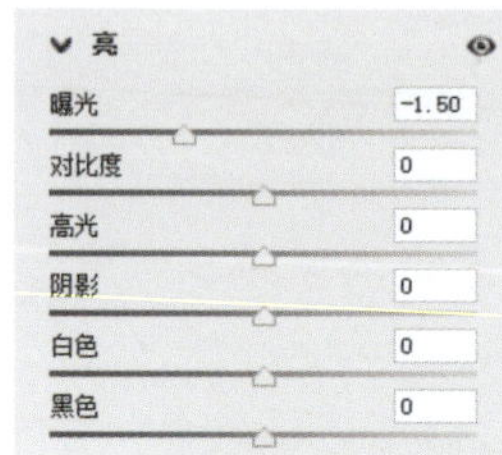

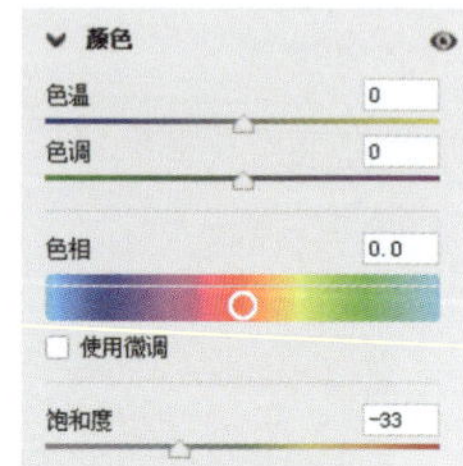

图7.94　　图7.95

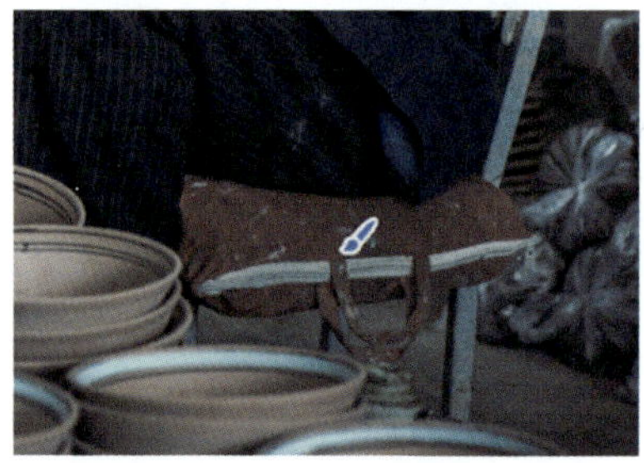

图7.96

(07) 单击创建新蒙版图标，然后在列表中选择“画笔”选项，如图 7.97 所示，画笔参数设置同前，对人物耳朵后面较亮的物体进行涂抹，涂抹后的效果如图 7.98 所示，得到蒙版 2。

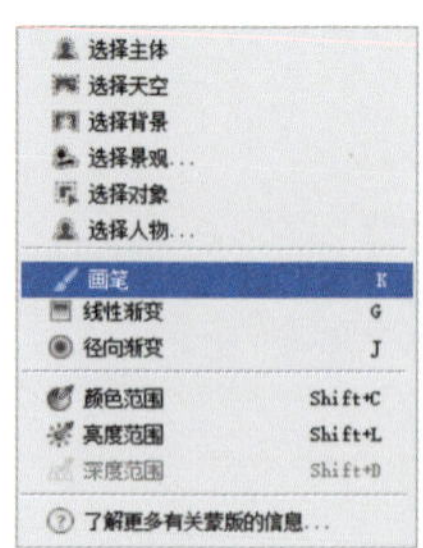

图7.97　　图7.98

(08) 接着分别展开“亮”和“颜色”选项卡，调整参数如图 7.99 和图 7.100 所示，得到如图 7.101 所示的图像效果。

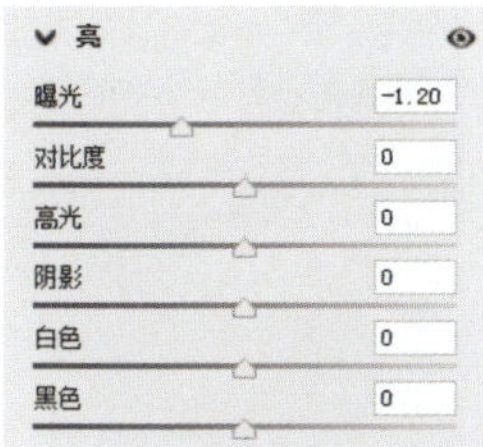

图7.99

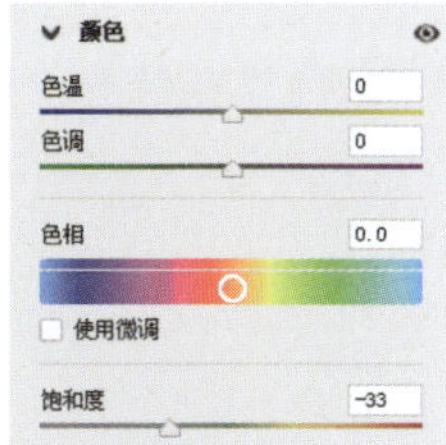

图7.100

图7.101

(09) 观察画面可以看到，人物裤子下半部分比较亮，需要将其亮度压暗一些。单击创建新蒙版图标，然后在列表中选择“画笔”选项，画笔参数设置同前，对半部分的裤子进行涂抹，如图 7.102 所示，得到蒙版 3。

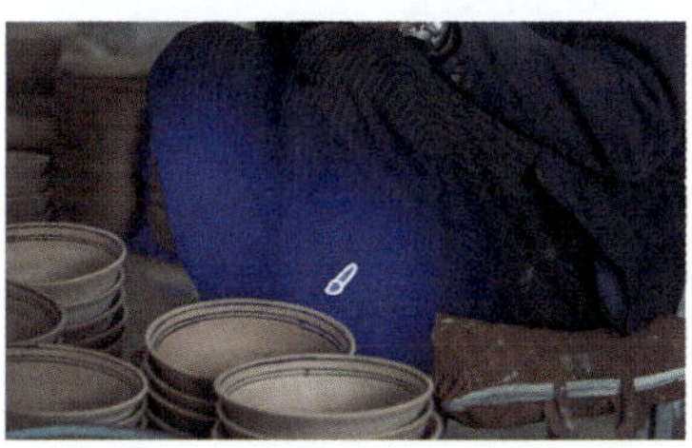
图7.102

(10) 接着分别展开“亮”和“颜色”选项卡，调整参数如图 7.103 和图 7.104 所示，得到如图 7.105 所示的图像效果。

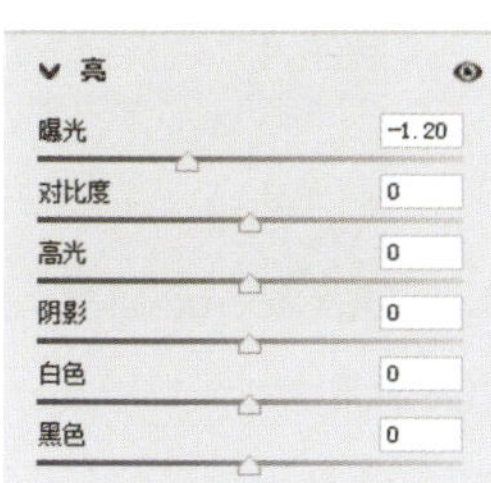

图7.103

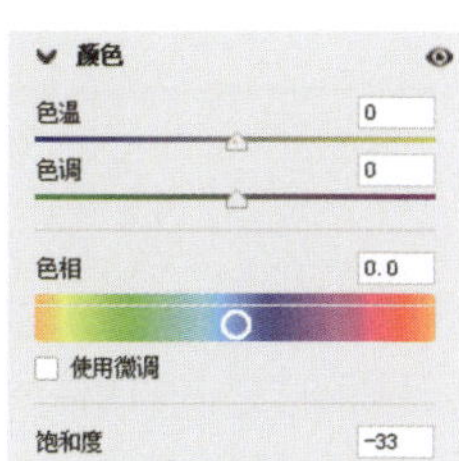

图7.104

图7.105

(11) 画面中陶碗上的青蓝色在画面中非常扎眼，需要利用蒙版将这些降低亮度和饱和度。继续单击创建新蒙版图标，然后在列表中选择“画笔”选项，画笔参数设置同前，涂抹陶碗上的青蓝色环，涂抹后的效果如图 7.106 所示，得到蒙版 4。

图7.106

(12) 接着分别展开“亮”和“颜色”选项卡，调整参数如图 7.107 和图 7.108 所示，得到如图 7.109 所示的图像效果。

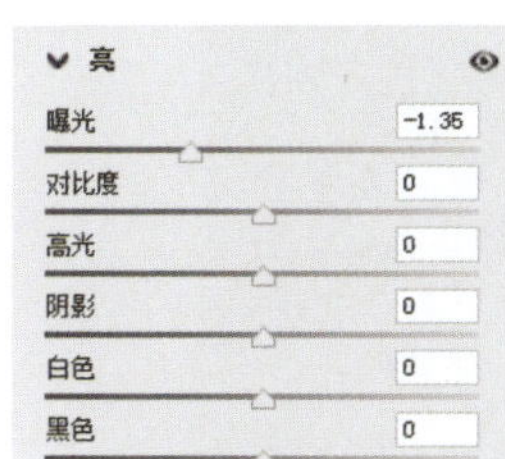

图7.107

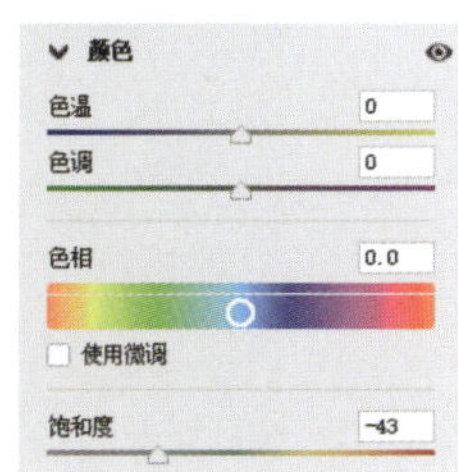

图7.108

图7.109

接下来增强画面的层次感，将利用线性渐变和径向渐变蒙版，分别压暗画面的四周区域，营造出暗角效果，使视线集中到中间的人物身上。

（13） 继续单击创建新蒙版图标，然后在列表中选择“线性渐变”选项，如图 7.110 所示，从左下角斜上向拉出一条渐变，如图 7.111 所示，得到蒙版 5。

图7.110

图7.111

（14） 接着展开“亮”选项卡，调整参数如图 7.112 所示，得到如图 7.113 所示的图像效果。

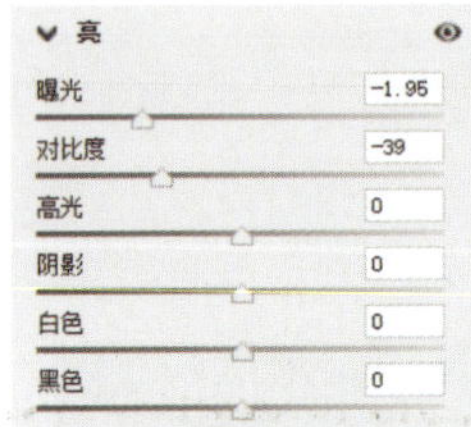

图7.112

图7.113

（15） 继续单击创建新蒙版图标，然后在列表中选择“线性渐变”选项，从左向右拉出一条渐变，如图 7.114 所示，得到蒙版 6。

图7.114

（16） 展开“亮”选项卡，调整参数如图 7.115 所示，得到如图 7.116 所示的图像效果。

图7.115

图7.116

（17） 继续单击创建新蒙版图标，然后在列表中选择“径向渐变”选项，如图 7.117

所示，绘制出如图 7.118 所示效果的一个径向渐变，得到蒙版 7。

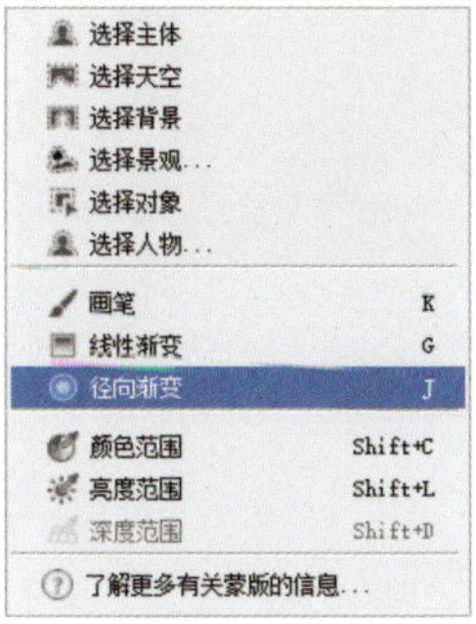

图7.117

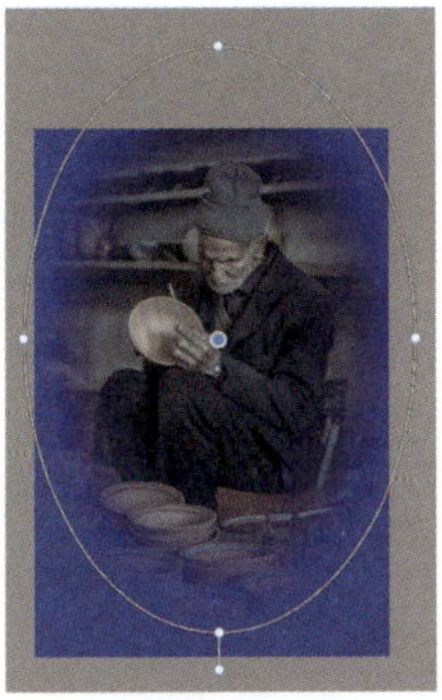

图7.118

（18） 展开“亮”选项卡，调整参数如图 7.119 所示，得到如图 7.120 所示的图像效果。

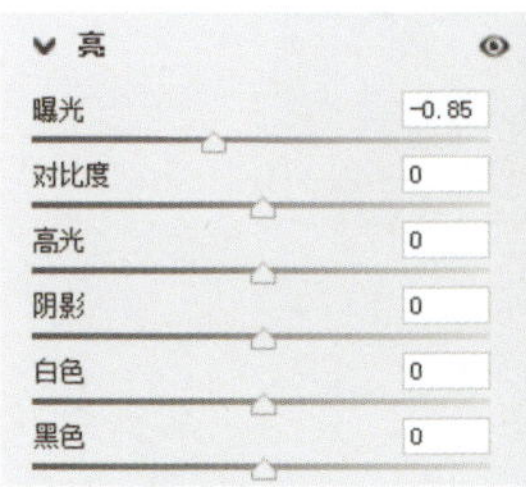

图7.119

图7.120

（19） 单击编辑工具，退出蒙版编辑界面，然后展开“细节”选项卡，调整参数如图 7.121 所示，为画面增加颗粒效果，如图 7.122 所示。

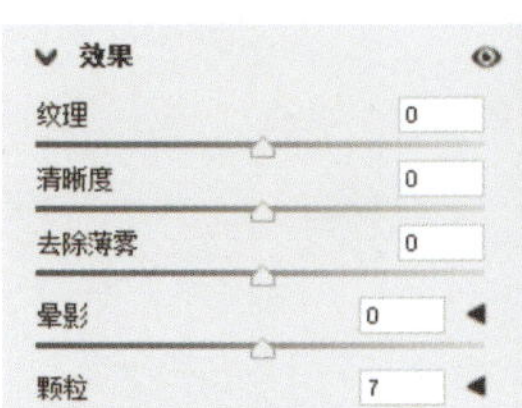

图7.121

图7.122

（20） 单击界面右下角的“确定”选项，应用 Camera Raw 滤镜设置到 Photoshop 中，然后按 Ctrl+S 快捷键保存文件，最终的图层面板和效果如图 7.123 和图 7.124 所示。

图7.123

图7.124

7.4　将普通街拍照片调修成暗黑风格

本案例原片是一张非常普通的俯拍街景，画面杂乱无章，色彩也没有特色，通过在 Camera Raw滤镜中，综合利用各个调整面板功能，使画面的对比增强，并弱化其他颜色，整体呈现为暗黑色调，只凸显橙色，起到聚焦视线的效果。

（01） 在 Photoshop 中打开配套素材中的文件“第 7 章\7.4- 素材 .jpg”，如图 7.125 所示，选中图层，单击鼠标右键选择“转换为智能对象”选项，然后执行“滤镜”|“Camera Raw 滤镜”命令，以打开 Camera Raw 滤镜。

图7.125

（02） 首先改善画面的曝光与对比，画面中阴影区域曝光不足，高光区域也略有曝光过度。展开“亮”选项卡，调整参数如图 7.126 所示，得到如图 7.127 所示的图像效果。

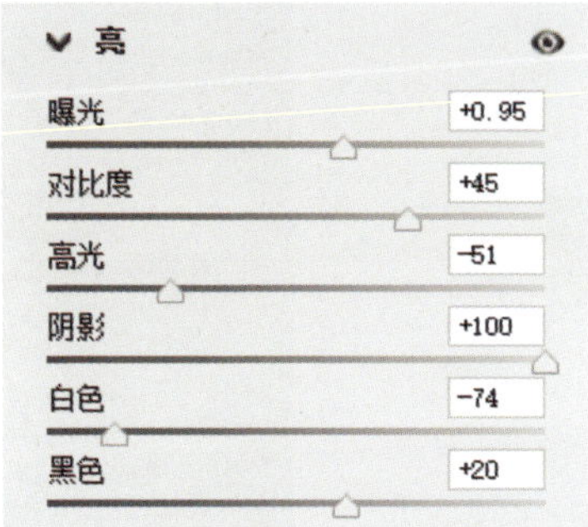

图7.126

图7.127

（03） 接着降低画面的色彩饱和度，使画面整体呈现为灰色调。展开“颜色”选项卡，调整“自然饱和度”参数，如图 7.128 所示，得到如图 7.129 所示的图像效果。

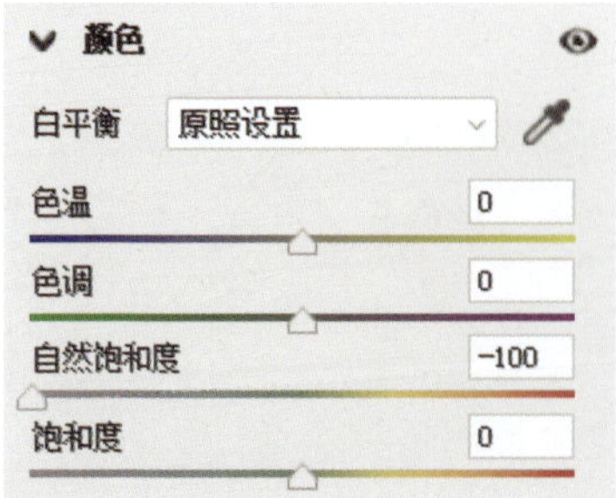

图7.128

图7.129

（04） 接着利用曲线强化画面色调，使画面变得更暗。展开“曲线”选项卡，调整 RGB 曲线，如图 7.130 所示，得到如图 7.131 所示的图像效果。

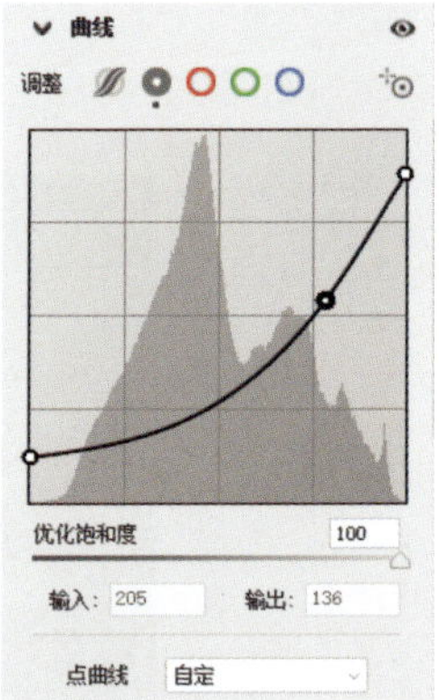

图7.130

图7.131

（05） 接下来改善画面中的红、黄、绿、蓝色彩的饱和度，使画面色调进一步统一。展开“混色器”选项卡，分别选择“饱和度”和“明亮度”子选项，调整参数如图 7.132 和图 7.133 所示，得到如图 7.134 所示的图像效果。

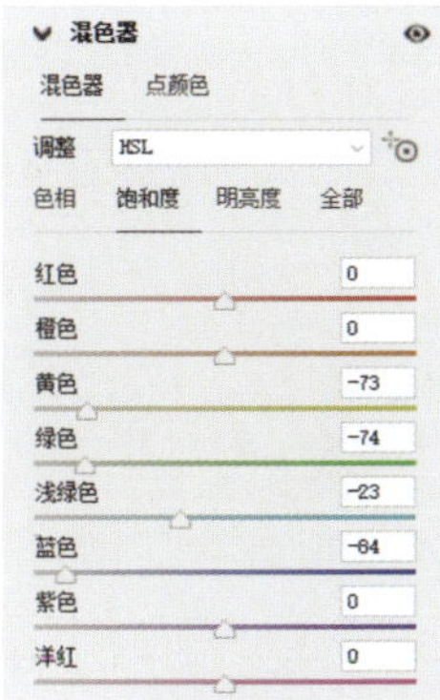

图7.132

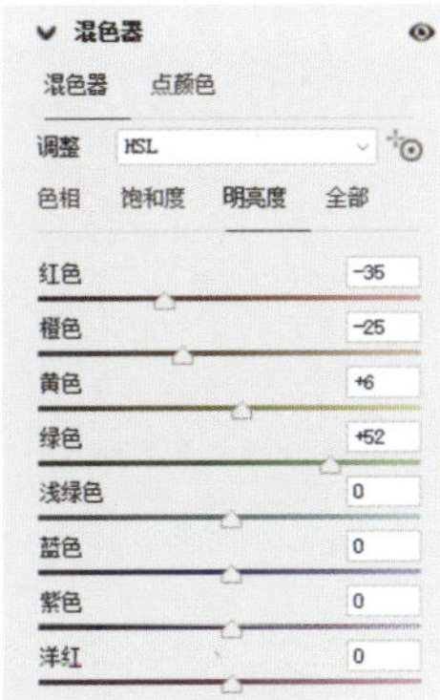

图7.133

图7.134

(06) 至此，画面的整体色调已呈现为暗黑风格，但画面缺少视觉焦点，在画面中，橙色占比大，可以提亮画面中的橙色，来起到聚焦视线的目的。展开“校准”选项卡调整参数，如图 7.135 所示，得到如图 7.136 所示的最终图像效果。

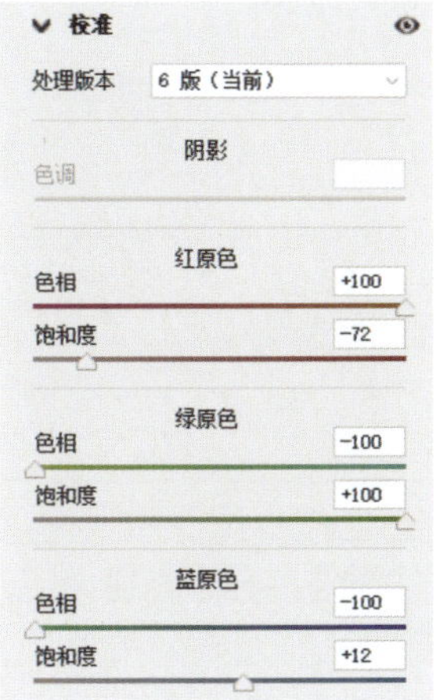

图7.135

图7.136

(07) 单击界面右下角的“确定”选项，应用 Camera Raw 滤镜设置到 Photoshop 中，然后按 Ctrl+S 快捷键保存文件。

7.5　逆光街拍照片调修成电影画面感效果

本案例原片是一张逆光下拍摄的街拍照片，画面的明暗反差较大，高光区域有些曝光过度，阴影区域则较黑无细节。本案例的调整思路是先改善画面的高光与阴影区域，降低画面的明暗对比，然后将画面调为偏黄色调，最后利用多个蒙版，压暗画面右上部分的景物，和提高人物周边的对比，使视线集中到人物身上，调整后的图像效果，如同复古电影的画面风格。

(01) 在 Photoshop 中打开配套素材中的文件“第 7 章\7.5- 素材 .jpg”，如图 7.137 所示，选中图层，单击鼠标右键选择“转换为智能对象”选项，然后执行“滤镜”|“Camera Raw 滤镜”命令，以打开 Camera Raw 滤镜。

图7.137

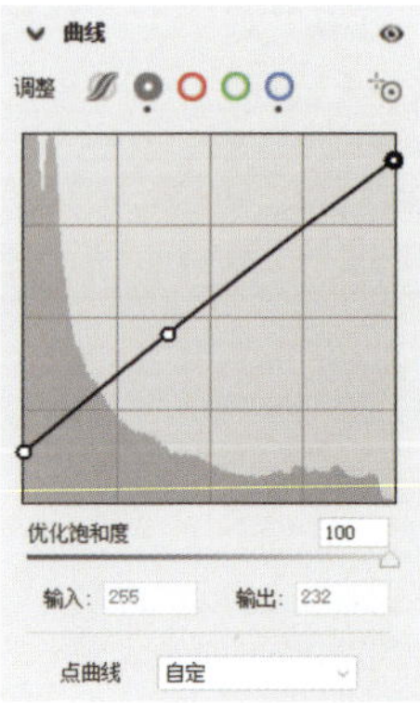

图7.140

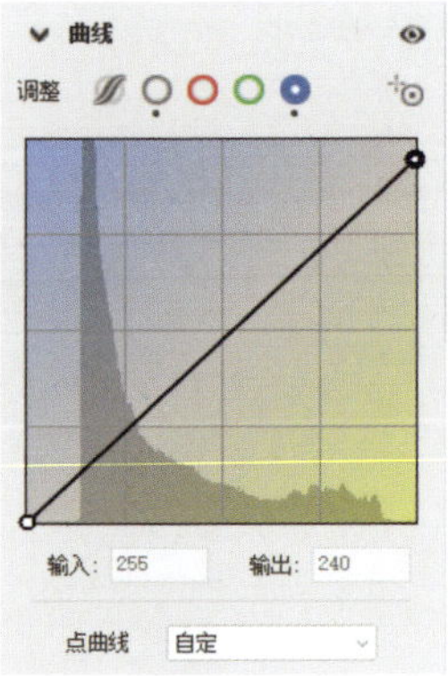

图7.141

原片因为是逆光下拍摄的，光影效果非常好，但也存在逆光照片的缺点，即高光区域非常亮，而阴影区域非常黑，所以首先要改善画面的明暗对比。

(02) 展开“亮”选项卡，调整参数如图 7.138 所示，以降低高光的亮度，同时适当压暗阴影和增加对比度，得到如图 7.139 所示的图像效果。

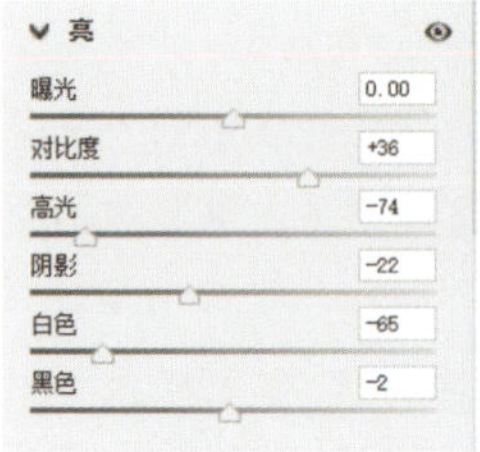

图7.138

图7.139

(03) 接着展开“曲线”选项卡，调整 RGB 曲线如图 7.140 所示，以降低高光区域的亮度和提升阴影区域。接着选择蓝通道曲线，调整蓝通道曲线如图 7.141 所示，使高光区域的色调向黄色偏移一些，调整曲线后的图像效果如图 7.142 所示。

图7.142

通过前面的调整，画面的高光与阴影区域得到了改善。此时观察画面，会看到画面的色调太普通了，画面的拍摄环境是比较古朴和生活化的，因此，在色调调整方面，可以向复古电影风格的绿色调整。

(04) 展开“颜色”选项卡，调整参数如图 7.143 所示，得到如图 7.144 所示的图像效果。

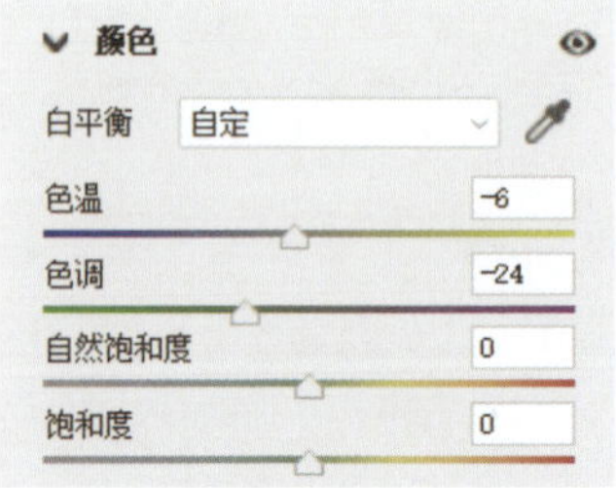

图7.143

图7.144

经过前面的调修，画面的电影感效果基本显现出来了。此时观察画面可以看出，画面的层次感比较平，接下来需要增强画面的层次感和立体感。

（05） 单击蒙版工具，选择“线性渐变”选项，如图 7.145 所示。在画面的右上半部分斜着拉出一条线性渐变，如图 7.146 所示，得到蒙版 1。

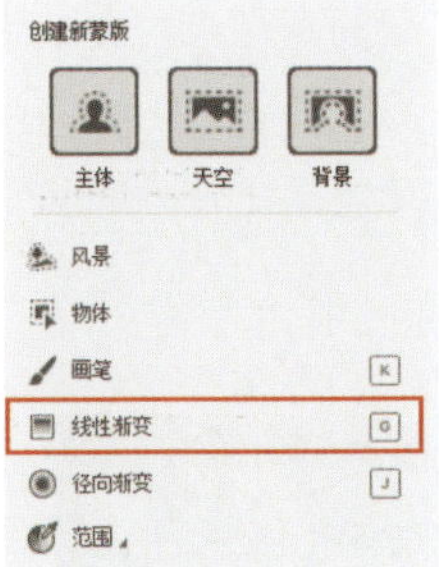

图7.145

图7.146

（06） 展开“亮”选项卡，调整“曝光”参数如图 7.147 所示，以减少蒙版所覆盖区域的亮度，得到如图 7.148 所示的图像效果。

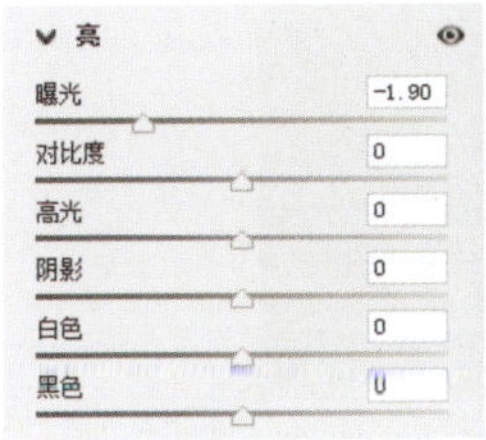

图7.147

图7.148

（07） 接着单击创建新蒙版图标，在弹出的列表中选择“径向渐变”选项，如图 7.149 所示。设置“羽化”数值为 20，然后以人物为中心，绘制出如图 7.150 所示的一个径向渐变，得到蒙版 2。

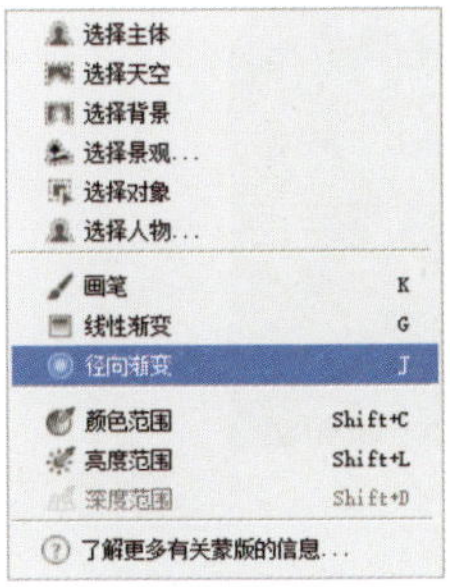

图7.149

图7.150

（08） 展开“亮”选项卡，调整参数如图 7.151 所示，以增强蒙版 2 覆盖区域的对比度，得到如图 7.152 所示的图像效果。

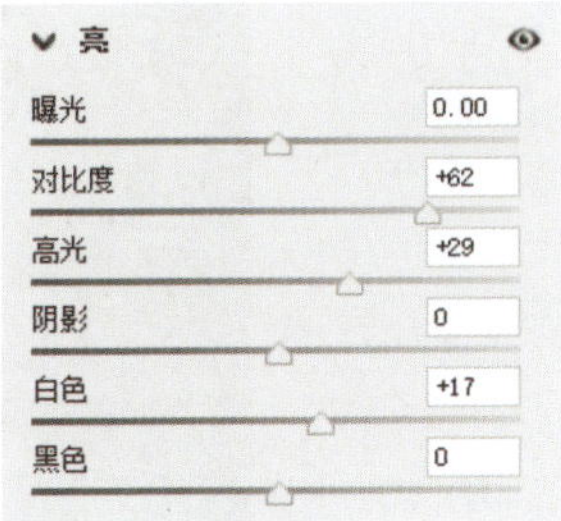

图7.151

图7.152

（09） 继续单击创建新蒙版图标，在弹出的列表中选择“径向渐变”选项，设置“羽化”数值为 20，然后以人物为中心，绘制出如图 7.153 所示的一个径向渐变，得到蒙版 3。

图7.153

（10） 展开“亮”选项卡，调整参数如图 7.154 所示，得到如图 7.155 所示的最终图像效果。

图7.154

图7.155

（11） 单击界面右下角的“确定”选项，应用 Camera Raw 滤镜设置到 Photoshop 中，然后按 Ctrl+S 快捷键保存文件。

7.6　将白天拍摄的杂乱街场景调修成黄昏光线效果

本案例原片中的景物非常杂乱，而且颜色既多又鲜艳，给人以视线不知道放在哪里合适的感觉。

所以此案例的主要调整思路，第一是统一画面的色调，以减少色彩对视线的干扰，此案例是模拟成黄昏时的暖色调；第二是利用镜头模糊功能，模拟出虚化景深效果，减少远处杂乱景物对画面的影响；第三是利用蒙版功能，模拟出黄昏时的局部光线效果，照亮画面中心区域，而其他区域模拟出阴影下的光线效果，衬托出亮处的景物表现。经过这样的思路调整后，画面杂乱的感觉就大大缩小。

（01） 在 Photoshop 中打开配套素材中的文件“第 7 章\7.6- 素材 .jpg”，如图 7.156 所示，选中图层，单击鼠标右键选择“转换为智能对象”选项，然后执行“滤镜”|“Camera Raw 滤镜”命令，以打开 Camera Raw 滤镜。

图7.156

（02） 首先降低画面的曝光。展开“亮”选项卡，调整参数如图 7.157 所示，得到如图 7.158 所示的图像效果。

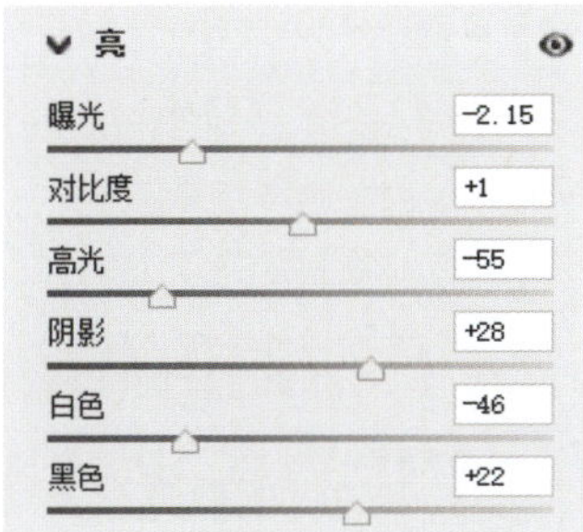

图7.157

图7.158

(03) 接下来使画面的整体色调向暖通色偏移。展开“颜色”选项卡，调整参数如图 7.159 所示，得到如图 7.160 所示的图像效果。

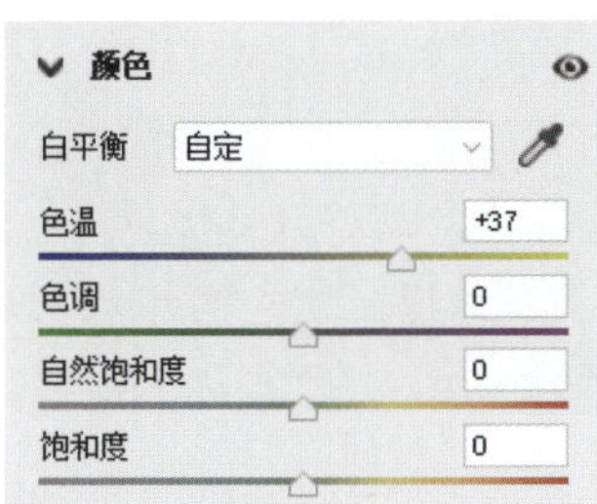

图7.159

图7.160

(04) 经过上一步的调整，画面的色调虽然偏移黄色调了，但画面中还有鲜艳的蓝色、红色和绿色，需要降低这些色彩对画面的影响。展开“混色器”选项卡，分别调整“色相”“饱和度”和“明亮度”子选项参数如图 7.161~ 图 7.163 所示，得到如图 7.164 所示的图像效果。

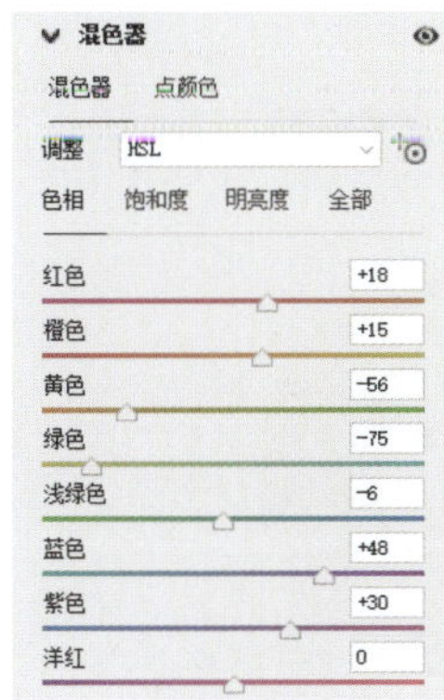

图7.161

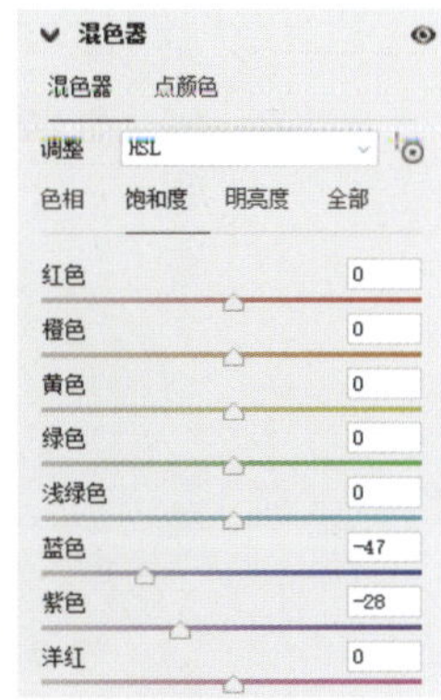

图7.162

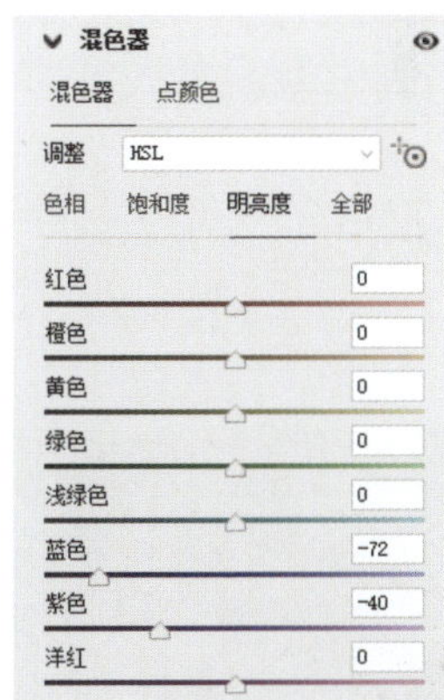

图7.163

图7.164

经过上一步的调整，画面的色彩更加和谐了，此时观察画面发现，右下角的白色物体与左下角穿白色衣服的男子这两处的色彩还是偏白的，在画面中较为显眼，需要进行处理。

(05) 展开“颜色分级”选项卡，选择高光选项，然后调整参数如图 7.165 所示，得到如图 7.166 所示的图像效果。

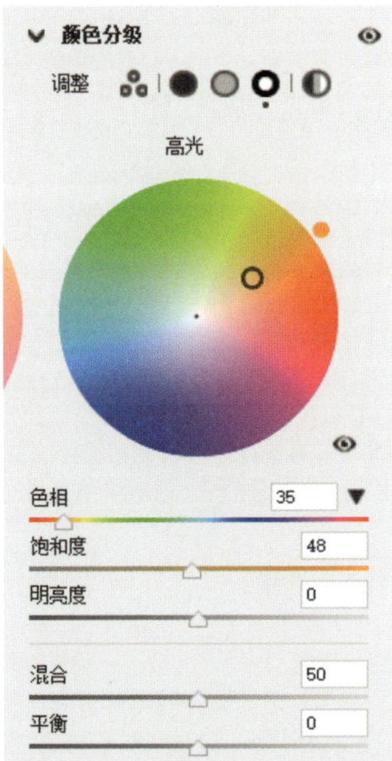

图7.165

图7.166

至此，统一画面色调的操作便完成了。接下来将使背景中的杂乱建筑物略微虚化，模拟出虚实对比的拍摄效果。

(06) 展开“镜头模糊”选项卡，勾选“应用”选项，Camera Raw 滤镜将自动分析图像，当自动分析完成后，在显示的界面中调整参数如图 7.167 所示，得到如图 7.168 所示的图像效果。

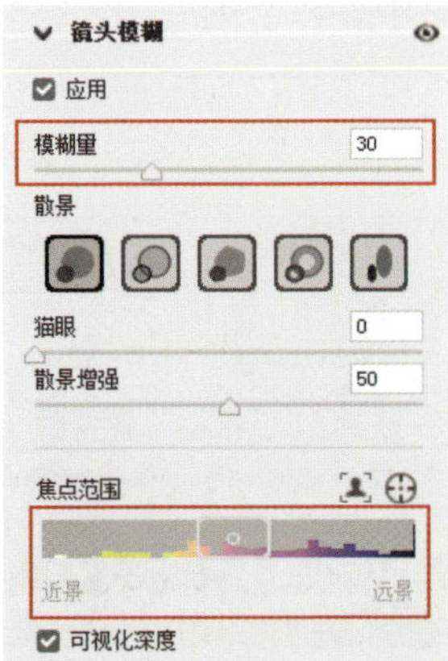

图7.167

图7.168

此时观察画面，因为减弱了其他色彩，并使画面的色调为暖色调，画面看起来虽然没有那么杂乱了，但是右下角的白色物体及穿白衣服的男子，在画面中仍然较为显眼，下面利用蒙版功能，对这两处进行优化处理。

(07) 单击蒙版工具，然后选择“物体”选项，如图 7.169 所示，然后在显示的界面中选择画笔工具，对画面右下角的物体进行涂抹，将自动识别该物体轮廓并创建蒙版 1，如图 7.170 所示。

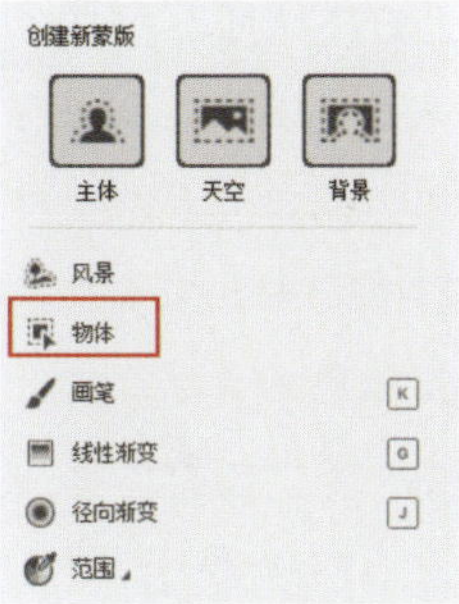

图7.169

图7.170

（08） 接着展开“亮”选项卡，调整参数如图 7.171 所示，以减少蒙版所覆盖区域的亮度，如图 7.172 所示。

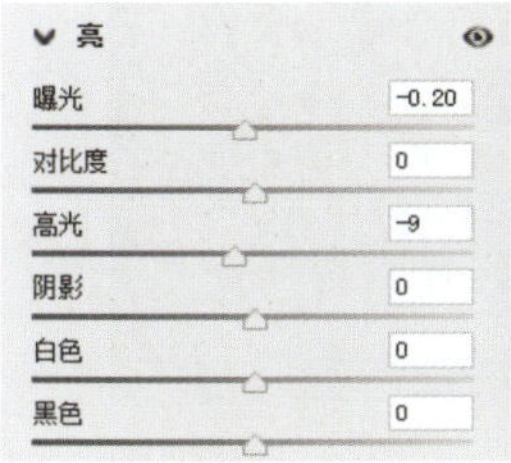

图7.171

图7.172

（09） 继续单击创建新蒙版图标，在弹出的列表中选择“选择对象”选项，然后在显示的界面中选择画笔工具，对画面左下角穿白色衣服的男子进行涂抹，将自动识别该男子轮廓并创建蒙版 2，如图 7.173 所示。

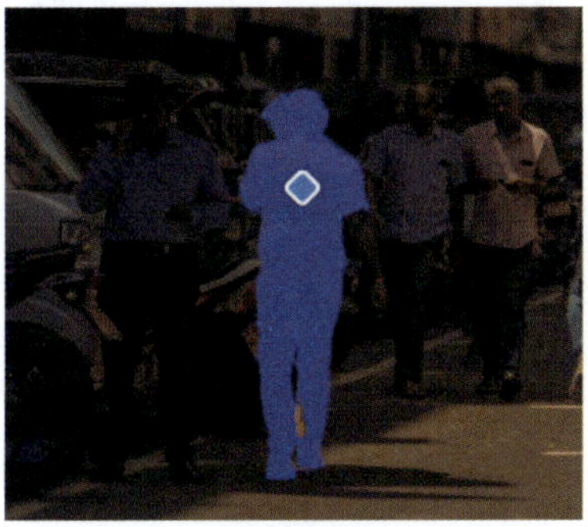
图7.173

（10） 接着展开“亮”选项卡，调整参数如图 7.174 所示，以减少蒙版所覆盖区域的亮度，如图 7.175 所示。

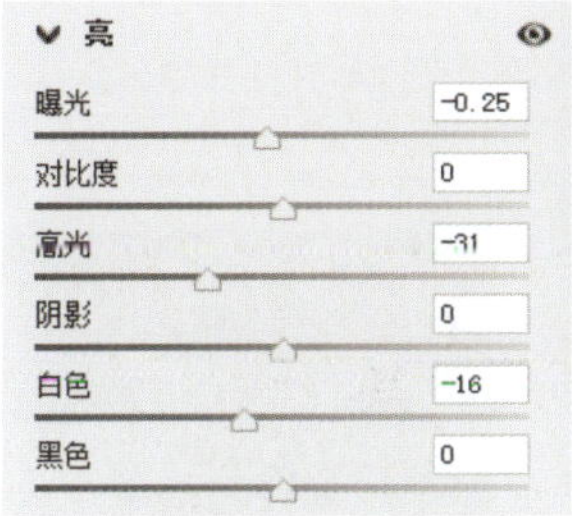

图7.174

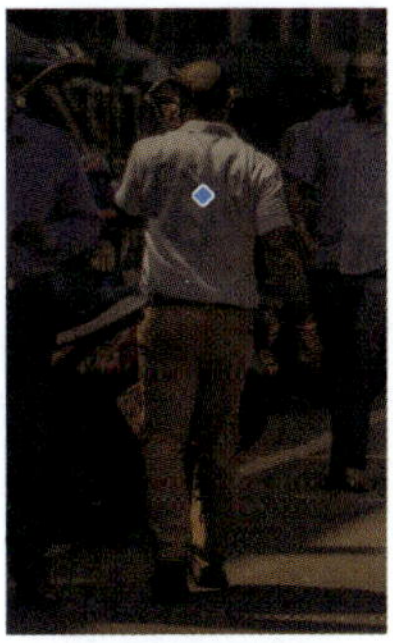
图7.175

经过前面的处理后，画面中没有明显干扰视线的对象了，但是此时的画面层次感不足，也没有视觉焦点，所以画面整体的视觉效果仍然不好，接下来将利用蒙版功能，模拟出局部光照射效果，使画面有明亮的区域，也有较暗的区域，使画面层次感得到增强的同时，画面也有了视觉焦点。

（11） 单击创建新蒙版图标，在弹出的列表中选择“径向渐变”选项，设置“羽化”参数如图 7.176 所示，然后绘制如图 7.177 所示的一个径向渐变，得到蒙版 3。

图7.176

图7.177

(12) 接着单击蒙版 3 旁边的三个小圆点 ，在弹出的列表中选择“反相蒙版”选项，如图 7.178 所示，使蒙版 3 变成如图 7.179 所示的覆盖范围。

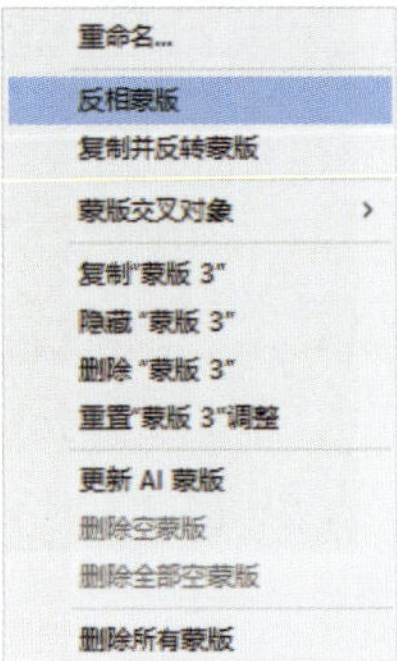

图7.178

图7.179

(13) 展开“亮”选项卡，调整参数如图 7.180 所示，得到如图 7.181 所示的图像效果。

图7.180

图7.181

(14) 继续单击创建新蒙版图标 ，在弹出的列表中选择“径向渐变”选项，设置“羽化”参数如图 7.182 所示，然后绘制如图 7.183 所示的一个径向渐变，得到蒙版 4。

图7.182

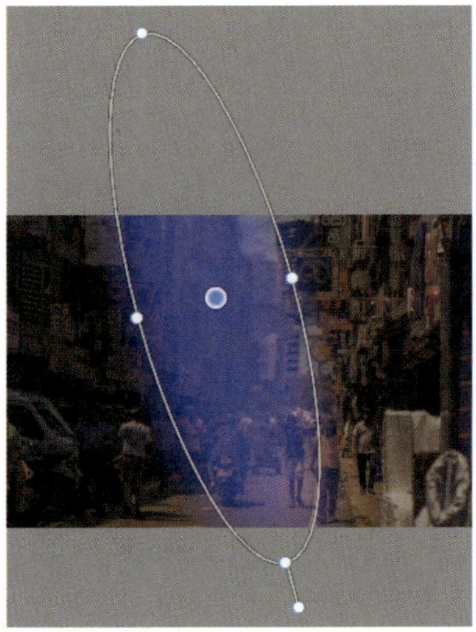

图7.183

(15) 分别展开“亮”“颜色”和“效果”选项卡，调整参数如图 7.184~图 7.186 所示，得到如图 7.187 所示的图像效果。

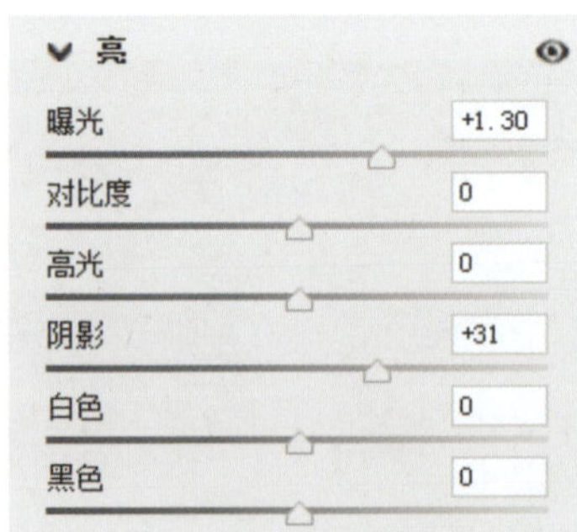

图7.184

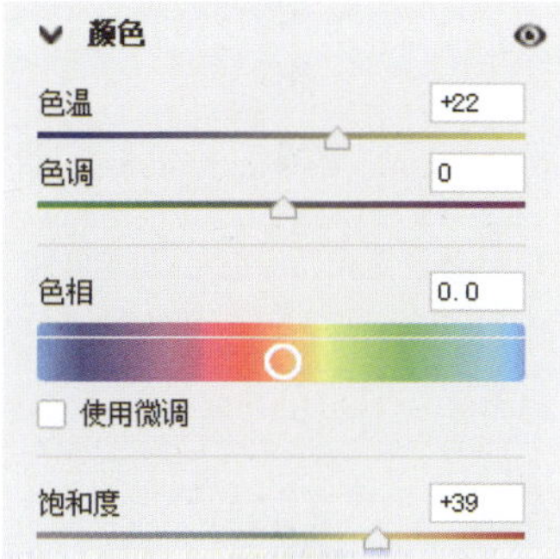

图7.185

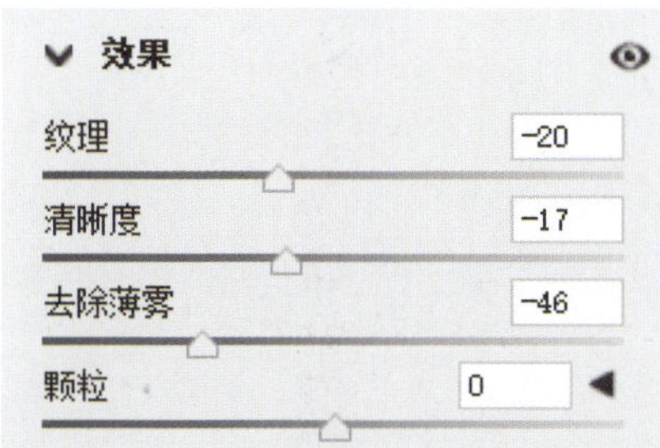

图7.186

图7.187

（16）单击编辑工具，退出蒙版编辑界面，展开“细节”与“效果面板”，调整参数如图 7.188 和图 7.189 所示，得到如图 7.190 所示的最终图像效果。

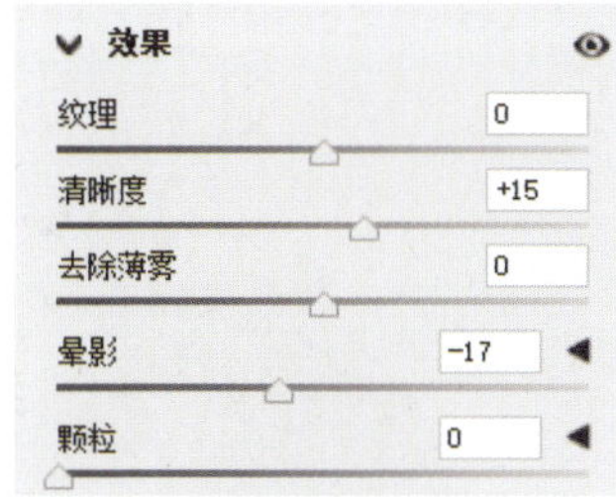

图7.188

图7.189

图7.190

（17）单击界面右下角的“确定”选项，应用 Camera Raw 滤镜设置到 Photoshop 中，然后按 Ctrl+S 快捷键保存文件。

第 8 章

风光及花卉照片调修

8.1　优化夜景照片色彩及降噪

本案例原片是一张线条感极美的夜景建筑照片，对于夜景照片，调整思路第一点是突出建筑物的线条，让建筑线条的明暗对比更好。第二点是夜景照片，蓝色调更有视觉美感，所以需要将画面的色调调修为深蓝色。第三点就是夜景的噪点往往比较多，需要对画面进行降噪处理。

(01) 打开随书附赠的素材文件“第 8 章 /8.1- 素材”.CR2，如图 8.1 所示，以启动 Camera Raw 滤镜。

图8.1

(02) 展开“亮”选项卡，调整各项参数如图 8.2 所示，使建筑的线条更鲜明一些。

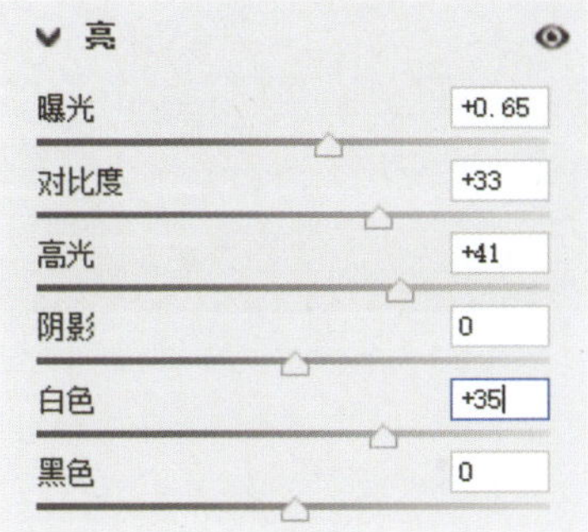

图8.2

(03) 第二步是让画面有蓝调效果，展开“颜色”选项卡，调整各参数如图 8.3 所示，得到如图 8.4 所示的图像效果。

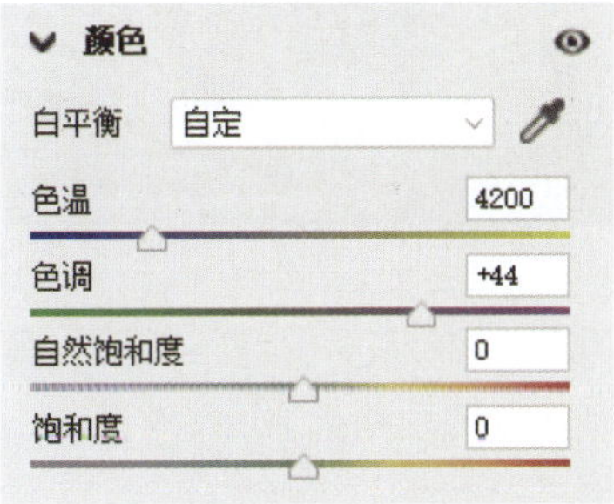

图8.3

图8.4

(04) 当上述处理完成后，放大显示画面，可以发现，画面有非常多的噪点，此时需要适当压暗一些阴影区域。展开“曲线”选项卡，选择蓝通道，调整蓝通道曲线如图 8.5 所示，得到如图 8.6 所示的效果。

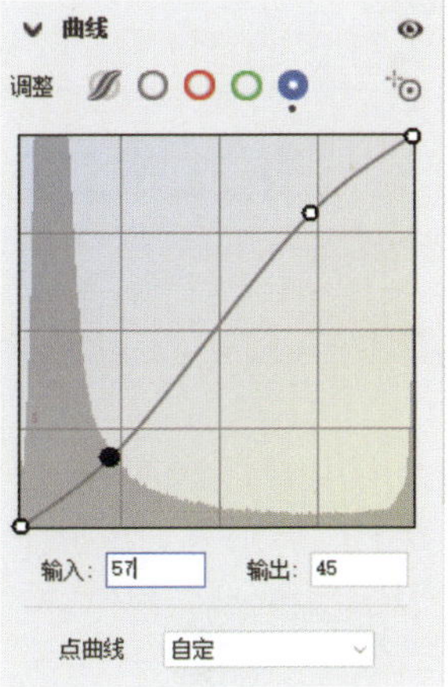

图8.5

图8.6

（05）观看画面可以明显看到，图像的天空非常黑，需要改善一下。选择蒙版工具◎，然后选择“线性渐变”选项。在天空区域由上到下拉一条线性渐变，如图 8.7 所示。

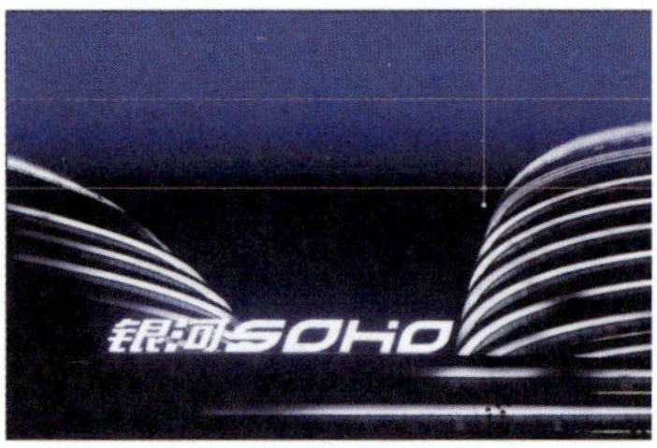

图8.7

（06）接下来对线性渐变所覆盖的天空调整色彩，展开“颜色”选项卡，调整参数如图 8.8 所示。然后展开“亮”选项卡，调整“曝光”参数如图 8.9 所示。得到如图 8.10 所示的图像效果。

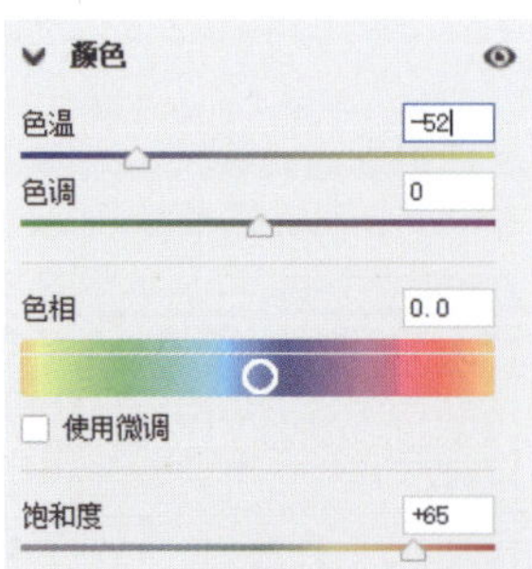

图8.8

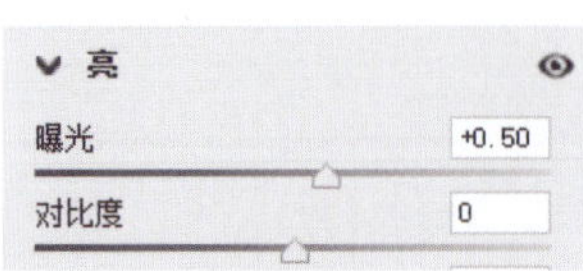

图8.9

图8.10

（07）此时针对天空的调整，右侧建筑物也不可避免地受到线性渐变蒙版的影响，需要将建筑部分从蒙版中减去。选中蒙版 1 的状态下，单击选择“减去”选项，在弹出的列表中选择“选择主体”选项，使右侧建筑物从蒙版中减去，如图 8.11 所示。

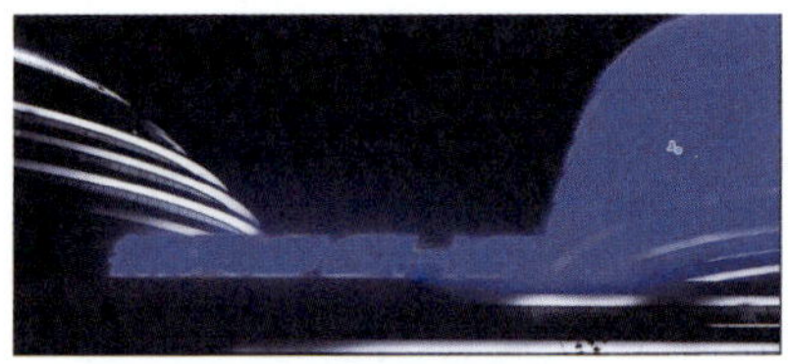
图8.11

（08）保持选中蒙版 1 的状态下，继续单击选择“减去”选项，然后在列表中选择“选择对象”选项，对左侧建筑物进行涂抹，如图 8.12 所示，将这部分建筑从蒙版中减去。

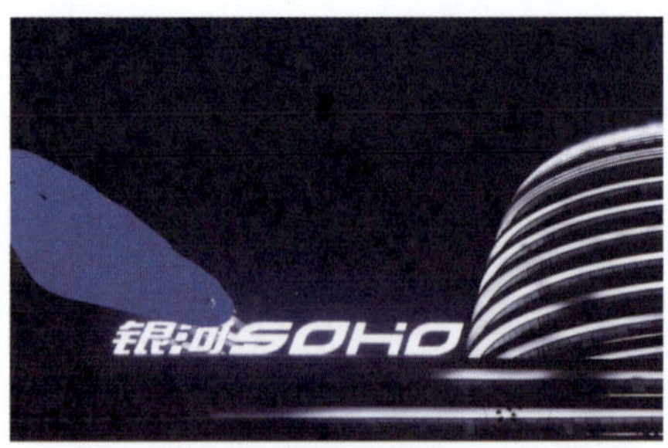

图8.12

（09）此时可以将线性渐变再向下拉一下，使其覆盖全部天空。如图 8.13 所示。

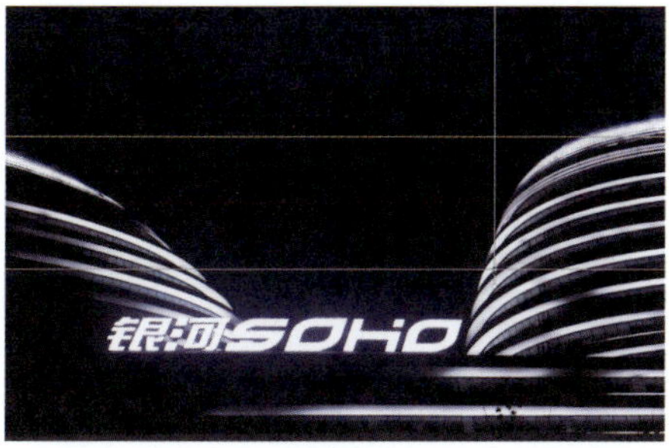

图8.13

（10）经过前面的调整后，画面中的噪点就很明显了，需要对画面降噪处理。展开“细节调整”面板，再展开“手动降噪”参数，调整各项参数如图 8.14 所示，调整后的放大图像效果如图 8.15 所示，整体图像效果如图 8.16 所示。

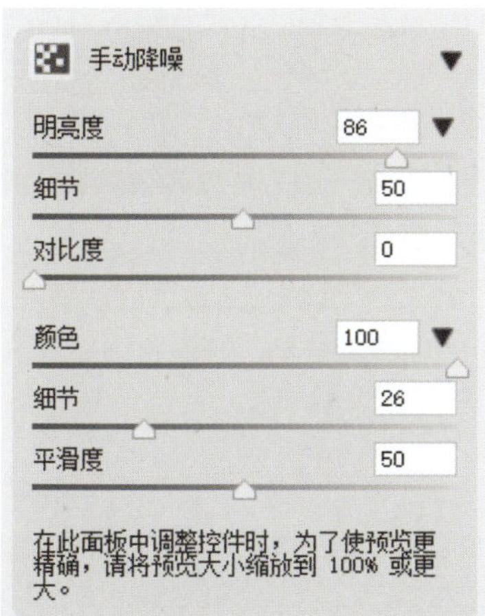

图8.14

图8.15

图8.16

提示

如果先应用手动降噪，再应用“去杂色”AI自动降噪后，画面的降噪效果会不会更好呢？如图8.17所示是手动降噪后的效果，如图8.18所示是叠加应用AI自动降噪后的效果。

图8.17

图8.18

通过画面可以看出，自动降噪后噪点又出来了，还不如直接手动降噪或直接自动降噪。而应用AI降噪后，也无法手动取消应用效果，因为在执行自动降噪后，会自动生成一张已增强的图像。

8.2 暗调焦点色彩风光照片

本案例将画面色调打造成冷色调和增强画面的明暗对比，来凸显出画面中红色的汽车。操作步骤非常简单，只需5步即可实现。

（01） 在 Photoshop 中打开配套素材中的文件“第 8 章\8.2- 素材 .jpg”，如图 8.19 所示，选中图层，单击鼠标右键选择“转换为智能对象”选项，然后执行“滤镜”|“Camera Raw 滤镜”命令，以打开 Camera Raw 滤镜。

图8.19

（02） 展开“颜色”选项卡，减少“色温”参数如图 8.20 所示，使画面整体偏冷色调，如图 8.21 所示。

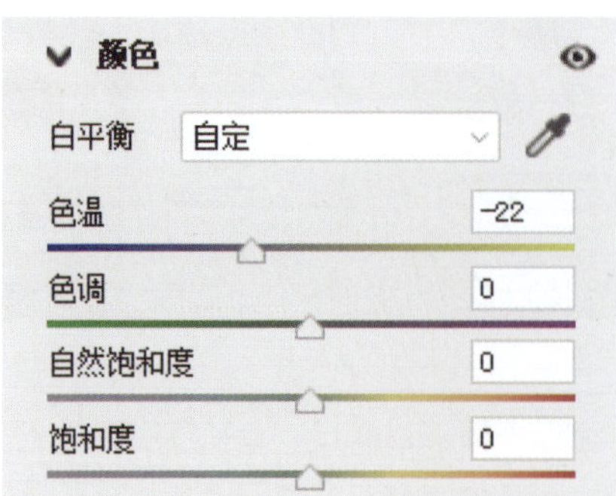

图8.20

图8.21

（03） 接下来，增强画面中阴影区域的对比，展开“曲线”选项卡，调整曲线如图 8.22 所示，得到如图 8.23 所示的图像效果。

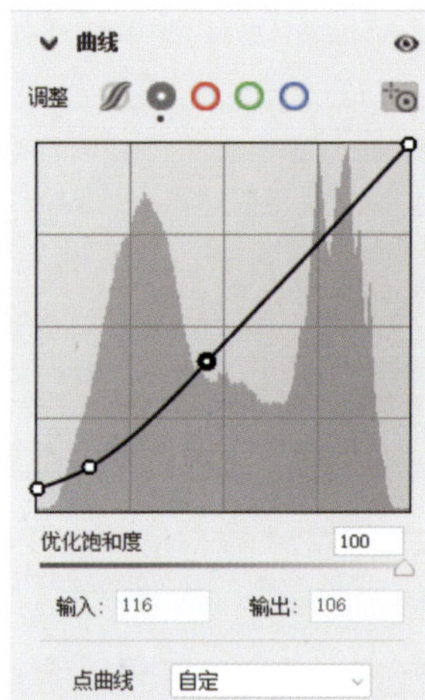

图8.22

图8.23

（04） 接着展开“混色器”选项卡，选择“饱和度”子选项，调整参数如图 8.24 所示，得到如图 8.25 所示的最终图像效果。

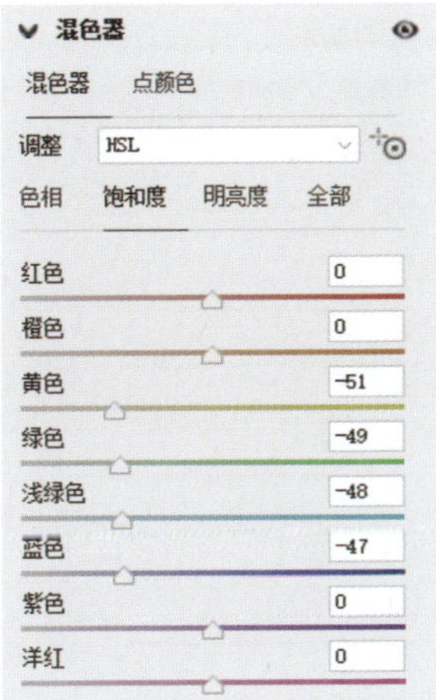

图8.24

图8.25

(05) 单击界面右下角的“确定”选项，应用 Camera Raw 滤镜设置到 Photoshop 中，然后按 Ctrl+S 快捷键保存文件。

8.3　草原局域光效果风光照片

本案例的原片右下方景物都处在阴影中，呈现为无细节的一大片暗黑，非常影响画面的观感，所以本案例的调整思路为，改善画面中的阴影，利用Camera Raw滤镜的蒙版功能，模拟出多云天气下的局域光线效果，并且提亮画面中的牛羊，使画面变得生机勃勃。

(01) 在 Photoshop 中打开配套素材中的文件“第 8 章\8.3- 素材 .jpg”，如图 8.26 所示，选中图层，单击鼠标右键选择“转换为智能对象”选项，然后执行“滤镜”|“Camera Raw 滤镜”命令，以打开 Camera Raw 滤镜。

图8.26

(02) 首先改善画面中的高光与阴影曝光，展开“亮”选项卡，调整参数如图 8.27 所示，得到如图 8.28 所示的图像效果。

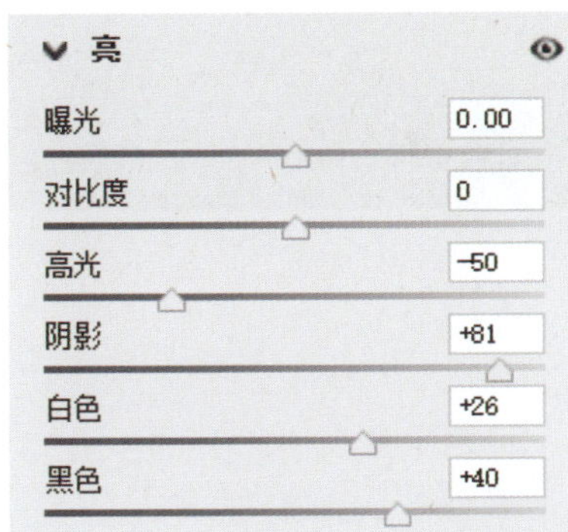

图8.27

图8.28

(03) 接着适当降低画面的饱和度，展开“颜色”选项卡，调整“自然饱和度”参数如图 8.29 所示，得到如图 8.30 所示的图像效果。

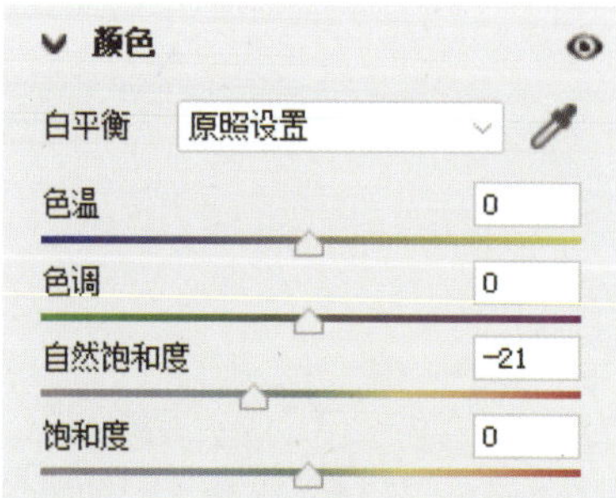

图8.29

图8.30

(04)接着主要改善画面中绿色和蓝色，使蓝天与绿草地在画面中更显眼，展“混色器”选项卡，分别调整“色相”“饱和度”及“明亮度”参数如图 8.31~ 图 8.33 所示，得到如图 8.34 所示的图像效果。

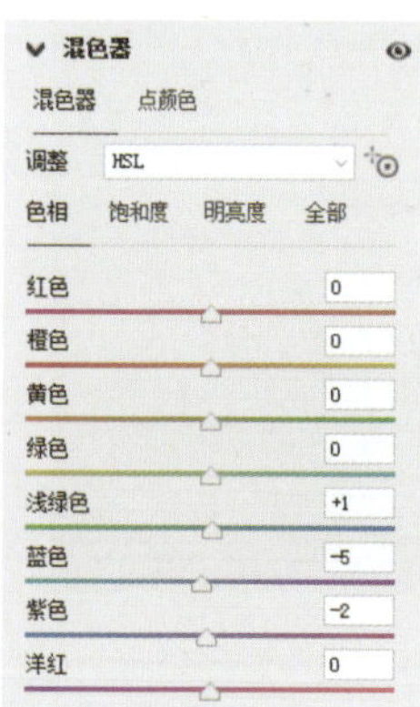

图8.31

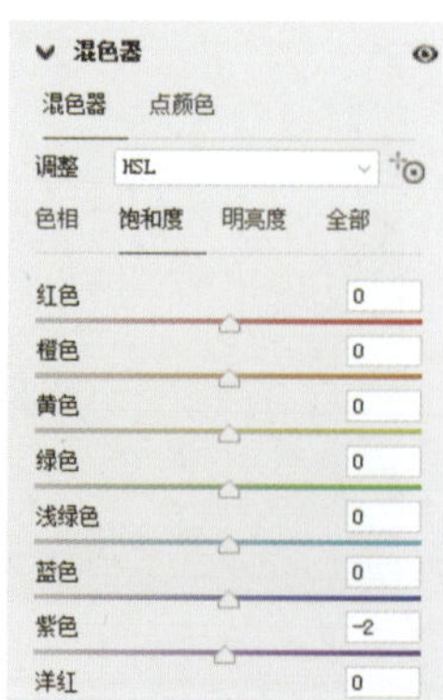

图8.32

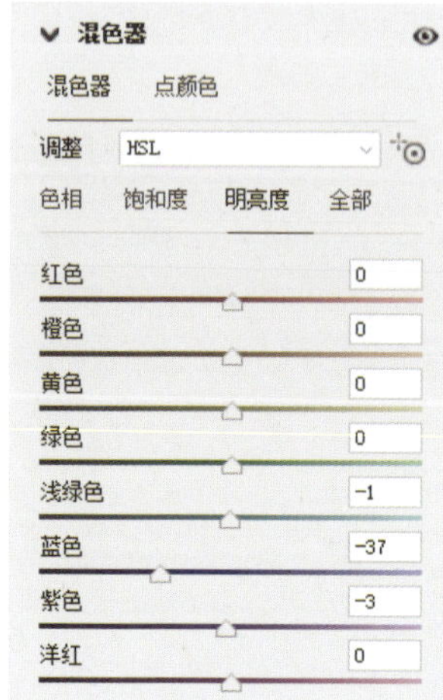

图8.33

图8.34

至此画面的基本调整完成。接下来将利用蒙版功能，对画面进行局部调整。

(05)单击蒙版工具，选择“径向渐变”选项，如图 8.35 所示，在显示的参数面板中设置羽化数值为 50，然后按如图 8.36 所示的效果绘制一个径向渐变，得到蒙版 1。

图8.35

图8.36

（06） 分别在“亮”和“效果”选项卡中调整参数如图 8.37 和图 8.38 所示，以增强蒙版 1 所覆盖区域的亮度及纹理，得到如图 8.39 所示的图像效果。

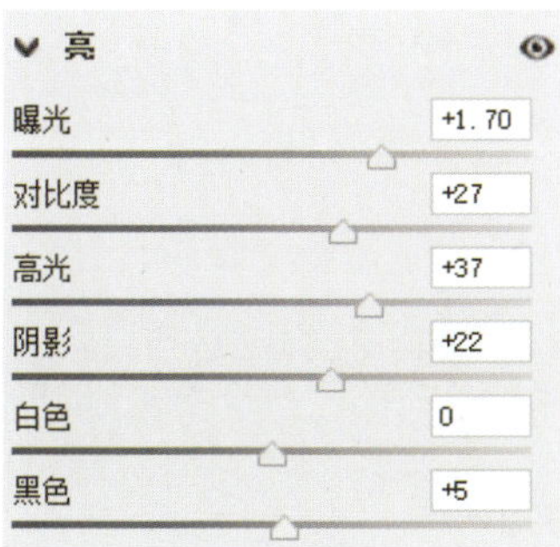

图8.37

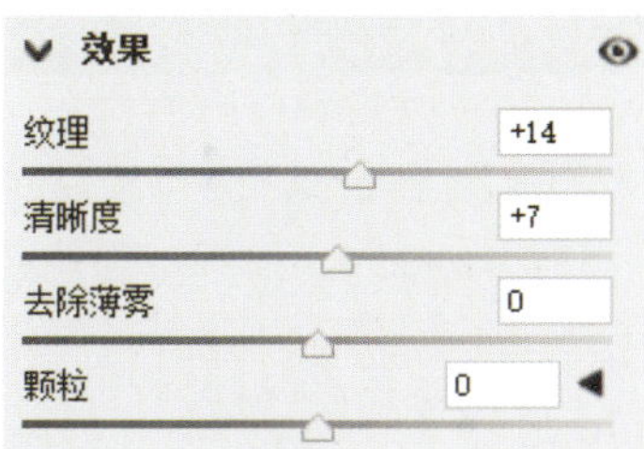

图8.38

图8.39

通过上一步的调整，阴影的亮度提到了大幅度提升，并且处在阴影中的那一片被阳光照射的草地，也在画面中强调显示出来了，接下来将继续利用“径向渐变”蒙版，进一步强调此区域的亮度与对比度。

（07） 单击创建新蒙版图标⊕，在弹出的列表中选择“径向渐变”选项，设置羽化数值为 50，然后按如图 8.40 所示的效果绘制一个径向渐变，得到蒙版 2。

图8.40

（08） 在“亮”选项卡中调整参数如图 8.41 所示，得到如图 8.42 所示的图像效果。

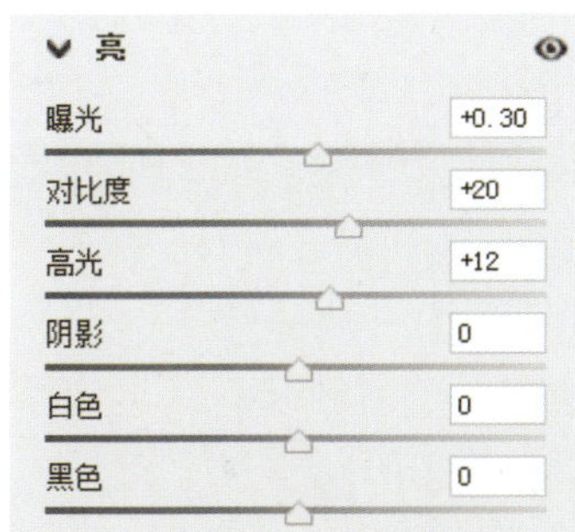

图8.41

图8.42

（09） 继续单击创建新蒙版图标，在弹出的列表中选择“线性渐变”选项，然后由下向上绘制一个线性渐变，如图 8.43 所示，得到蒙版 3。

图8.43

（10） 在“亮”选项卡中调整“曝光”参数如图 8.44 所示，适当降低画面前景处的阴影，更好地凸显高光区域，调整后的图像效果如图 8.45 所示。

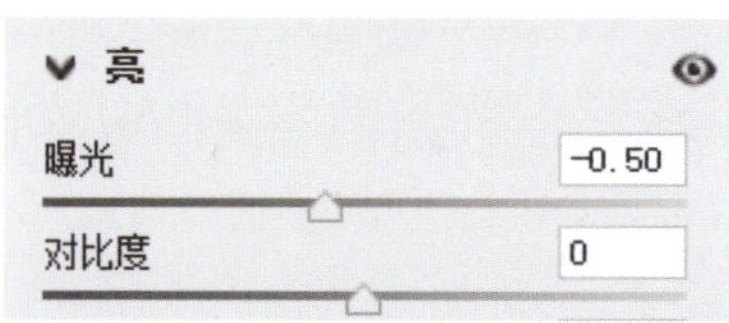

图8.44

图8.45

至此，针对画面阴影部分的明暗调整已完成。此时观察画面发现，草地上的牛羊在画面中并不明显，使得画面没有草原的氛围感，需要提升牛羊的亮度，以更好地表现出画面的生机感。

（11） 继续单击创建新蒙版图标，在弹出的列表中选择“选择对象”选项，如图 8.46 所示，然后选择工具，对画面中的某一只羊进行涂抹，如图 8.47 所示，涂抹后 Camera Raw 滤镜会自动识别羊的轮廓，创建得到蒙版 4。

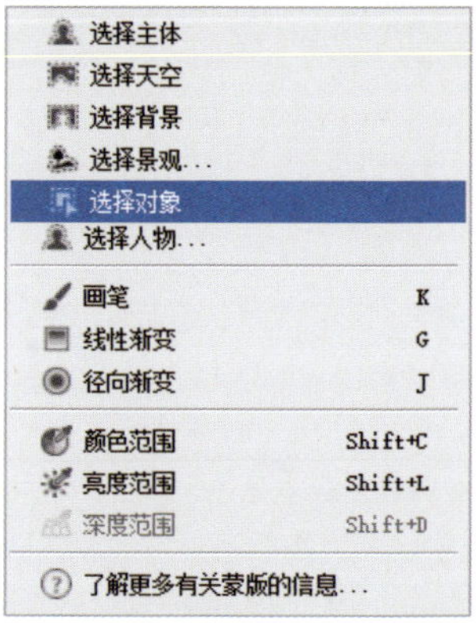

图8.46

图8.47

（12） 继续使用工具，对画面中其他要提亮的牛羊进行涂抹，直至按如图 8.48 所示的效果全部涂抹完成，此时的蒙版 4 界面如图 8.49 所示。

图8.48

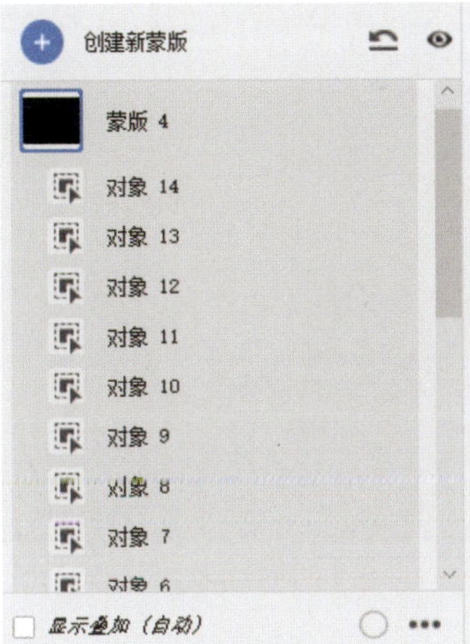

图8.49

（13） 在上一步操作完成后，在“亮”选项卡中调整参数如图 8.50 所示，如图 8.51 所示是调整参数后的局部放大图像效果。

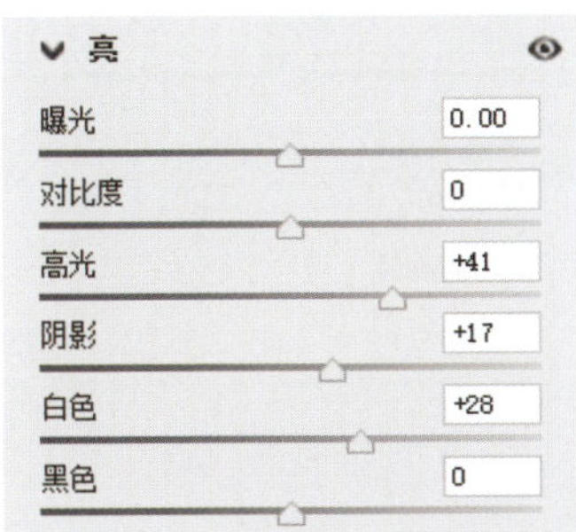

图8.50

图8.51

（14） 单击界面右下角的“确定”选项，应用 Camera Raw 滤镜设置到 Photoshop 中，然后按 Ctrl+S 快捷键保存文件，最终的图层面板和效果如图 8.52 和图 8.53 所示。

图8.52

图8.53

8.4　将画面中的局部树木调修成秋季金黄色调

本案例原片中的树木是略微发黄的效果，通过在Camera Raw滤镜中创建多个对象蒙版，将树木选中，然后再调整色温、饱和度及点颜色，就得到了具有秋季金黄树叶的树木效果，此案例的操作步骤比较简单。

（01） 在 Photoshop 中打开配套素材中的文件“第 8 章\8.4- 素材 .jpg”，如图 8.54 所示，选中图层，单击鼠标右键选择“转换为智能对象”选项，然后执行“滤镜”|“Camera Raw 滤镜”命令，以打开 Camera Raw 滤镜。

图8.54

(02) 单击蒙版工具，选择“物体”选项，如图 8.55 所示，然后使用工具对最右侧的树木进行涂抹，如图 8.56 所示。

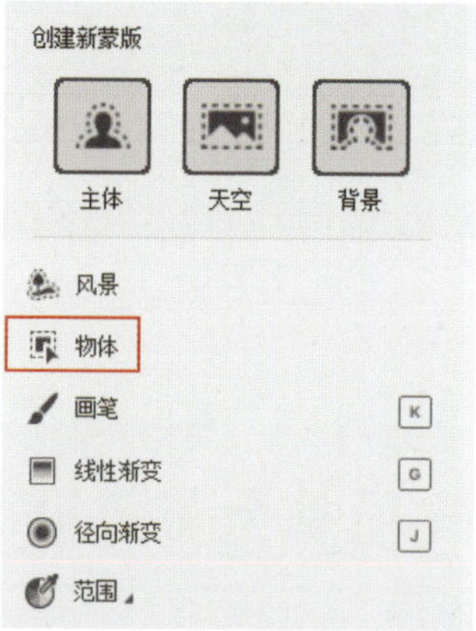

图8.55

图8.56

(03) 继续使用工具对其他两棵树进行涂抹，直至得到如图 8.57 所示的涂抹效果。

图8.57

(04) 在“颜色”选项卡中调整参数如图 8.58 所示，如图 8.59 所示是调整参数后的局部放大图像效果。

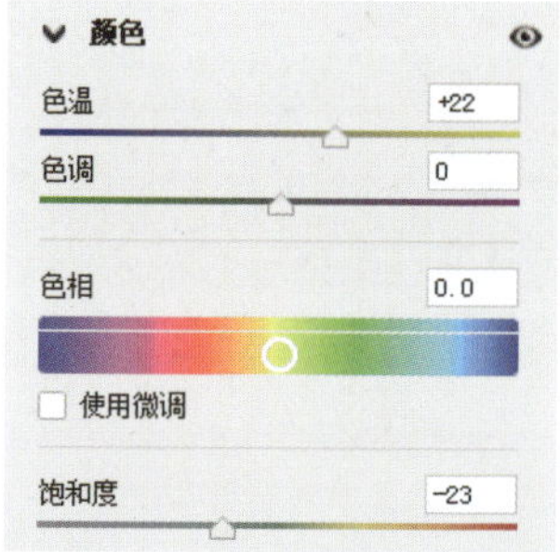

图8.58

图8.59

(05) 在“点颜色”选项卡中，使用吸管工具对树木上较深的绿颜色点一下吸取颜色，然后调整如图 8.60 所示的参数，得到如图 8.61 所示的图像效果。

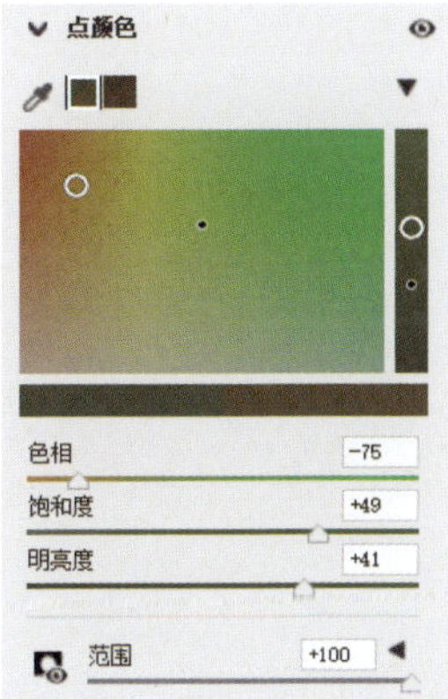

图8.60

图8.61

(06) 继续使用吸管工具对树木上的褐色点一下吸取颜色，然后调整如图 8.62 所示的参数，得到如图 8.63 所示的最终图像效果。

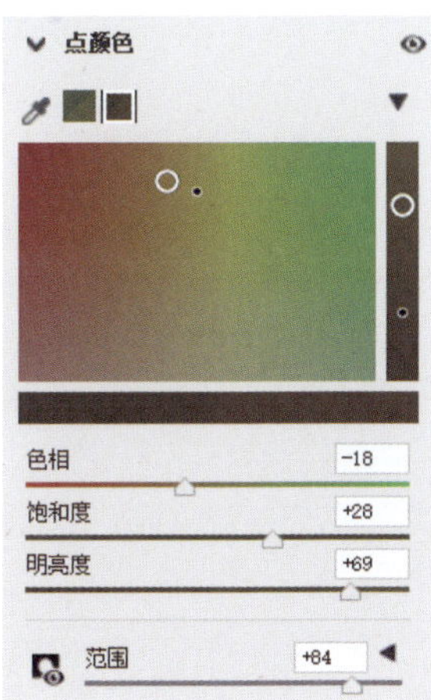

图8.62

图8.63

(07) 单击界面右下角的“确定”选项，应用 Camera Raw 滤镜设置到 Photoshop 中，然后按 Ctrl+S 快捷键保存文件。

8.5　将欠曝的树木照片调修成正常曝光并改变色调

本案例原片是逆光下拍摄的一张青叶大树照片，绿叶不通透、发黑，树枝更是呈现为半剪影效果。主要调整思路有三点：第一点是改变画面的色调，使其呈现为秋季时的金色调；第二点是改善画面的曝光，并增强树枝的明暗对比度；第三点是模拟出逆光下的光晕效果。

本案例先在Camera Raw滤镜改变曝光与色调，然后在Photoshop中利用蒙版和调整图层功能，做细致调整。

(01) 在 Photoshop 中打开配套素材中的文件“第 8 章\8.5- 素材 .psd”，如图 8.64 所示，选中图层，双击图层缩略图，进入 Camera Raw 滤镜中。

图8.64

(02) 首先改变画面的亮度，展开“亮”选项卡，调整参数如图 8.65 所示，得到如图 8.66 所示的图像效果。

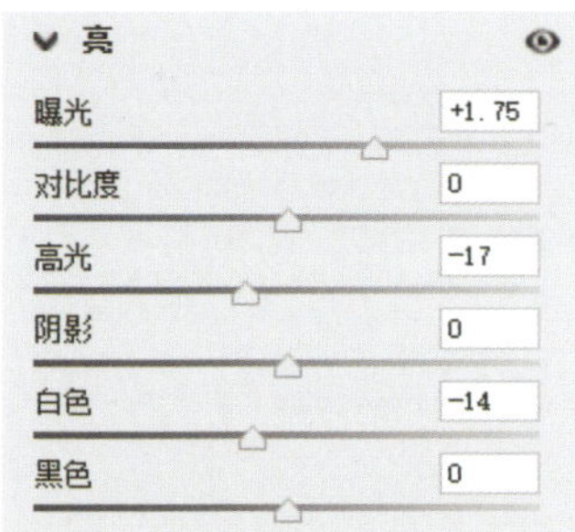

图8.65

图8.66

(03) 接着展开“曲线”选项卡，选择第一个图标，调整参数如图 8.67 所示，以降低高光，得到如图 8.68 所示的图像效果。

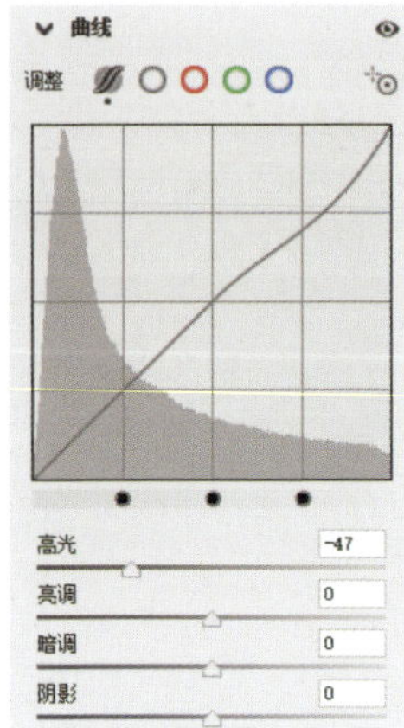

图8.67

图8.68

(04) 接下来改变画面的色调，展开“混色器”选项卡，分别调整“色相”“饱和度”及“明亮度”参数，如图 8.69~ 图 8.71 所示，得到如图 8.72 所示的图像效果。

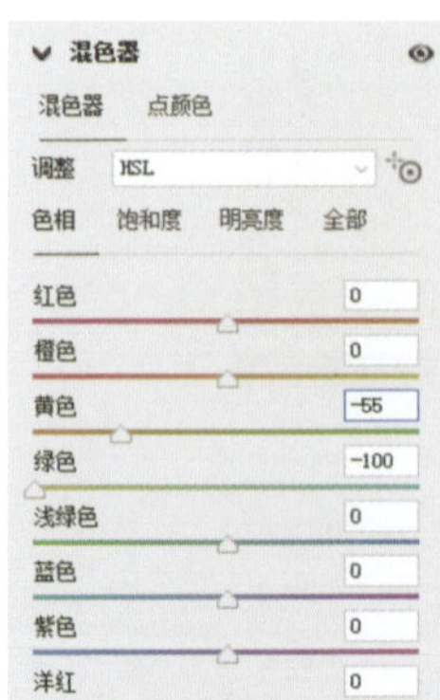

图8.69

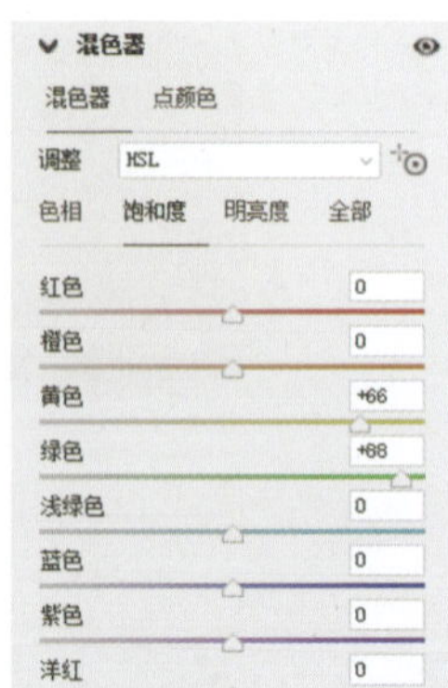

图8.70

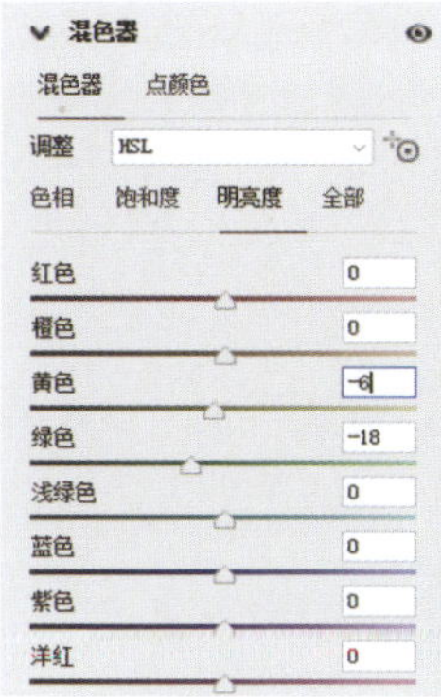

图8.71

图8.72

(05) 再展开“颜色”选项卡，调整“自然饱和度”参数如图 8.73 所示，得到如图 8.74 所示的图像效果。

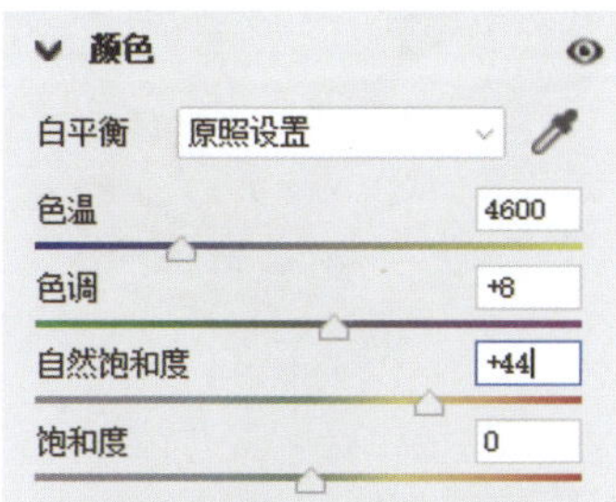

图8.73

图8.74

(06) 单击界面右下角的“确定”选项，应用 Camera Raw 滤镜设置到 Photoshop 中，然后按 Ctrl+J 快捷键复制一个拷贝图层，如图 8.75 所示。

图8.75

(07) 切换到通道面板，选择一个树枝较黑、绿叶较亮的通道，观察比较下来，“绿”通道的效果最好，如图 8.76 所示，选择“绿”通道，按 Ctrl+A 快捷键全选绿通道，然后按 Ctrl+C 复制。

图8.76

(08) 回到图层面板，选择“素材 拷贝”图层，单击图层面板上的添加图层蒙版图标，为“素材 拷贝”图层添加一个图层蒙版，按住 Alt 键单击一下图层蒙版，如图 8.77 所示，进入到图层蒙版状态，然后按 Ctrl+V 快捷键粘贴通道，如图 8.78 所示。

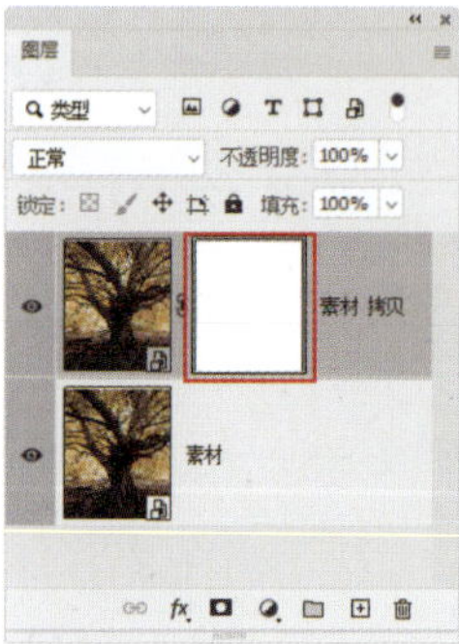

图8.77

图8.78

提示

前面两步操作的作用是，在图层蒙版中，黑色是隐藏的，亮部是显示的，所以操作得到的图层蒙版，是针对绿叶的处理，树枝的影响会稍微少一点。

（09） 接下来对树枝的亮调进行处理，因为目前树枝的立体感不足，需要加强明暗对比。按 Ctrl+J 快捷键复制“素材 拷贝”图层，得到“素材 拷贝 2”图层，如图 8.79 所示，按住 Alt 键单击一下“素材 拷贝 2”的图层蒙版，进入蒙版。

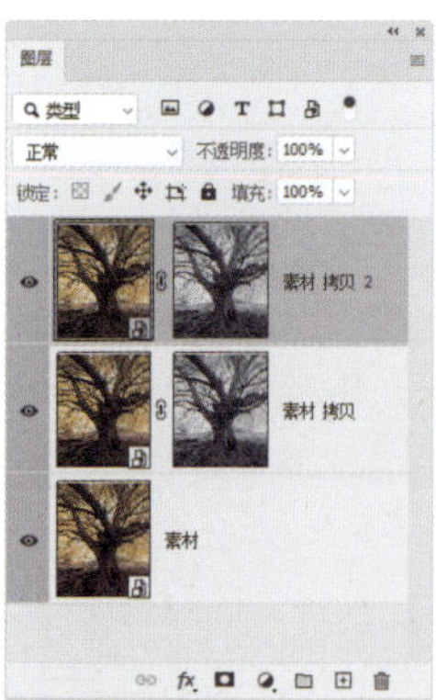

图8.79

（10） 执行“图像”|“调整”|“色阶”命令，拖动滑块调整色阶，在调整色阶时，注意观察画面中树根的位置，调出受光面比较亮，而背光面比较暗的明暗对比效果时即可，此时的“色阶”面板和蒙版图像如图 8.80 和图 8.81 所示，应用蒙版后，树枝的较亮的区域得到了增强，如图 8.82 所示。

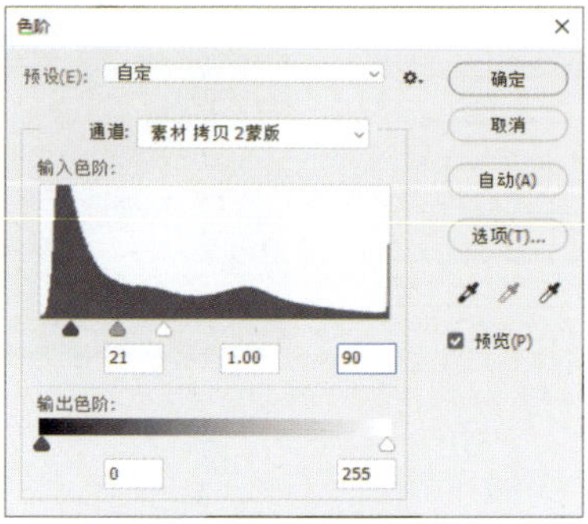

图8.80

图8.81

图8.82

经过上一步的操作后，树叶也应用了“色阶”效果，增强了亮度，所以接下来需要将树叶范围从蒙版中去除出来。

（11） 按 Ctrl+J 快捷键复制“素材 拷贝 2”图层，得到“素材 拷贝 3”图层，按住 Alt 键单击一下“素材 拷贝 3”的图层蒙版，进入蒙版。选择画笔工具，设置前景色为黑色，对画面中的树叶区域进行涂抹，如图 8.83 所示。

图8.83

（12）接着设置前景色为白色，在工具选项栏中设置画笔参数如图 8.84 所示，然后用画笔工具对树枝的受光面简单涂抹一下，如图 8.85 所示。用画笔涂抹蒙版前后的应用效果如图 8.86 所示。

图8.84

图8.85

图8.86

提示

在涂抹过程中，要根据树枝的大小而随时变化画笔笔刷的大小，单击鼠标右键可以弹出画笔设置对话框。

（13）接下来模拟逆光拍摄下的光晕效果。拖动“素材 拷贝”图层到新建图层图标上，得到“素材 拷贝 4”图层，然后拖动此图层到最顶端，然后执行“滤镜”|“模糊”|“高斯模糊”命令，在弹出的对话框中设置参数如图 8.87 所示，在图层面板中设置图层不透明度为 18%，如图 8.88 所示，得到如图 8.89 所示的图像效果。

图8.87

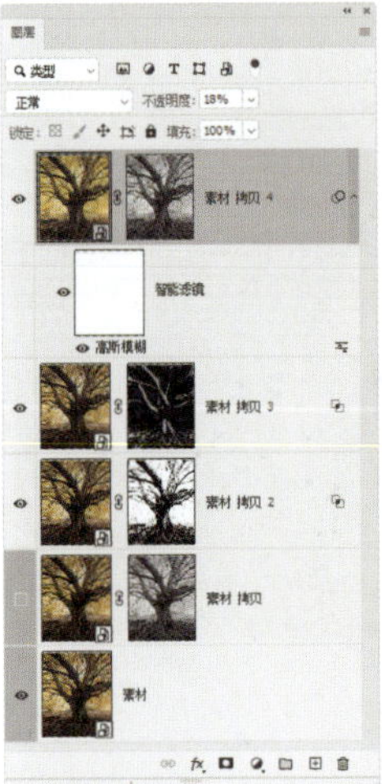

图8.88

图8.89

图8.91

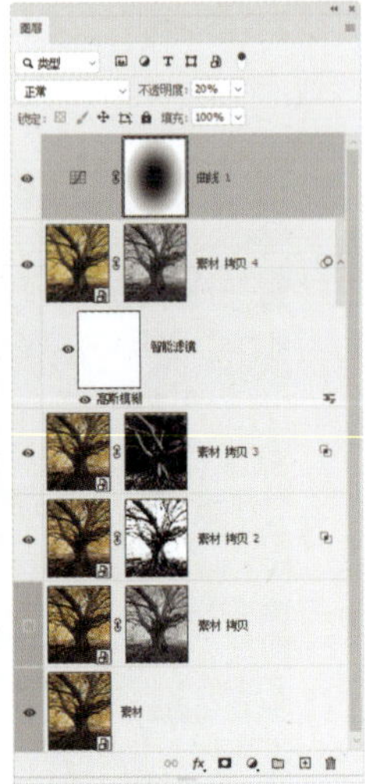

图8.92

(14) 接下来对画面添加一个暗角效果。单击调整图层图标，选择“曲线”命令，在弹出的对话框中调整曲线如图 8.90 所示，得到曲线 1 图层，然后单击选择曲线 1 的图层蒙版，选择渐变工具，在工具选项栏中选择径向渐变，在画面中绘制一个如图 8.91 所示的径向渐变，此时的图层面板如图 8.92 所示。

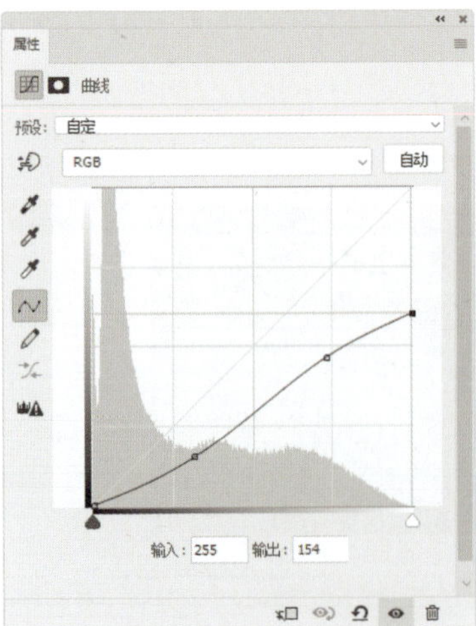

图8.90

提示

在蒙版中绘制的径向渐变是黑色羽化边缘的椭圆，在图层蒙版中，黑色代表隐藏效果，白色代表应用效果，所以黑色所覆盖的区域不会应用曲线，只在白色覆盖的区域应用曲线。

提示

拖动径向渐变圆圈中的菱形小图标，可以改变羽化范围的大小。

(15) 接下来在画面中间模拟一个光晕效果。单击调整图层图标，选择“渐变填充”命令，在弹出的对话框中设置一个淡黄到透明的渐变，如图 8.93 所示，单击“确定”选项，得到一个径向渐变，拖动径向渐变到如图 8.94 所示的位置。

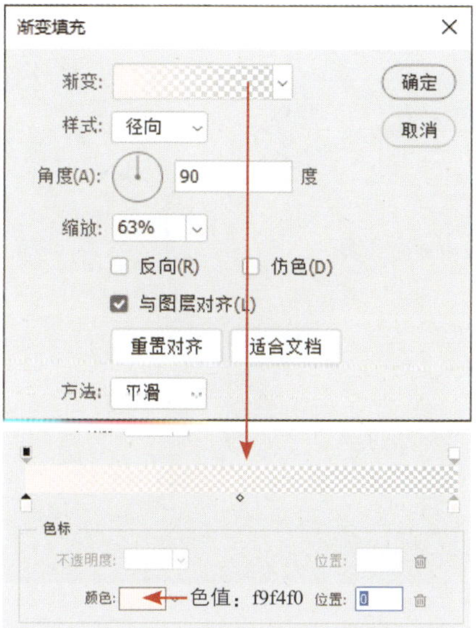

图8.93

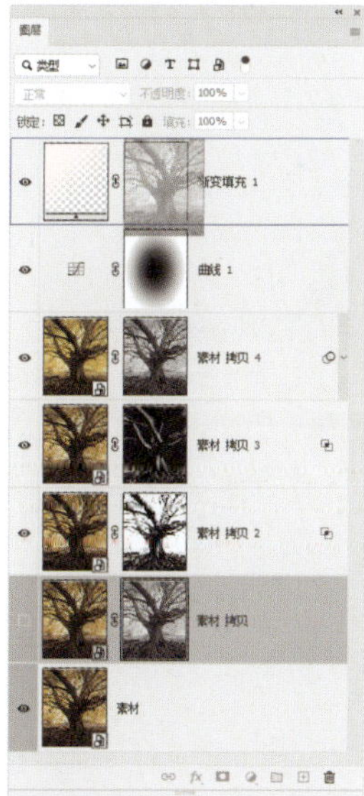

图8.95

图8.94

图8.96

（16） 此时的径向渐变是直接覆盖在图像上的，需要为此图层也添加一个图层蒙版，切换选择“素材 拷贝”的图层蒙版，按住 Alt 键拖动该图层蒙版至“渐变填充”的图层蒙版处，如图 8.95 所示，在弹出的对话框中选择“是”选项以替换图层蒙版，然后降低图层不透明度至 30%，得到如图 8.96 所示的图像效果。

（17） 此时观察画面会发现，画面左下方枝叶比较亮，下面对其进行处理。单击调整图层图标，选择“色阶”命令，在弹出的对话框中调整色阶如图 8.97 所示，然后在图层蒙版属性对话框中选择“反相”选项，如图 8.98 所示，得到填充为黑色的图层蒙版，如图 8.99 所示。

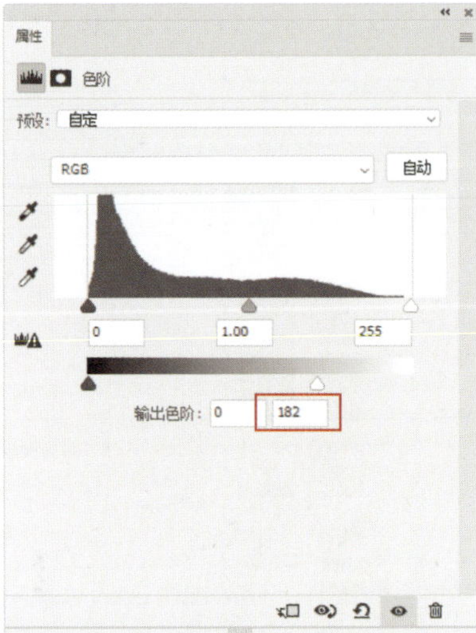

图8.97

图8.101

图8.98

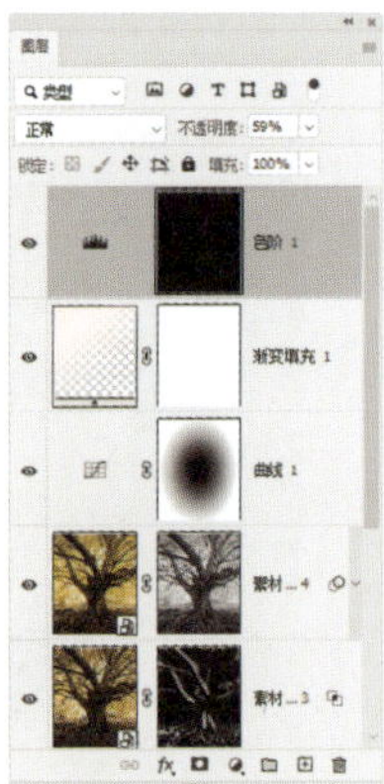

图8.99

（18）然后设置前景色为白色，选择画笔工具，在工具选项栏中设置画笔参数如图8.100所示，对画面左下方的枝叶进行涂抹，并适当降低图层不透明度，得到如图8.101所示的图像效果，此时的图层面板如图8.102所示。

图8.100

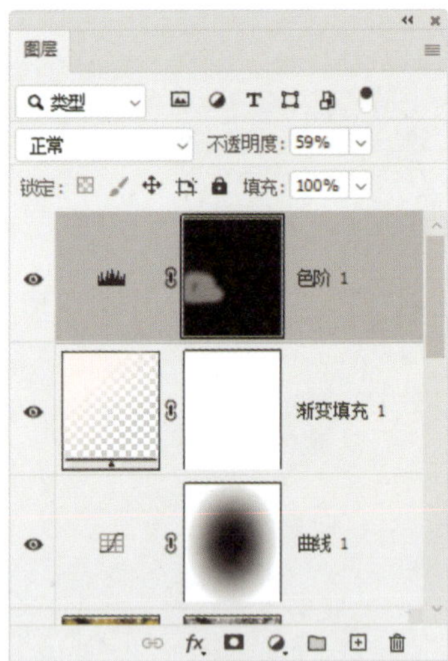

图8.102

此时观察一下画面，大部分都符合理想了，放大画面发现树枝中还有一些色边问题，此时可以返回Camera Raw滤镜中进行修除。

（19）双击“素材”图层，进入Camera Raw滤镜，展开“光学”选项卡，再展开“去边”子选项，调整参数如图8.103所示，去边前后的对比效果如图8.104所示，然后单击“确定”选项，应用Camera Raw滤镜设置并返回到 Photoshop 中，按 Ctrl+S 快捷键保存文件。

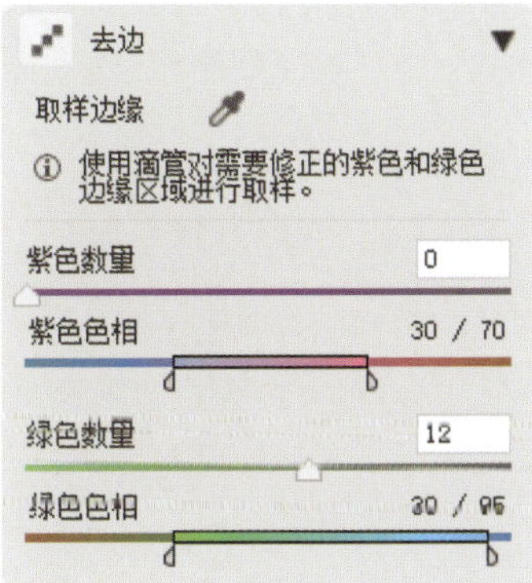

图8.103

图8.104

8.6　冰面风光照片调修

本案例讲解如何用Camera Raw滤镜调修JPEG风光照片。一张照片想要调修成通透的糖水片，那么画面要有一定的对比，如明暗对比、色彩对比或质感对比，在本案例照片上，可以调出色彩对比效果，观察原片可以发现，色彩对比比较弱，但还是有一些的，如天空、山体及冰面，都有一些蓝色，可以与天空的暖色形成对比，本案例就按照这个思路来调整的。

(01) 在 Photoshop 中打开配套素材中的文件“第 8 章\8.6- 素材.jpg”，如图 8.105 所示，选择中图层，单击鼠标右键选择“转换为智能对象”选项。

图8.105

(02) 执行“图像”|“调整”|“阴影 / 高光”命令，在弹出的对话框中设置参数如图 8.106 所示，得到如图 8.107 所示的图像效果。

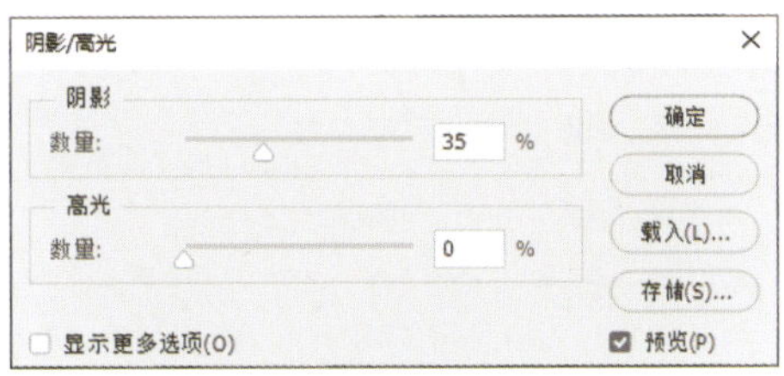

图8.106

图8.107

提示

应用“阴影/高光”命令，能够恢复出阴影中的一些细节，在后期调修中，这些细节可能有作用，也可能没有作用，但是也得首先这么操作，因为恢复出细节后，可以帮助用户判断在后期的调修中哪个区域的细节可以达到什么程度。

(03) 然后执行“滤镜”|“Camera Raw 滤镜”命令，以进入到 Camera Raw 滤镜。

(04) 首先来调整天空，单击选择蒙版工具，在界面中选择“天空”选项，如图 8.108 所示。Camera Raw 滤镜将自动识别天空，并创建得到蒙版 1，如图 8.109 所示。

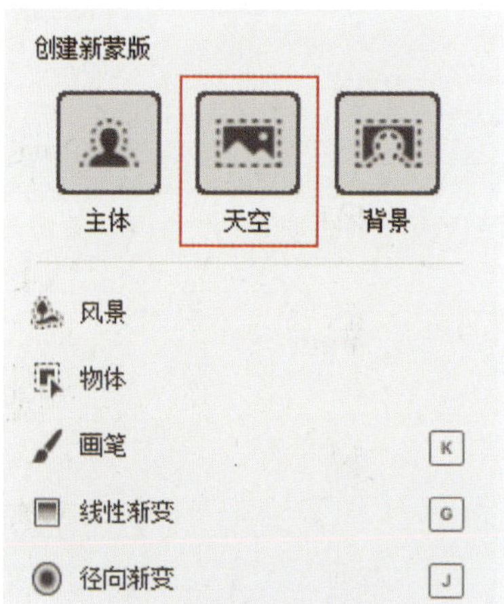

图8.108

图8.109

(05) 分别调整“亮”和“颜色”选项卡参数，如图 8.110 和图 8.111 所示，使天空的色彩增强对比，得到如图 8.112 所示的图像效果。

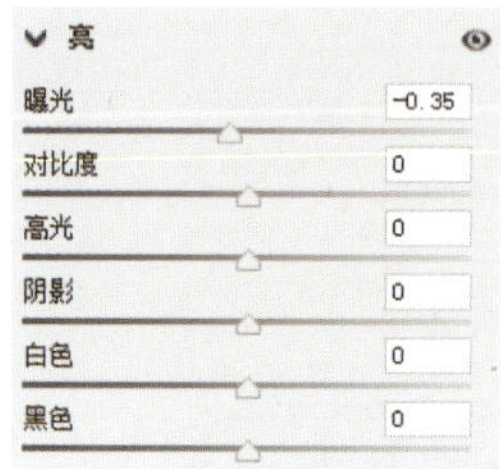

图8.110

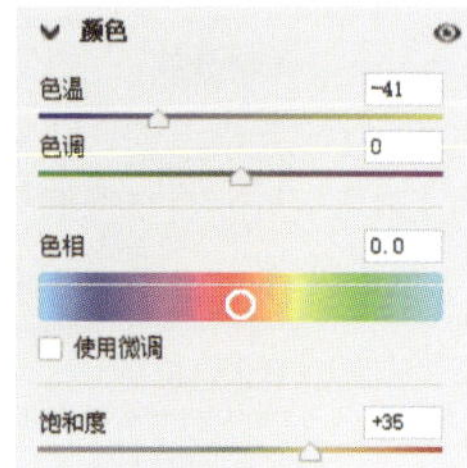

图8.111

图8.112

(06) 继续增强天空的色彩对比，单击创建新蒙版图标，在弹出的列表中选择“线性渐变”选项，如图 8.113 所示，然后从左上角斜向拉出一条线性渐变，如图 8.114 所示，得到蒙版 2。

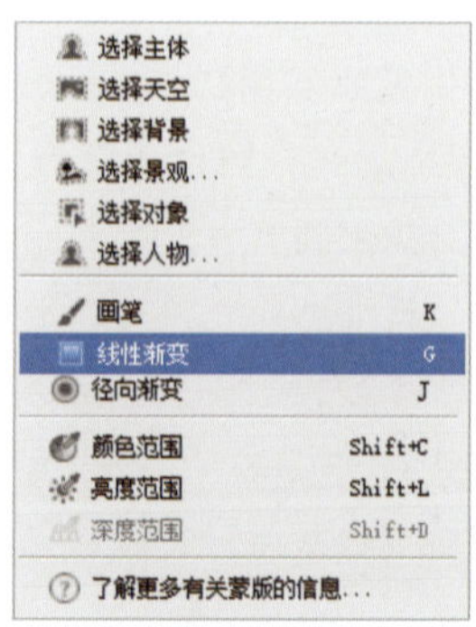

图8.113

图8.114

(07) 我们只需要蒙版覆盖天空范围，所以还需要将山体从蒙版中减去。单击“减去”选项，在弹出的列表中选择“画笔”选项，在参数界面设置参数并勾选“自动蒙版”选项，如图 8.115 所示，然后对山体进行涂抹，涂抹后的效果如图 8.116 所示。

图8.115

图8.116

(08) 在“颜色”选项卡中，调整参数如图 8.117 所示，得到如图 8.118 所示的图像效果。

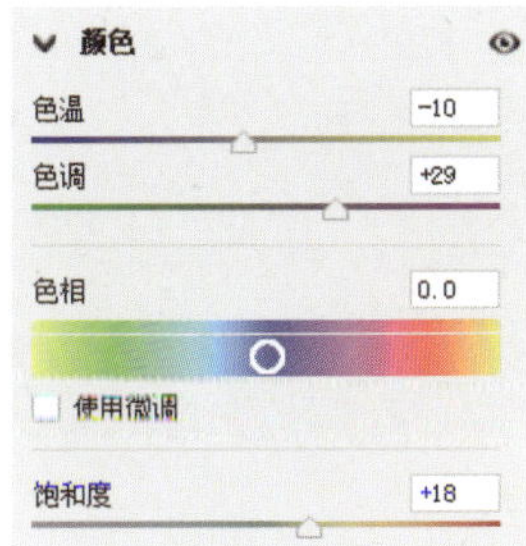

图8.117

图8.118

(09) 此时观察画面会发现，天空靠近山体的区域，蓝色不明显，所以需要微调蒙版的覆盖范围，选中蒙版 2 中的“线性渐变 1”蒙版，将蒙版下拉一些，如图 8.119 所示，然后按照步骤 7 的操作，再用画笔减去天空以外的区域，调整后的图像效果如图 8.120 所示。

图8.119

图8.120

（10） 接下来对暖色天空进行处理，单击创建新蒙版图标，在弹出的列表中选择“径向渐变”选项，然后对暖色天空拉出一个径向渐变，如图 8.121 所示，得到蒙版 3。

图8.121

（11） 同理，需要将山体从蒙版中减去，单击“减去”选项，在弹出的列表中选择“画笔”选项，然后对山体进行涂抹，涂抹后的效果如图 8.122 所示。

图8.122

（12） 在“颜色”选项卡中，调整参数如图 8.123 所示，得到如图 8.124 所示的图像效果。

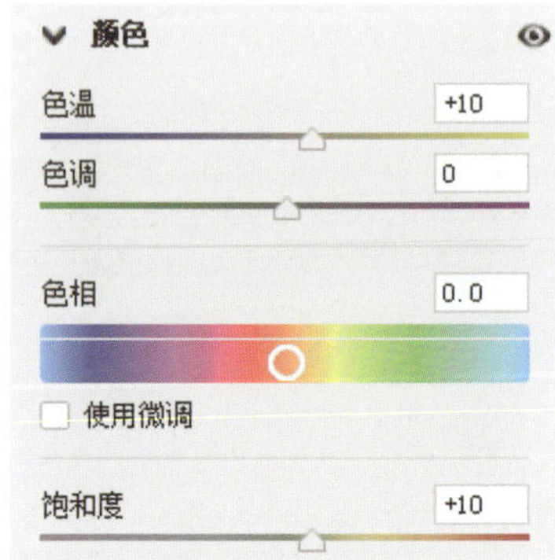

图8.123

图8.124

（13） 继续单击创建新蒙版图标，在弹出的列表中选择“径向渐变”选项，然后在天空与山体的边缘处拉出一个径向渐变，如图 8.125 所示，得到蒙版 4。

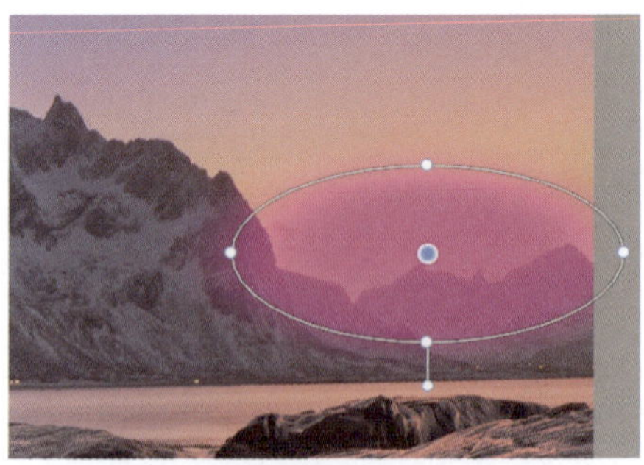

图8.125

（14） 分别在“颜色”和“效果”选项卡中，调整参数如图 8.126 和图 8.127 所示，模拟出光晕效果，得到如图 8.128 所示的图像效果，然后单击编辑工具退出蒙版编辑界面。

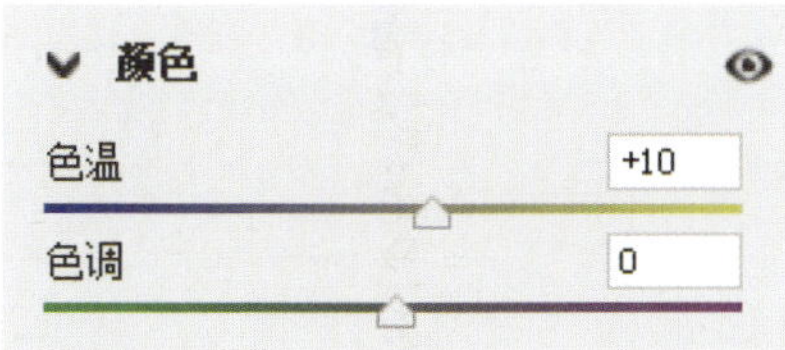

图8.126

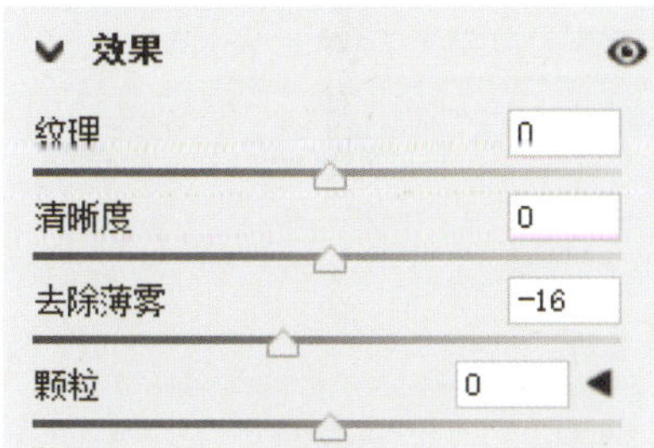

图8.127

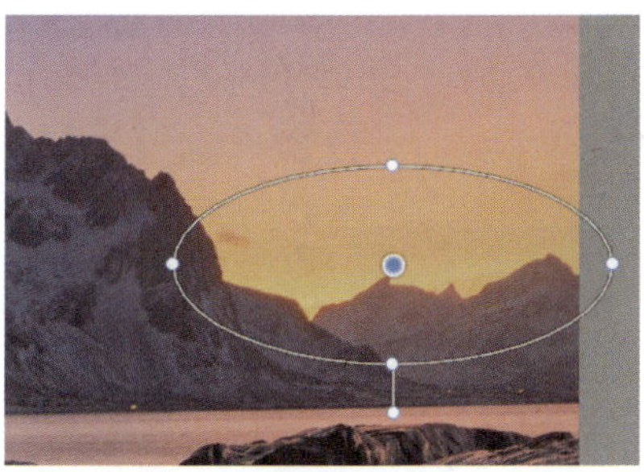

图8.128

至此，天空的调色完成，接下来对冰面进行处理。冰面的调整思路是要凸显出冰面的通透感。

（15） 先略微降低一下画面的曝光，使冰面有更好的细节，在“亮”选项卡中调整“曝光”参数如图 8.129 所示，得到如图 8.130 所示的图像效果。

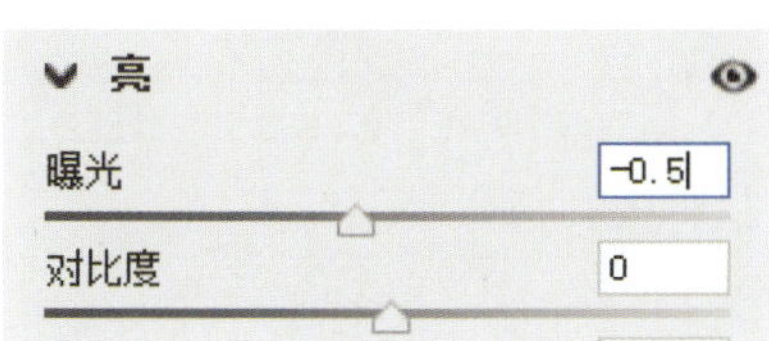

图8.129

图8.130

（16） 选择蒙版工具进入蒙版编辑界面，单击创建新蒙版图标，在弹出的列表中选择“画笔”选项，在参数设置中勾选中“自动蒙版”选项，然后对冰块进行涂抹，如图 8.131 所示，得到蒙版 5。

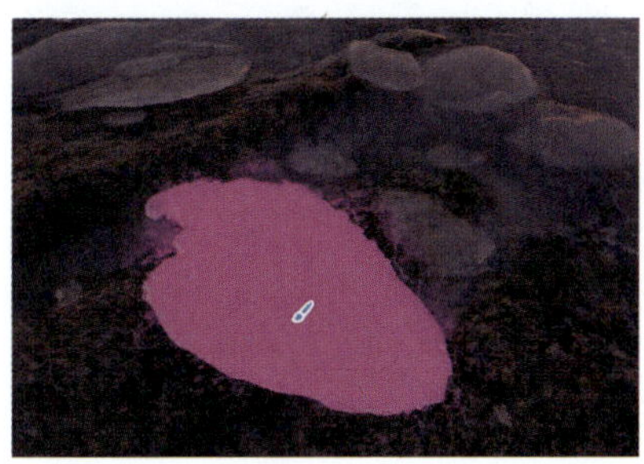

图8.131

（17） 分别在“亮”“颜色”和“效果”选项卡中，调整参数如图 8.132~ 图 8.134 所示，以增强冰块的通透感和纹理，调整后的图像效果如图 8.135 所示。

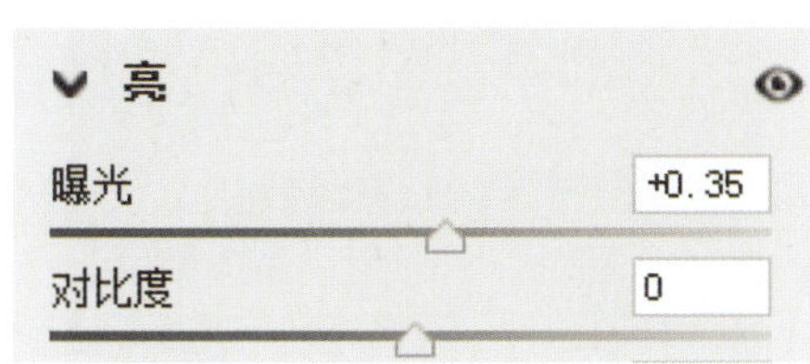

图8.132

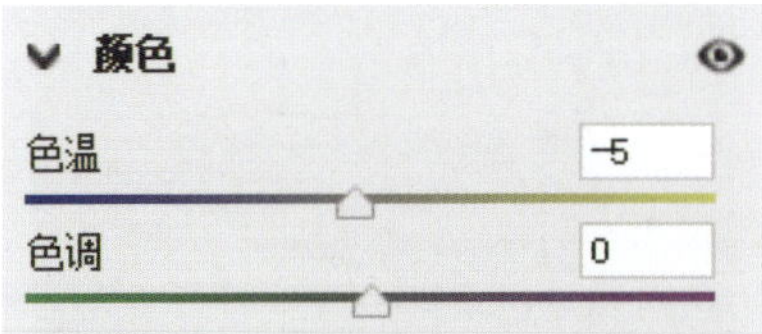

图8.133

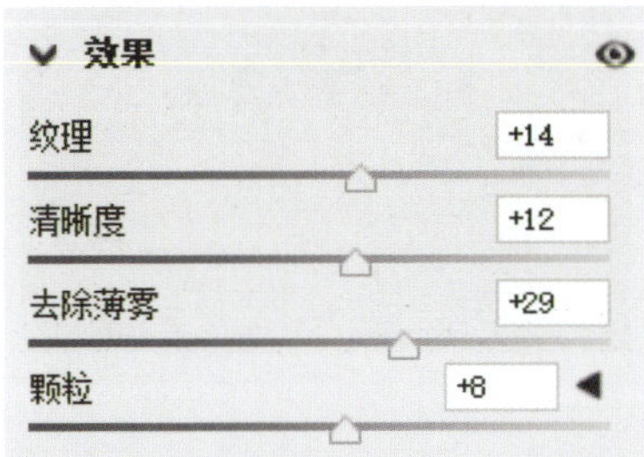

图8.134

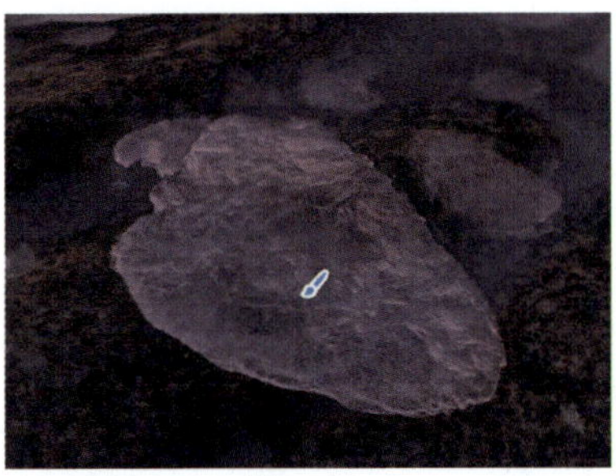

图8.135

接下来继续对后面的冰块处理，根据空气透视原理，越往后的冰面会越模糊，所以在调整参数时，需要逐渐减少数值。

（18） 单击创建新蒙版图标，在弹出的列表中选择“画笔”选项，然后对中间的冰块进行涂抹，如图 8.136 所示，得到蒙版 6。

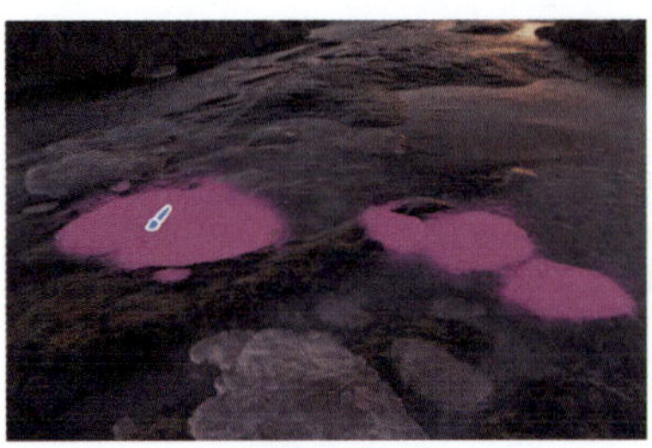

图8.136

（19） 分别在“亮”和“效果”选项卡中，调整参数，如图 8.137 和图 8.138 所示，得到如图 8.139 所示的图像效果。

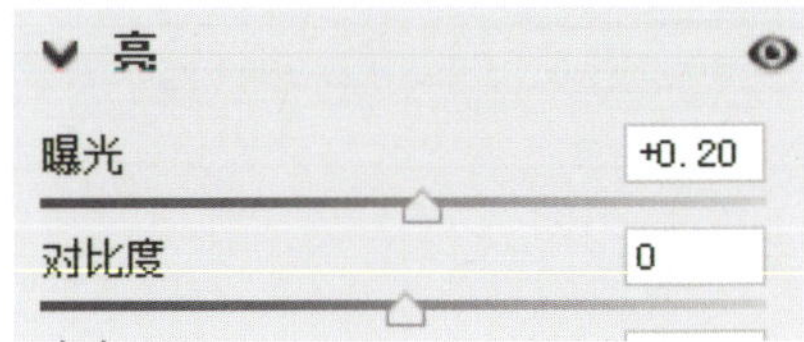

图8.137

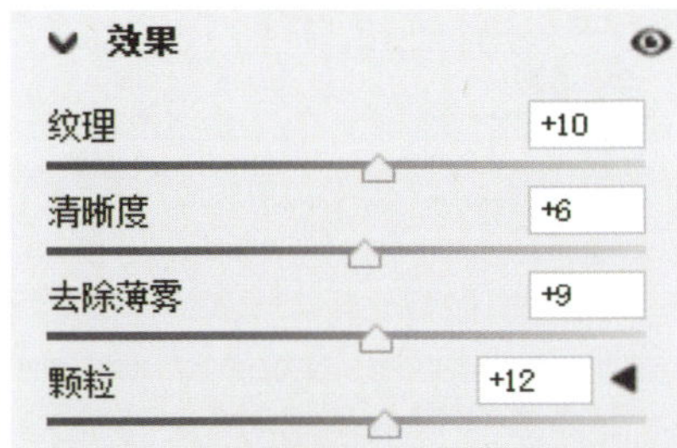

图8.138

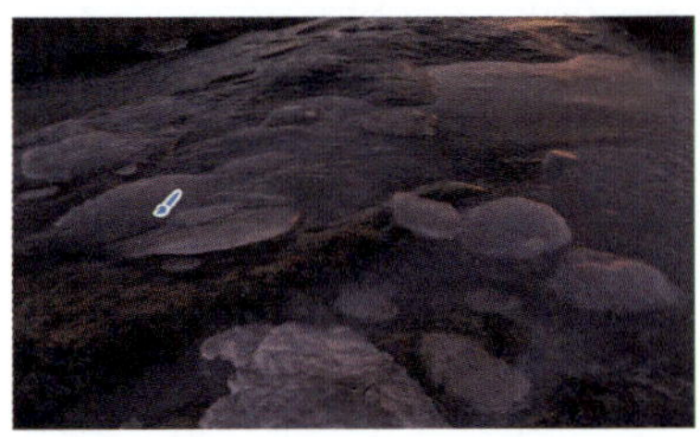

图8.139

（20） 继续单击创建新蒙版图标，在弹出的列表中选择“画笔”选项，然后对后面的冰块进行涂抹，如图 8.140 所示，得到蒙版 7。

图8.140

（21） 分别在“亮”和“效果”选项卡中，

调整参数，如图 8.141 和图 8.142 所示，得到如图 8.143 所示的图像效果。

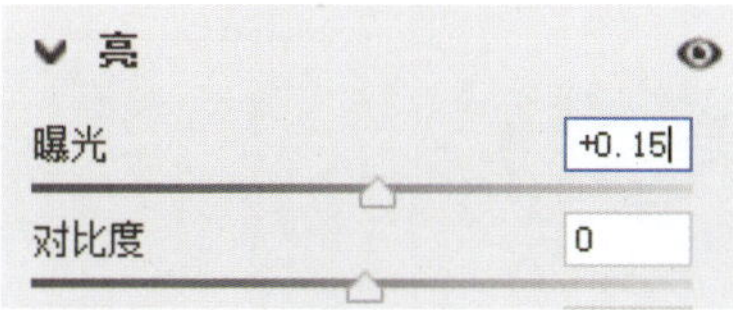

图8.141

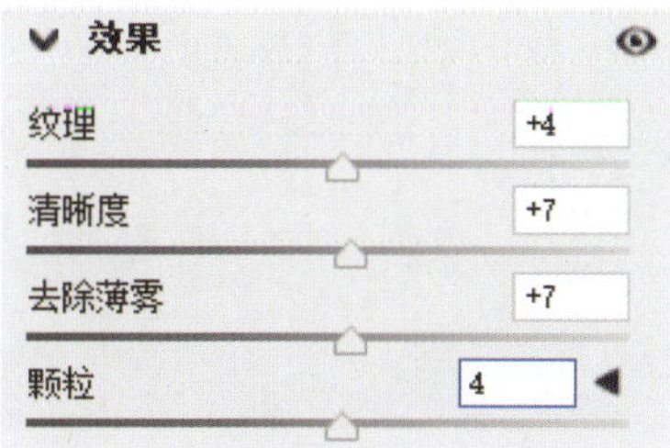

图8.142

图8.143

(22) 接下来略微降低前景和中景的整体亮度，单击创建新蒙版图标，在弹出的列表中选择“线性渐变”选项，然后由下往上拉出一条渐变，如图 8.144 所示，得到蒙版 8。

图8.144

(23) 在“亮”选项卡中，调整参数如图 8.145 所示，得到如图 8.146 所示的图像效果。

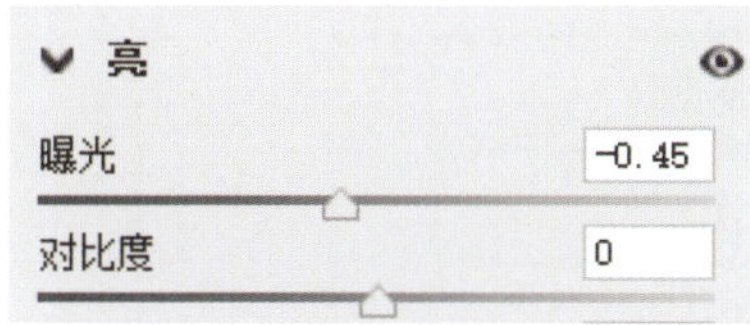

图8.145

图8.146

(24) 继续单击创建新蒙版图标，在弹出的列表中选择“径向渐变”选项，按如图 8.147 所示的效果拉出一个径向渐变，得到蒙版 9。

图8.147

(25) 在“亮”选项卡中，调整参数如图 8.148 所示，得到如图 8.149 所示的图像效果。

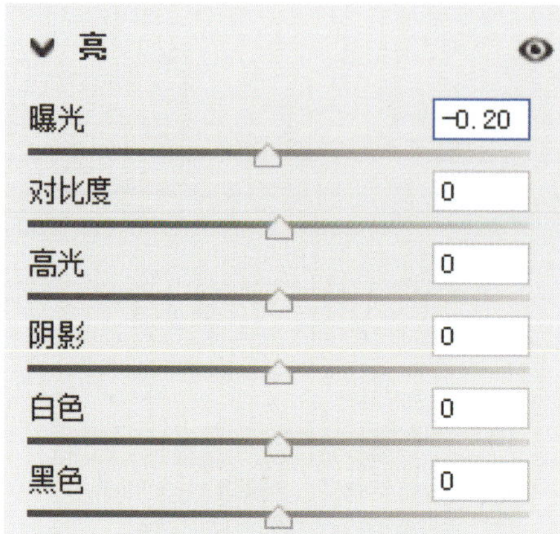

图8.148

图8.149

（26） 此时观察画面发现，山体还比较平面，没有层次感，需要进行处理。继续单击创建新蒙版图标，在弹出的列表中选择“画笔”选项，然后按如图 8.150 所示的效果涂抹山体，得到蒙版 10。

图8.150

（27） 分别在“亮”和“效果”选项卡中，调整参数如图 8.151 和图 8.152 所示，得到如图 8.153 所示的图像效果。

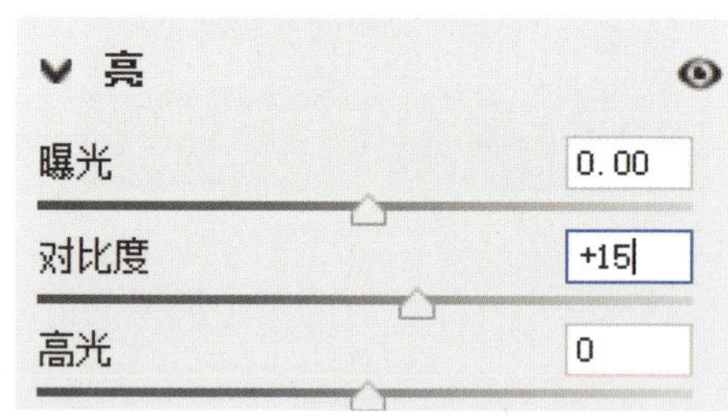

图8.151

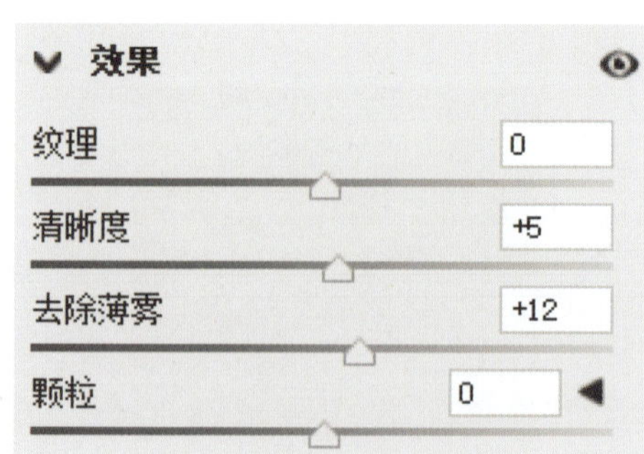

图8.152

图8.153

（28） 接下来增强岩石的层次感和纹理。继续单击创建新蒙版图标，在弹出的列表中选择“画笔”选项，然后按如图 8.154 所示的效果涂抹岩石，得到蒙版 11。

图8.154

（29） 分别在“亮”和“效果”选项卡中，调整参数如图 8.155 和图 8.156 所示，得到如图 8.157 所示的图像效果。

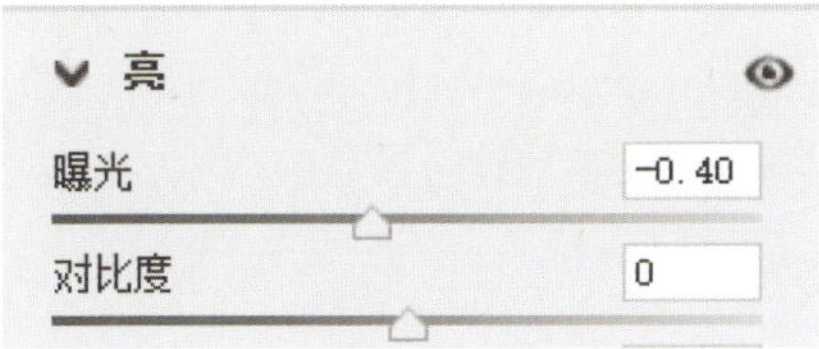

图8.155

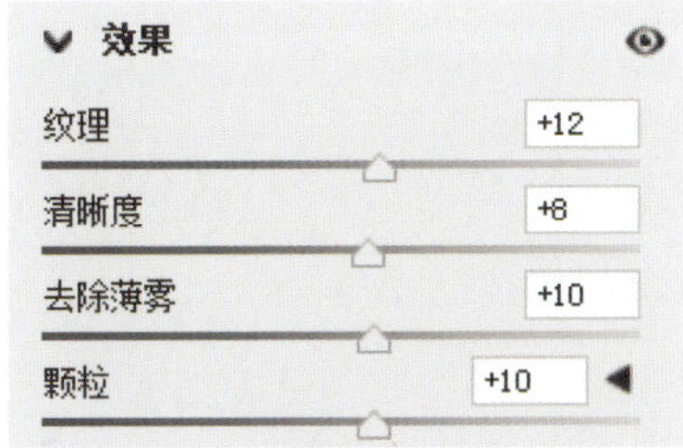

图8.156

图8.157

（30） 接下来修除画面中的杂物，选择移去工具，对画面中的杂物点一下，清除后的图像效果如图 8.158 所示。

图8.158

（31） 最后观察画面整体，发现略微暗了一些，同时整体还有些朦胧，单击编辑工具，在“亮”和“效果”选项卡中，调整参数如图 8.159 和图 8.160 所示，得到如图 8.161 所示的最终图像效果。

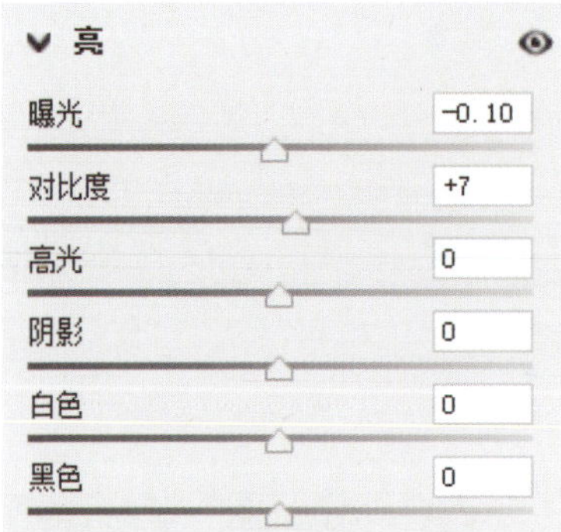

图8.159

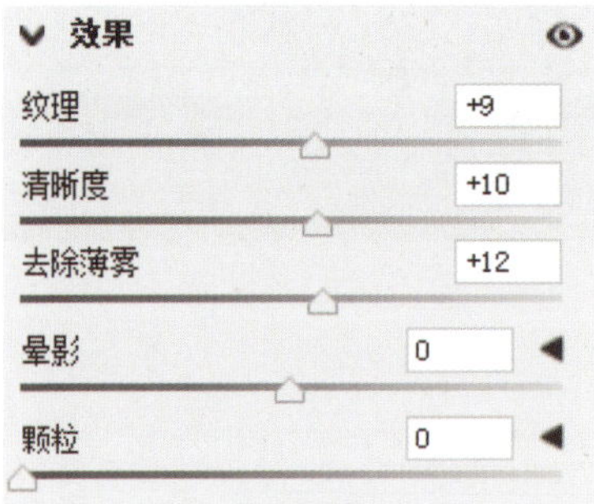

图8.160

图8.161

（32） 单击“确定”选项，应用 Camera Raw 滤镜设置并返回到 Photoshop 中，然后按 Ctrl+S 快捷键保存文件。

8.7 厚重云层旷野风光照片处理

观看本案例原片就让人想到“黑云压城城欲摧”，所以本案例的调整思路，首先就是要将云层压暗，调出“黑云压城”的氛围效果；第二点是阳光照射在悬崖上的光线效果，需要增强，调出发光发亮如同熔岩的感觉，第三点是画面右侧有丁达尔光线，丁达尔光线是可遇而不可求的，所以在风光照片中，如果有这种光效，通常是要增强的。第四点是弱化画面左侧的蓝天白云效果，使其向整体氛围靠拢。

（01） 在 Photoshop 中打开配套素材中的文件“第 8 章 \8.7- 素材 .tiff”，如图 8.162 所示。

图8.162

提示

此案例的素材文件已转换为智能对象，如果自己调修的照片格式为JPEG格式或其他非RAW格式，需要单击鼠标右键选择“转换为智能对象”选项，执行这一步操作，能够保留Camera Raw滤镜中所有的参数设置，后续如果发现画面效果不理想可以返回Camera Raw滤镜修改。

(02) 执行“滤镜”|“Camera Raw 滤镜”进入到 Camera Raw 滤镜界面中。

(03) 首先，增加画面的曝光与对比度，同时要降低画面的高光，使高光区域不那么明亮。展开“亮”选项卡，调整参数如图 8.163 所示，得到如图 8.164 所示的图像效果。

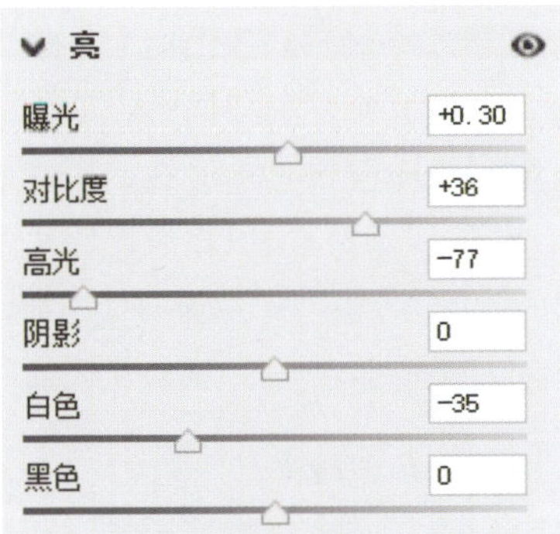

图8.163

图8.164

接下来减去画面左侧的蓝天白云效果，因为这部分与想要的“黑云压城”氛围感不太相符。

(04) 展开“混色器”选项卡，分别调整“饱和度”和“明亮度”参数如图 8.165 和图 8.166 所示，得到如图 8.167 所示的图像效果。

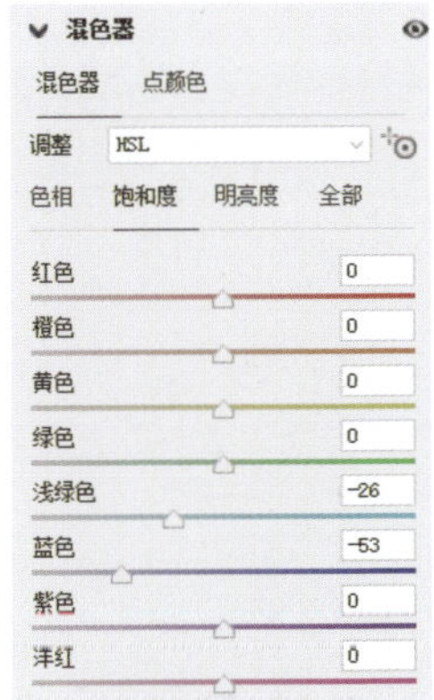

图8.165

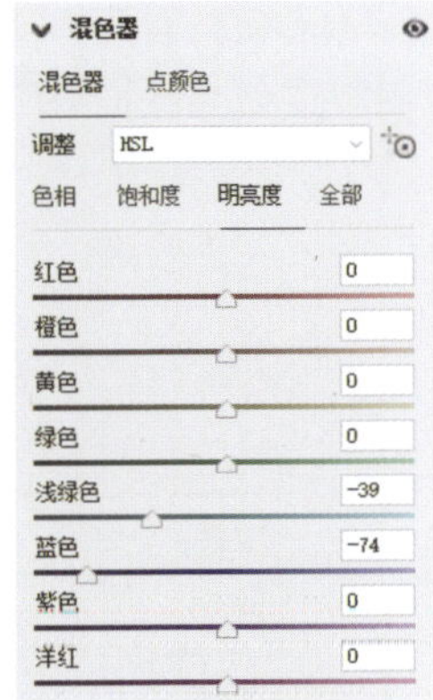

图8.166

图8.167

至此，画面整体的曝光与调色便处理完成，接下来将利用蒙版，分别针对天空和山体的各个区域进行局部处理。

(05) 选择蒙版工具，然后选择“天空”选项，将自动识别画面中的天空区域，并创建得到蒙版 1，如图 8.168 所示。

图8.168

（06） 在“亮”和“效果”选项卡，分别调整参数如图 8.169 和图 8.170 所示，以增强云彩的明暗对比度，使天空云彩变得有重量感，调整后的图像效果如图 8.171 所示。

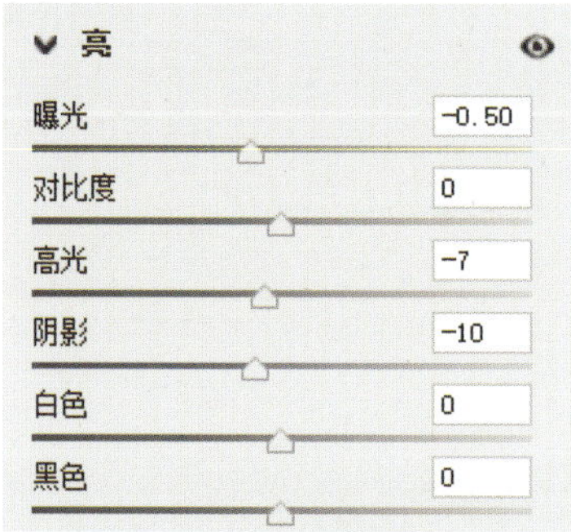

图8.169

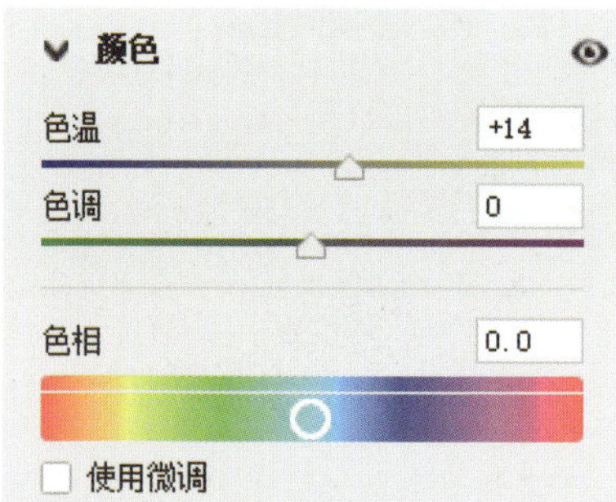

图8.170

图8.171

（07） 接下来要对地面进行处理，单击创建新蒙版图标，在弹出的列表中选择“选择背景”选项，将自动识别画面的背景，如图 8.172 所示，得到蒙版 2。

图8.172

（08） 现在的蒙版是地面与天空景物都被选中了，需要减去天空，单击“减去”选项，在弹出的列表中选择“选择天空”选项，如图 8.173 所示，得到如图 8.174 所示的蒙版范围。

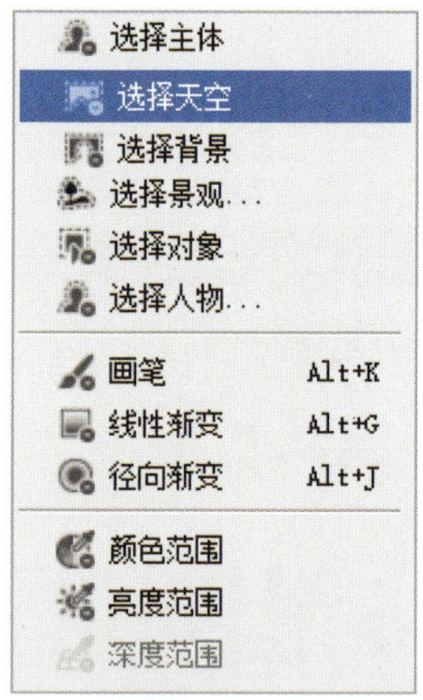

图8.173

图8.174

（09） 继续单击“减去”选项，在弹出的列表中选择“亮度范围”选项，如图 8.175 所示，然后在画面左下方被阳光照射到区域单击一下，得到如图 8.176 所示的蒙版范围。

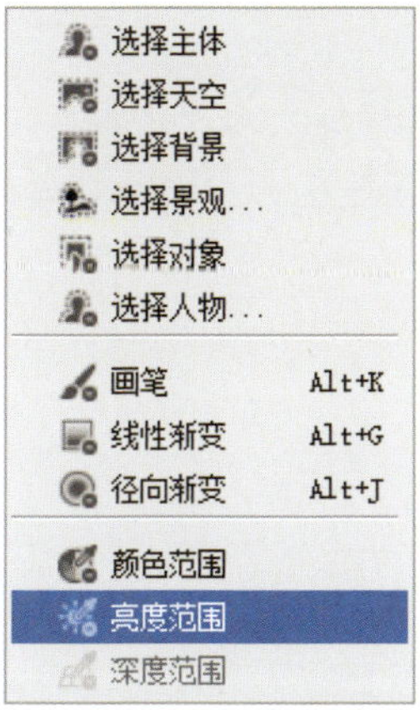

图8.175

图8.176

（10） 对于地面的处理，第一是压暗一些并稍微向蓝色调偏移，第二是增强岩石的粗糙纹理感。分别在“亮”“颜色”和“效果”选项卡中，调整参数如图 8.177~ 图 8.179 所示，得到如图 8.180 所示的图像效果。

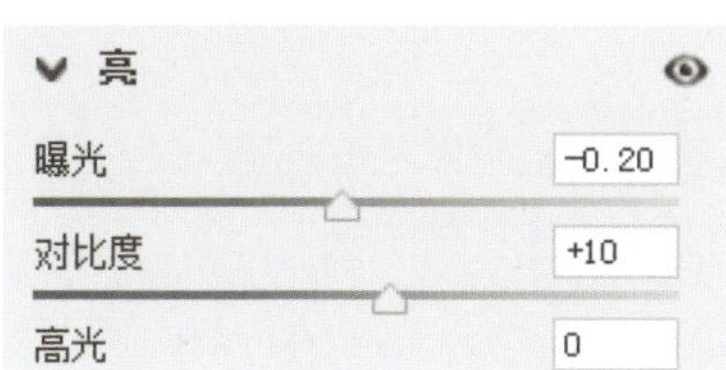

图8.177

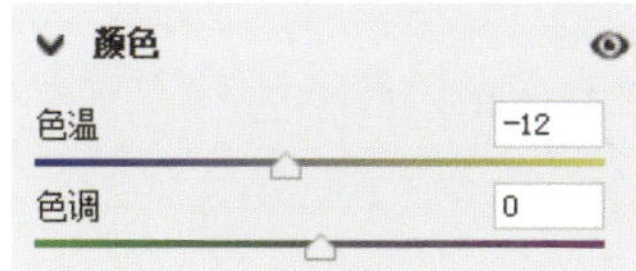

图8.178

图8.179

图8.180

（11） 接下来增强右侧天空处的丁达尔光线效果，单击创建新蒙版图标，然后选择“径向渐变”选项，按如图 8.181 所示的效果拉出一个径向渐变，得到蒙版 3。

图8.181

（12） 分别在“亮”“颜色”和“效果”选项卡中，调整参数如图 8.182~ 图 8.184 所示，得到如图 8.185 所示的图像效果。

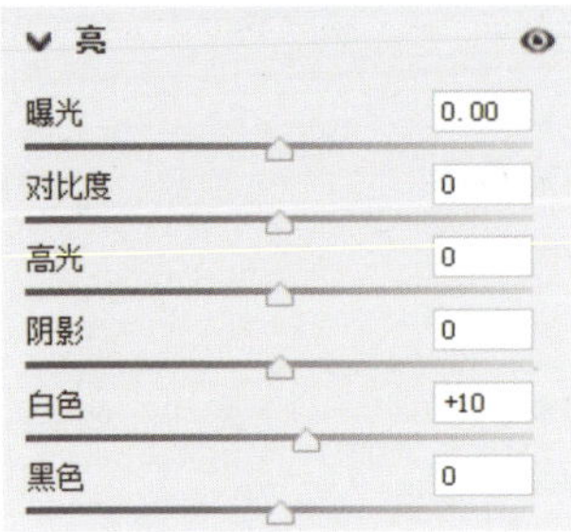

图8.182

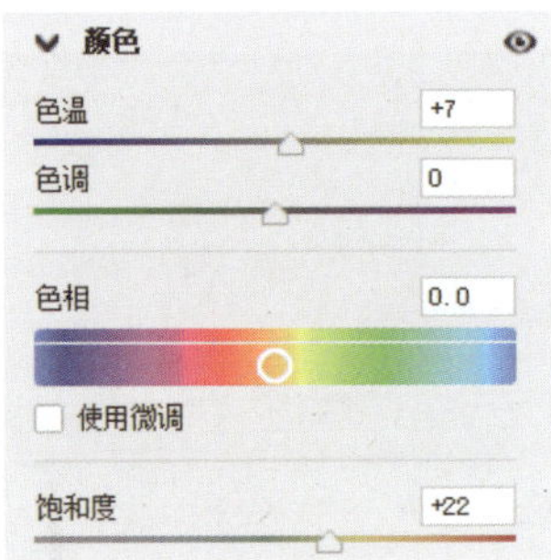

图8.183

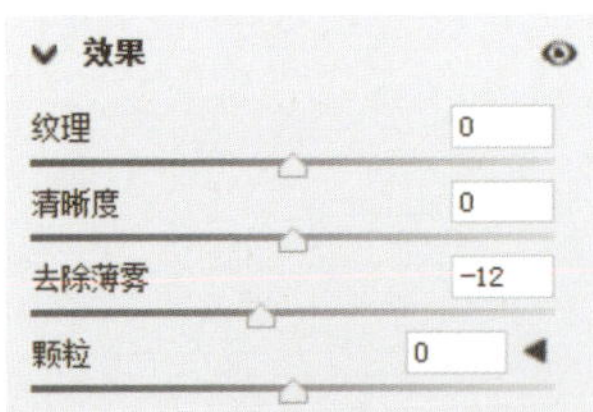

图8.184

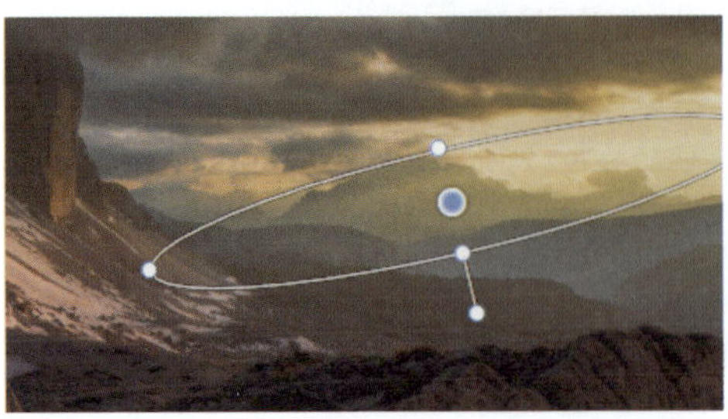

图8.185

（13） 接下来适当压暗一些地面，继续单击创建新蒙版图标，然后选择“线性渐变”选项，由下往上拉出一个线性渐变，如图 8.186 所示，得到蒙版 4。

图8.186

（14） 在“亮”选项卡中，调整参数如图 8.187 所示，得到如图 8.188 所示的图像效果。

图8.187

图8.188

（15） 接下来将提亮被阳光照亮的山体。继续单击创建新蒙版图标，然后选择“选择主体”选项，将自动识别画面得到如图 8.189 所示蒙版范围，创建蒙版 5。

图8.189

（16） 单击“蒙版 5”中“主体 1”蒙版旁边的小三点，然后在弹出的列表中选择“蒙版交叉对象”选项，再选择“亮度范围”选项，如图 8.190 所示，对山体有雪的区域单击一下，得到如图 8.191 所示的蒙版范围。

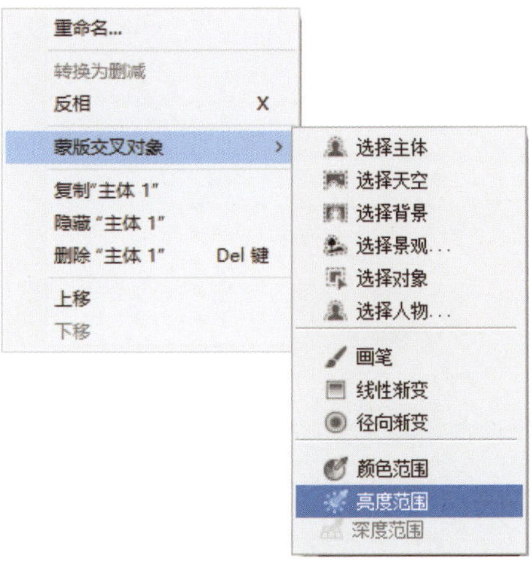

图8.190

图8.191

（17） 分别在“亮”和“颜色”选项卡中，调整参数如图 8.192 和图 8.193 所示，得到如图 8.194 所示的图像效果。

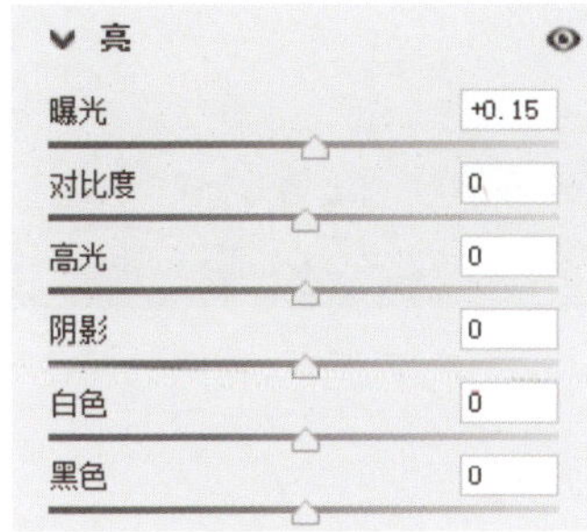

图8.192

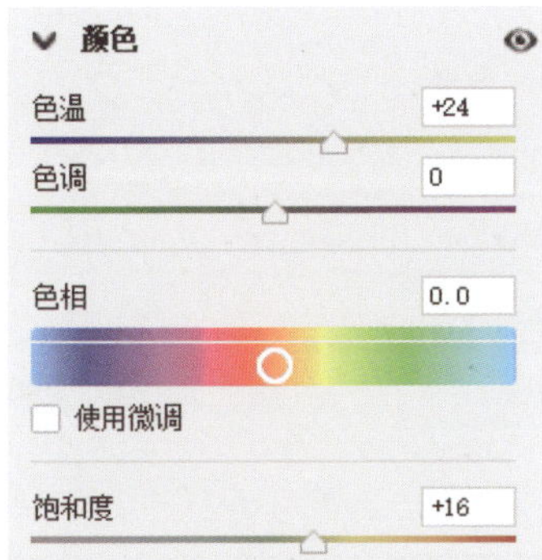

图8.193

图8.194

（18） 接下来将增强山体的纹理。继续单击创建新蒙版图标，然后选择“选择主体”选项，将自动识别画面得到如图 8.195 所示的蒙版范围，创建蒙版 6。

图8.195

(19) 在“效果”选项卡中，调整参数如图 8.196 所示，得到如图 8.197 所示的图像效果。

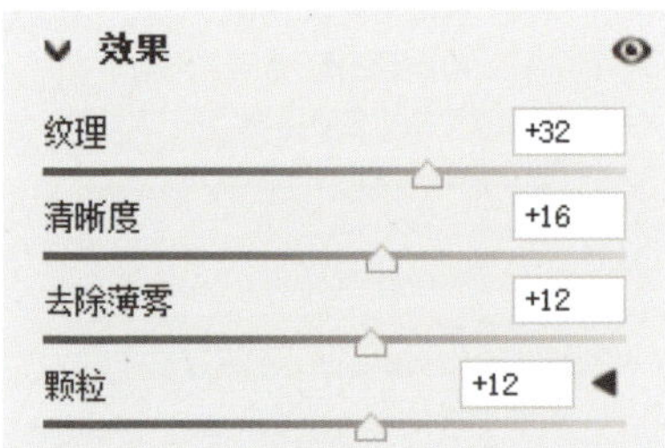

图8.196

图8.197

(20) 因为照射出丁达尔光线的光源点一般是比较亮的，所以接下来提亮照射出丁达尔光线的天空。继续单击创建新蒙版图标，然后选择“径向渐变”选项，按照如图 8.198 所示的效果拉出一个径向渐变，创建蒙版 7。

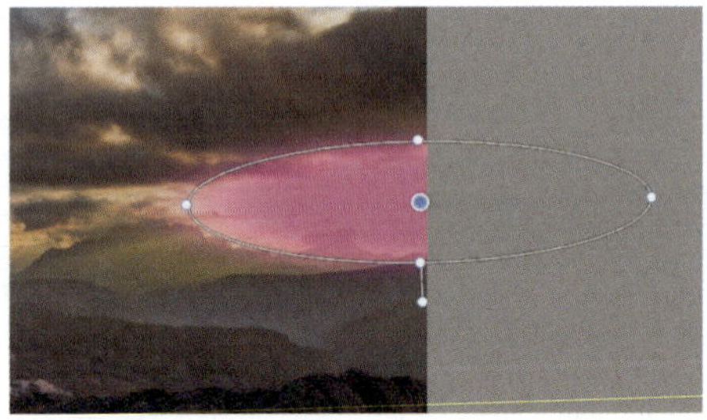

图8.198

(21) 然后分别在“亮”和“效果”选项卡中，调整“曝光”参数如图 8.199 和图 8.200 所示，得到如图 8.201 所示的图像效果。

图8.199

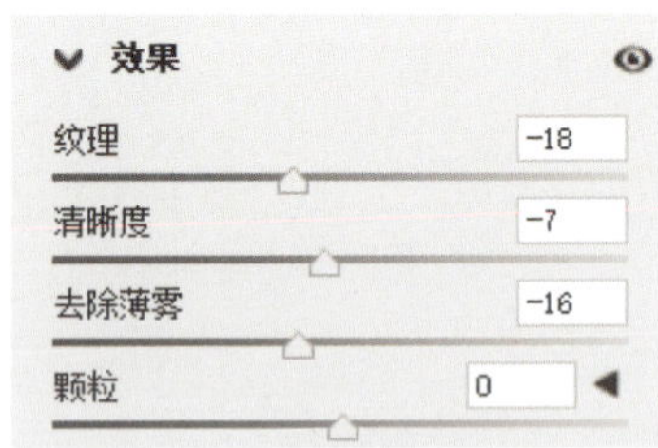

图8.200

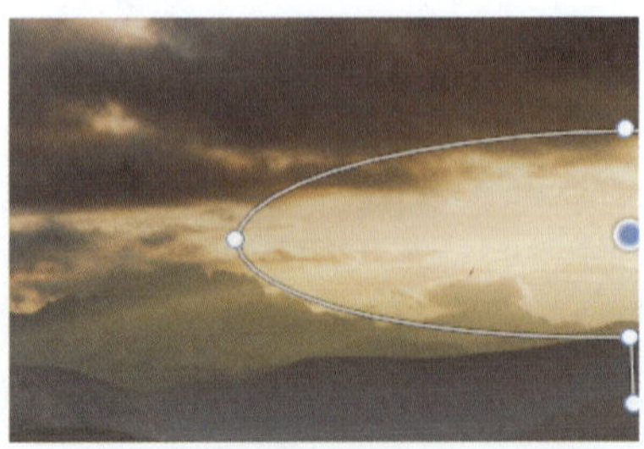

图8.201

(22) 继续单击创建新蒙版图标，然后选择“径向渐变”选项，按照如图 8.202 所示的效果拉出一个径向渐变，创建蒙版 8。

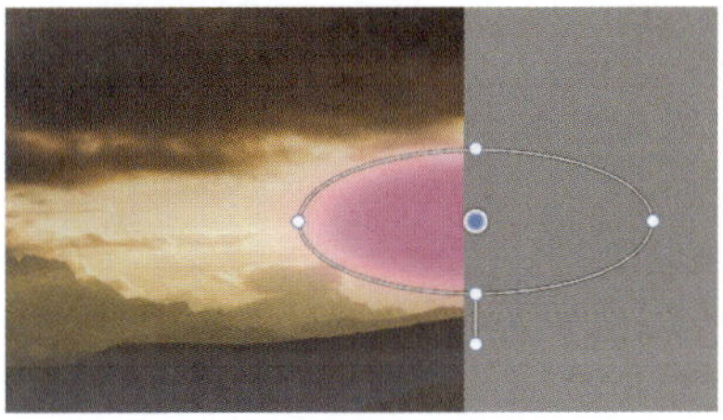
图8.202

（23） 然后在“亮”选项卡中，调整“曝光”参数如图 8.203 所示，得到如图 8.204 所示的图像效果。

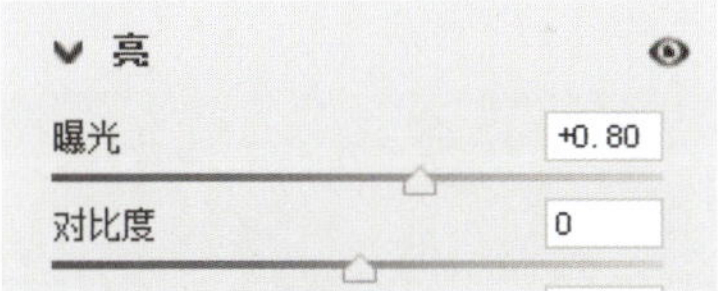

图8.203

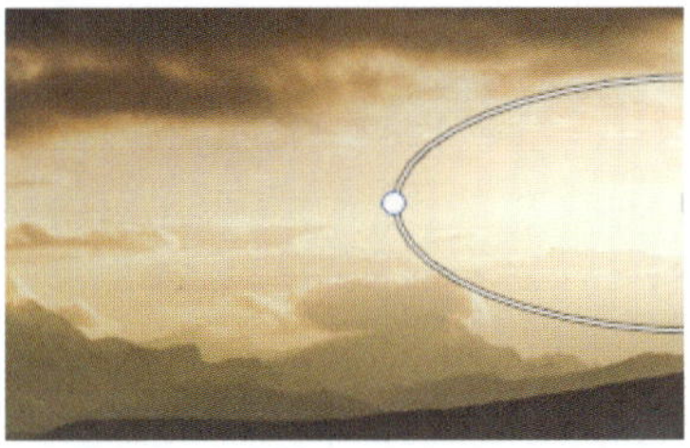
图8.204

（24） 单击“确定”选项，应用 Camera Raw 滤镜设置并返回到 Photoshop 中，然后按 Ctrl+S 快捷键保存文件，最终的整体图像效果如图 8.205 所示。

图8.205

8.8　莫兰迪绿调荷花调色

本案例原片是将一张阴天拍摄的荷花照片，色彩较为鲜艳，如图8.206所示。通过利用Camera Raw滤镜中的混色器功能调修成低饱和度的莫兰迪绿调效果，如图8.207所示。

操作步骤非常简单，打开素材照片并转换为智能对象，然后执行“滤镜”|“Camera Raw滤镜”，展开“混色器”选项卡，使用明亮目标调整工具拖动或者修改“色相”“饱和度”和“明亮度”的参数，即可降低画面的色彩饱和度，得到最终的图像效果。

图8.206

图8.207

8.9 蓝色粉荷效果调色

本案例原片如图所示，将一张白天拍摄的荷花照片调修成荷叶呈幽蓝色调，而荷花粉红且朦胧的感觉，如图8.208所示。

本案例先将绿色的荷叶，调修成幽蓝色调。大体步骤是先通过降低曝光和拉升蓝通道曲线的操作，使画面变蓝，然后在混色器中主要改变绿色的色相和饱和度数值，接着在“颜色分级”选项卡中调整阴影的色调，在“光学”选项卡中对画面添加暗角等操作。

接着利用蒙版功能，压暗画面的上半部分，和荷花进行明暗对比、提升质感及改变色调方面的调修，直至得到如图8.209所示的最终的图像效果。

图8.208

图8.209

8.10 晨曦光影荷花调色

本案例是模拟晨曦光照射在背景上，打亮荷花的一种光影效果。

大致操作步骤是，先略微降低画面的曝光，然后利用“径向渐变”蒙版模拟出光束效果，接着利用径向渐变”蒙版并反相蒙版，调整光束外的其他区域色调为暖色。

接着利用“主体”蒙版，抠选出荷花，改善荷花的色调及对比度，最后利用“线性渐变”蒙版，压暗前景和提高对比度，使画面更有层次感。如图8.210所示是原片，如图8.211所示是调整后的图像效果。

图8.210

图8.211

8.11　绿调白荷效果调色

本案例将绿叶调修成蓝绿色调，而原来粉色的荷花调修成白中带粉的效果。

大致操作步骤是先利用“校准”改变红、绿、蓝三原色的色相和饱和度，接着在“混色器”中降低绿色的饱和度，接着去除薄雾增强通透感，以及在“颜色分级”中调整中间调向蓝偏移。

接着利用主体蒙版，选择荷花，将荷花色彩调为粉白色，然后利用“颜色范围”蒙版将花蕊选择出来，恢复出花蕊的黄色调。接着利用“线性渐变”蒙版，去掉花朵后面的淡红色调，使这部分区域与背景色调统一起来。最后利用“线性渐变”蒙版，压暗画面的上半部分，增强画面的明暗对比。如图8.212所示是原片，如图8.213所示是调整后的图像效果。

图8.212

图8.213

8.12　强对比黑白荷花调色

本案例将荷花照片调修成强对比的黑白效果。如图8.214所示是原片，如图8.215所示是调整后的图像效果。

大致操作步骤是先应用黑白配置文件得到基础的黑白效果，然后在此画面基础上增强画面对比度。

接着利用蒙版功能对画面分区处理，利用“线性渐变”蒙版，分别压暗画面的上半部分、左侧部分和下半部分，然后利用“径向渐变”蒙版去除荷花主体，对荷花后面的背景做压暗处理，接着利用“主体”蒙版选中荷花，并利用“颜色范围”蒙版去除花瓣，压暗花蕊，得到最终的图像效果。

图8.214

图8.215

8.13 荷塘月色氛围荷花调色

本案例将白天拍摄的荷花照片，调修成夜晚下的荷塘月色氛围效果，画面呈现为幽暗的蓝调效果。如图8.216所示是原片，如图8.217所示是调整后的图像效果。

大致操作步骤是先利用“颜色分级”调整阴影及中间调的色调向蓝色偏移，接着利用“混色器”，改变绿色的色相和饱和度，得到蓝色调较明显的效果。

接下来增强蓝色调，在“曲线”中上拉蓝通道曲线，下压蓝通道曲线的阴影区域，得到强对比的蓝色调效果。

接着利用“主体”蒙版，选择荷花，调整荷花色调为粉中偏蓝效果，然后利用“线性蒙版”蒙版，压暗画面的上半部分，得到最终的图像效果。

图8.216

图8.217